LES MINES ET USINES

Au XX' Siòcle

EXPOSITION DE CHICAGO

MINES

MÉTALLURGIE ET ÉLECTRICITÉ

SOCIÉTÉ ANONYME
DES
PUBLICATIONS SCIENTIFIQUES ET INDUSTRIELLES
30, RUE BRUNEL (ÉTOILE) PARIS

1893

SOCIÉTÉ ANONYME

DES

Publications Scientifiques et Industrielles

Capital : 600.000 francs

ÉCHO DES MINES ET DE LA MÉTALLURGIE

(10e Année)

26, Rue Brunel, 26 (Étoile)

PARIS

LES MINES ET USINES

Au XXe Siècle

EXPOSITION DE CHICAGO

MINES

MÉTALLURGIE ET ÉLECTRICITÉ

SOCIÉTÉ ANONYME
DES
PUBLICATIONS SCIENTIFIQUES ET INDUSTRIELLES
26, RUE BRUNEL (ÉTOILE) PARIS

1894

AVANT-PROPOS

Nous continuons à suivre aux Expositions diverses, comme nous l'avons fait en 1878-1889 et à Moscou, l'industrie française minière et métallurgique dans ses diverses manifestations.

Nous accumulons ainsi les données pour l'histoire industrielle du commencement du xxe siècle. Certes, nous ne pouvons prétendre à faire œuvre originale dans des esquisses souvent faites à la hâte et sur des données incomplète; mais combien d'entre nous n'ont pas regretté de n'avoir pu conserver même la collection des humbles prospectus distribués par les Exposants?

Nos **Mines et Usines** sont mieux que cela, elles constituent comme une condensation de tous les documents que l'on peut se procurer dans les Expositions au moment même où, par l'espoir d'une récompense, l'Industriel est moins avare de renseignements sur sa maison et ses fabrications.

Nous ne faisons pas non plus œuvre stérile de critique. Cela n'aurait aucun intérêt, d'abord, et ensuite ce serait bien mal récompenser de ses efforts l'homme qui dépense son temps et beaucoup d'argent pour remporter des victoires françaises à l'étranger.

Ainsi donc: accumuler les documents, rendre justice et hommage à chacun, voilà le but de ces études.

On verra dans ce qui va suivre que l'Exposition de Chicago n'a pas été moins intéressante que ses devancières.

F. L.

Les firmes sont classées par ordre alphabétique dans chaque spécialité

COMPAGNIE GENERALE

DES

ASPHALTES DE FRANCE

PARIS. — 117, QUAI VALMY. — PARIS

L'Exposition de la Compagnie générale des Asphaltes de France est la mieux située de l'Exposition française des mines; elle est immédiatement à droite en entrant dans le palais. Cette importante Société, comme Cambier, comme Civet, Grouet, Gauthier et Cie, comme beaucoup de maisons françaises s'occupant de matériaux de construction, a tenu à faire acte de présence en Amérique. Il y a peut-être en effet des affaires à tenter là-bas, car la vieille Europe, si elle ne brille pas par l'audace de ses initiatives, a toujours pour elle ses qualités de perfectionnement qu'elle pousse à un si haut degré.

La Compagnie générale des asphaltes a tenu à montrer ce qu'elle savait faire. Elle a tout d'abord montré les types des différents bâtiments où l'asphalte est employé par la Société.

Les poudrières avec enduit en asphalte de Seyssel, pour empêcher l'humidité et le feu, occupent le premier rang avec des chapes de casemates.

Puis viennent les chapes de pont en asphalte de Seyssel également.

Comme assainissement des habitations, il y a une installation chez M. de **Rothschild**, à Boulogne, très intéressante et fort bien étudiée, avec un parquet sur mastic de Seyssel, un dallage en asphalte et un enduit pour empêcher l'humidité de monter dans les murs.

Un très joli modèle d'asphalte coulé à 0,02 d'épaisseur sur béton de ciment de Portland de 0,15 d'épaisseur montre le parti que l'on peut tirer de la combinaison de ces deux matériaux.

Un égout avec enduit en mastic de Seyssel montre l'application de l'asphalte aux travaux des villes.

Il y a ensuite une quantité de modèles divers. L'installation d'une cuve de gazomètre ou réservoir à eau avec revêtement asphaltique, une mangeoire inattaquable par les rongeurs, un massif en béton bitumineux pour fondations de machines à vapeur, une chaussée en asphalte comprimé sur béton de ciment de Portland, une meule de blé sur aire en mastic d'asphalte.

Rien ne peut mieux que les différents modèles exposés donner une idée de la multiplicité des applications dont l'asphalte est susceptible et du rôle important qu'il joue de plus en plus dans les travaux humains.

Matières premières

Les matières premières intéressent toujours les visiteurs. La Compagnie des asphaltes en avait exposé à profusion : asphalte naturel pulvérisé pur, calcaire imprégné de bitume, bitume de la Trinité, spécimen de bitume extrait de l'asphalte, asphalte naturel pulvérisé pur, calcaire imprégné en blocs énormes et formant motif principal; la Compagnie avait exposé la pierre à chaux bitumineuse en gros bloc, les pains de Seyssel tout moulés et scellés de ce sceau si connu de tous les Parisiens, un béton bitumineux pour fondation avec énorme échantillon d'asphalte comprimé.

Cette manière de mettre les produits bruts naturels ou fabriqués au centre et les modèles des ouvrages construits avec eux tout autour est une idée heureuse.

Aux deux panneaux de fond, une grande quantité de tableaux représentant les usines de la Société.

L'usine de **Nicolaï** à Charenton (Seine), son outillage, les usines du quai Valmy, les usines de Lyon, de Javel, indiquent assez la puissance de la Compagnie.

Un plan des concessions des mines d'asphalte de Seyssel présentant une superficie de 52 kilomètres carrés. La longueur totale de la concession est de 16 kilomètres dans le département de la Haute-Savoie, de Bellegarde à Seyssel, en suivant la vallée du Rhône.

Un plan général des travaux y est joint, avec une très belle peinture indiquant l'abatage en gradins dans les mines.

Enfin, une photographie représente un des trois grands succès de la Compagnie, nous voulons parler de la place Notre-Dame de Paris, qui représente la plus grande aire carrée que l'on ait asphaltée jusqu'à ce jour. Ce sont MM. **Delano**, le directeur de la Compagnie, et Léon **Malo**, ingénieur conseil, qui ont conduit ces remarquables travaux.

Origins et historique. — La Compagnie générale des asphaltes de France s'est formée en 1855 par la fusion des principales Sociétés de mines d'asphalte alors existantes, en vue de combattre plus efficacement l'invasion, déjà audacieuse à cette époque, des contrefaçons de l'asphalte. Elle eut pour premiers administrateurs : MM. Pereire, Eugène Flachat, Verne et Marcuard; pour directeur, M. Ernest Chabrier, et pour ingénieur, M. Léon Malo, qui occupe les mêmes fonctions depuis 31 ans.

Elle est aujourd'hui et depuis 1871 sous la direction de M. **Delano**, ingénieur civil.

Importance. — La Compagnie, constituée au capital de 3 millions 750.000 francs, possède, tant en France qu'en Sicile, les mines d'asphalte les plus importantes et les plus renommées d'Europe. Elle est notamment propriétaire de la grande concession devenue célèbre sous le nom de Seyssel. Cette concession, située dans le département de l'Ain et qui mesure une surface de 51 kilomètres carrés, est la plus vaste des concessions de mines françaises. A cheval sur le Rhône entre Seyssel et Bellegarde, elle avait été démembrée en 1815 par le fait de la séparation de la Savoie. Le roi de Sardaigne, la tenant purement et simplement pour non avenue, avait découpé en morceaux et concédé par fragments à des Savoisiens la partie de ce magnifique gisement situé sur la rive gauche du Rhône. Ce morcellement dura un demi-siècle.

Après la restitution de la Savoie à la France, la Compagnie se mit en devoir de reconstituer la concession primitive; elle racheta successivement toutes les concessions partielles taillées par le gouvernement sarde dans le périmètre de la grande, dont elle parvint, après de longs efforts et de grands sacrifices, à refaire l'unité complète. Un décret présidentiel du 8 mai 1888 a définitivement prononcé cette reconstitution dans les termes suivants :

« La concession ainsi formée, qui s'étend : dans le département de l'Ain, sur le territoire des communes d'Arlod, Billiat, Craz, Injoux, l'Hôpital, Bellegarde, Villes, Surjoux, Vanchy, Seyssel, Corbonod et Chanay; dans le département de la Haute-Savoie, sur le territoire des communes de Bassy, Challonges, Franclens, Saint-Germain et Éloise, et se trouve comprise dans les limites fixées par l'arrêté du Directoire exécutif du 9 fructidor an V, est reconstituée dans son entier, la concession primitive de mines d'asphalte instituée en faveur de Joseph-Marie Secrétan, par arrêté du Directoire exécutif du 9 fructidor an V, et prendra le nom de **Concession des Mines d'Asphalte de Seyssel.** »

Ce décret établit nettement et irrévocablement le droit exclusif, dont la Compagnie jouissait déjà en vertu d'un usage immémorial, au nom de Seyssel, qui, malgré tous ses efforts, avait trop souvent jusqu'ici servi d'enseigne aux produits factices.

La Compagnie, en outre des gisements d'asphalte considérables qu'elle possède encore à Ragusa (Sicile), est aussi propriétaire en France de concessions de moindre importance, telles que Chavaroche, Bourbonge, Frangy, Forens-Sud, Bastennes, etc.

Ses principales usines de fabrication de mastic d'asphalte sont situées au centre même de la concession de Seyssel (au lieu dit Pyrimont), où une gare du chemin de fer de Genève a été établie spécialement pour l'expédition de ses produits.

C'est de l'usine de Pyrimont que sort le mastic dit de Seyssel, c'est-à-dire, le seul qui soit fabriqué avec les minerais d'asphalte extraits des gisements de la concession de Seyssel. La contrefaçon s'est emparée de ce mot en vue de donner une apparence d'authenticité à ses imitations; la Compagnie a multiplié les procès pour défendre ses produits contre la fraude; elle n'y est encore parvenue qu'imparfaitement. Il n'est pas d'ailleurs de produit industriel que la falsification ait plus obstinément visé que le mastic d'asphalte; et, n'était la marque de fabrique déposée par la Compagnie en 1850 (et dont l'empreinte est à la fin de cet article), marque imprimée sur tous les pains qui sortent de ses usines, il ne serait guère possible de se garantir contre les parasites qui, sous ce titre usurpé de Seyssel, empoisonnent le marché d'asphalte et compromettent les travaux publics.

L'usine de Pyrimont, marchant avec les appareils les plus perfectionnés et les procédés les mieux étudiés, résultat d'une expérience de trente années, pourvue des plus récentes innovations de la science : téléphone, lumière électrique, etc., est montée pour une production journalière de 80 tonnes de mastic, non compris le minerai expédié en nature pour les travaux de chaussées en asphalte comprimé et le bitume épuré. En temps d'exploitation normale, le nombre d'ouvriers occupés à la fabrication est d'environ 90; ceux employés dans les mines, à peu près 150.

ASPHALTES DE FRANCE

La Compagnie est organisée en même temps pour la production et pour l'application. Ses agences et son matériel exécutent des travaux dans toute la France, pour les principales administrations de l'Etat, du génie militaire, des villes et des chemins de fer : P.-L.-M., Orléans, Est, Ouest et Midi. A Paris, elle est adjudicataire des travaux d'asphalte des 1, 2, 3, 4, 6, 9, 10, 11, 12, 13, 14, 15 et 16me arrondissements pour les trottoirs et des 1, 2, 3, 4, 8, 9, 10, 11 12, 17, 18, 19 et 20me arrondissements pour les chaussées.

Ses moyens d'action comme exécution dépassent ceux de tous les autres applicateurs d'asphalte réunis. Elle possède à Paris trois vastes usines : quai Valmy, 117 et 119 ; rue de Javel, et à Bercy-Nicolaï, dont l'outillage, évalué à plus d'un million, peut préparer par jour et expédier sur tous les points de la ville et de la banlieue :

Cent cinquante-six locomobiles chargées chacune de mille kilos de mastic sablé prêt à être coulé, c'est-à-dire la valeur de 3.900 mètres carrés de trottoirs à 0,015.

Quatre-vingt deux voitures de poudre d'asphalte chaude pouvant faire 1.230 mètres carrés d'asphalte comprimé.

Voyons maintenant quelles sont les applications de l'asphalte.

Applications de l'asphalte en nature (comprimé). — On emploie aujourd'hui à la construction des chaussées un mélange en proportions variable, selon les cas, de minerai asphaltique provenant des mines de Seyssel (France) et de celle de Ragusa (Sicile). Par la similitude de leur bitume d'imprégnation, tous deux très fixes, le grain sec et fin de l'asphalte de Seyssel, atténuant l'excès de bitume de celui de Sicile, l'union de ces deux matières fournit une surface homogène, remarquablement tenace et résistant parfaitement à la circulation énorme des rues de Paris. Il offre au plus haut point les qualités requises pour ce précieux système, introduit en France par la Compagnie dès 1858 et, depuis, si répandu, non seulement dans les rues de Paris, mais encore dans la voirie des principales villes de province et dans la plupart des capitales étrangères. Insonore, toujours propre, absorbant les trépidations de la rue au grand profit des immeubles riverains, l'asphalte comprimé a, sur le bois, l'avantage d'une imperméabilité absolue qui en fait la chaussée hygiénique et antiépidémique par excellence.

L'asphalte comprimé est employé depuis quelques années, par un procédé breveté au nom de la Compagnie, comme un absorbant des vibrations des machines. On l'a même utilisé avec plein succès pour amortir les trépidations des marteaux-pilons.

Application de l'asphalte en mastic. — Le mastic d'asphalte de Seyssel doit sa renommée, non seulement à la nature unique du minerai employé, mais aussi aux soins particuliers et aux appareils perfectionnés usités dans sa fabrication. Ses applications sont aujourd'hui extrêmement nombreuses.

A l'état pur on s'en sert pour les chapes de casemates et de ponts, pour le dallage des capsuleries et poudrières, pour assécher les murs des édifices construits sur des terrains humides, pour isoler les véhicules du fluide électrique, pour préserver les sols d'usines où doivent s'écouler des eaux acidulées. Pour tous ces usages délicats l'emploi du mastic de Seyssel est indispensable à l'exclusion de tous autres.

Mélangé de sable, ce mastic sert à la construction des trottoirs. Il a sur le ciment de nombreux avantages, parmi lesquels la rapidité de sa pose qui permet de livrer en une demi-heure la surface à la circulation, et la faculté qu'il a de pouvoir se réemployer indéfiniment, par une simple refonte dans un peu de bitume. On a trouvé également de grands avantages à l'employer comme ignifuge dans le revêtement des planchers exposés à l'incendie; le coffre-fort de la Compagnie est en mastic d'asphalte mélangé de cailloux. On peut voir au pavillon de la Compagnie (en face de l'entrée de la grande Halle des machines, côté des Invalides) nombre d'échantillons des diverses applications du mastic d'asphalte aux brasseries, aux silos (il est inattaquable aux rongeurs), aux dallages des vacheries et écuries (il est insensible à l'action du purin), aux fondations de machines à trépidation, etc., etc.

Des notices imprimées et renseignements verbaux y sont donnés à toutes les personnes que le sujet intéresse, et la Compagnie se fait un plaisir de leur faciliter la visite des mines où s'extrait la matière première (voir la notice).

La Compagnie ne saurait trop prémunir les personnes qui veulent exécuter des travaux sérieux et durables contre les artifices des imitateurs de l'asphalte de Seyssel. Ces procédés de contrefaçon sont tellement nombreux, et parfois tellement habiles, qu'il n'existe plus d'autre moyen efficace d'obtenir de véritable asphalte de Seyssel que d'exiger sur les pains de mastic la marque de fabrique reproduite en tête de cette notice. — Des explications détaillées et précises seront données sur ce sujet à toute personne qui voudra bien venir les demander au Pavillon de la Compagnie, au Directeur ou à son représentant.

Récompenses. — Les services que la Compagnie générale des asphaltes de France a rendus aux travaux publics en créant de toutes pièces en France l'industrie de l'asphalte ont été récompensés déjà par de nombreuses distinctions honorifiques. C'est elle en effet qui, dès 1857, a introduit dans Paris les chaussées en asphalte comprimé; c'est elle, en même temps, qui a établi les procédés d'application, étudié et construit l'outillage spécial et formé le personnel qui, depuis, a porté dans toutes les parties de l'Europe et aux Etats-Unis d'Amérique la pratique de l'industrie nouvelle.

Aussi, à la suite de l'Exposition de 1867, son directeur, M. Ernest **Chabrier**, était-il décoré de la Légion d'Honneur.

Deux ans plus tard, en août 1869, M. Léon **Malo**, ingénieur de la Compagnie, était nommé chevalier du même ordre pour ses publications sur l'asphalte (ouvrages publiés par M. Malo sur l'asphalte) (1) ainsi que pour les innovations et perfectionnements apportés par lui dans l'outillage et dans la pratique de cette industrie.

En 1878, les mines de Seyssel obtenaient la seule médaille d'or accordée à cette catégorie d'exploitations et M. Malo recevait la médaille d'argent de collaborateur. Dans toutes les expositions étrangères et les concours régionaux où elle a figuré, la Compagnie a d'ailleurs remporté les récompenses les plus élevées dévolues à sa spécialité.

(1) Pour tous ces ouvrages, les plus techniques et les plus spéciaux, s'adresser à l'*Echo des Mines*.

La Compagnie a montré dans son exposition de Chicago un certain nombre d'échantillons concernant son industrie et dont nous avons donné le détail dans un premier article; mais sa véritable exposition est dans les grands travaux qu'elle a faits et qui sont disséminés sur tous les points de Paris et de la France; elle est, particulièrement, dans les ouvrages d'asphalte exécutés par elle à Paris et dont les principaux spécimens sont : rue de Richelieu, places du Palais-Royal, de la Bourse, pourtour du nouvel Hôtel des Postes et de la Bourse du Commerce, rues Auber, Scribe, des Petits-Champs, avenue de la Grande-Armée et place de Notre-Dame. Depuis 1883 elle a fait à Paris pour la ville 143.000 mètres de chaussées.

Il n'est pas inopportun de rappeler, en terminant cette note, que, de 1878 à 1883, la Compagnie, évincée, par les hasards d'une adjudication, de la situation d'entrepreneur général des travaux d'asphalte de Paris, a dû céder la place pendant ces six années à des industriels écroulés depuis dans la faillite, mais qui ont eu malheureusement le temps de couvrir nombre de chaussées d'une sorte de pseudo-asphalte, dont certains vestiges existent encore; en quel état! les Parisiens le savent trop!

La Compagnie n'est donc aucunement responsable des méfaits qui se sont accomplis à cette époque fâcheuse de la carrière de l'asphalte à Paris, et c'est de 1883 seulement que date l'œuvre nouvelle qu'elle y a accomplie, l'ancienne ayant été toute plus ou moins contaminée par l'entreprise malencontreuse dont nous venons de parler.

Aujourd'hui l'exposition de 1889, celle de Chicago, ont affirmé la puissance et la parfaite compétence de la Compagnie et de MM. **Delano** et **Malo** qui la personnifient. Ses rivaux mêmes le reconnaissent hautement.

En résumé, l'Exposition que nous venons de décrire fait le plus grand honneur à la Compagnie des asphaltes de France et à son directeur. C'est avec une vive satisfaction que nos compatriotes ont vu la France aussi bien représentée pour la spécialité des asphaltes. C'est un grand prix et un diplôme d'honneur que la Société a certainement mérités.

ASPHALTES DE SERVAS

ALAIS. — 13, GRANDE-RUE. — ALAIS (GARD)

La Société des asphaltes de Servas a tenu à se montrer à Chicago, à côté de ses compétiteurs en asphalte. Elle expose ses bitumes naturels, ses calcaires bitumineux.

Elle nous donne aussi un modèle très ingénieux d'un plancher en briques creuses pour les habitations. Ce modèle a frappé vivement les connaisseurs. On en aura une idée par le croquis ci-contre :

Légende. — 1 carreaux. — 2 béton. — 3 asphalte. — 4 béton. — 5 briques creuses.

La même vitrine nous montre un béton avec blocs de quartz dans le bitume et blocs ronds d'asphalte comme on en emploie couramment.

Il faut savoir gré aux mines du Gard de s'être affirmées à Chicago et d'avoir souligné leur existence par une exposition intéressante.

JEAN BAR

Laminage de cuivre, or et argent

MANUFACTURE DE PAILLONS A RANTIGNY (OISE)

L'exposition de M. Jean **Bar** est bien situéo au milieu de la section française des mines et de la métallurgie (*mining building*).

Elle se compose d'une très artistique vitrine en forme de prisme hexagonal vitré où l'œil ébloui n'aperçoit que reflets dorés, argentés et métalliques de toutes sortes. Ce sont d'abord des Fleurs en Paillons de toutes nuances, des Feuilles Paillons blancs, 1 et 2 côtés, couleurs et unis; puis des Feuilles Paillons blancs et couleurs, 1 et 2 côtés, mats; des Feuilles Paillons, 1 et 2 côtés, estampés.

On voit ensuite les métaux précieux : l'Or et l'Argent fins, de toutes nuances, pour éventails, brillants et mats; les Feuilles Argent de Coupelle, pour tréfileurs; les Feuilles Argent, brunis et couleurs, pour joailliers; les Feuilles fortes, dorées, 1 et 2 côtés; les Feuilles fortes, argent et couleurs, pour découpures. Enfin les Cartes à boutons, avec Paillons estampés, représentant toutes les dimensions courantes.

Ajoutons, comme côté scientifique qui prend un certain développement, les Feuilles Platine pour l'électricité.

Bref, à voir cette colonne prismatique, on dirait que tous les éventails, les riches costumes de théâtre, de cirque et même d'église, toutes les coiffures élégantes, les aigrettes chatoyantes se sont donné rendez-vous dans cette exposition.

C'est le triomphe du *Paillon.*

Mais qu'est-ce que le Paillon, nous demandera-t-on?

On appelle *Paillon* des feuilles de cuivre brut ou plaquées argent et or, laminées très minces, servant à l'encartage des boutons de nacre et de porcelaine, à la découpure des paillettes pour éventails et pour théâtres, cirques, etc.

Le paillon s'emploie également pour les fleurs artificielles, les bouquets d'église, le sertissage des pierres précieuses et fausses, pour la perle dorée et argentée.

Il est employé en quantité considérable dans les Indes, sur les marchés de Bombay, Calcutta, Madras, et en Birmanie sur le marché de Rangoon.

Il a également son emploi en Espagne, en Portugal, dans la Turquie d'Europe et l'Amérique du Sud, et aussi dans tous les pays peu civilisées, où il sert à l'ornementation des vêtements indigènes et d'une foule d'autres objets.

On voit que le domaine du Paillon est étendu sur la terre entière.

L'histoire du Paillon

Un peu d'histoire ne fera pas de mal à ce sujet.

L'industrie du paillon, cuivre, argenté et doré, date en France de 1840; elle a débuté sur le Rhône, à Lyon, dans un bateau appartenant à une famille **Ozier.**

L'outillage, à cette époque, était uniquemen un laminoir en fer, mû à bras, servant à produire des plaques de cuivre argentées pour la découpure des paillettes.

La famille Ozier, très nombreuse et peu aisée, fut forcée de se séparer; l'un de ses membres, en faisant son tour de France, vint à Sainte-Geneviève (Oise) et offrit ses services à MM. **Fleury** et **Lefort**, éventaillistes. Comme ils employaient de l'argent et d l'or, laminés très mince pour la dorure de leurs éventails en nacre, os et bois, ces industriels s'associèrent le jeune Ozier pour la fabrication de cet article.

Ils s'installèrent à Fosseuse (Oise), sur la rivière d'Esches, et fondèrent ainsi l'industrie du Paillon dans l'Oise.

La liquidation de la Société, arrivée en 1854, par suite de désaccord, laissa l'usine de Fosseuse aux mains de M. **Fleur**

Il continua seul la fabrication des Paillons et entreprit l'article pour boutons, sur les demandes réitérées de plusieurs de ses amis, fabricants de boutons dans la région de Méru.

L'Usine ne comportait qu'un laminoir dit dégrossisseur et trois paires de cylindres en acier trempé; elle n'occupait que 6 à 8 personnes.

La fabrication du nouvel article prenant chaque jour plus d'extension, M. Fleury associa son gendre, M. Bar, à son industrie, en 1878, et ils vinrent s'établir sur la rivière de *la Brèche*, à Rantigny, dans un vaste moulin, mû par une force hydraulique de 30 à 50 chevaux.

A la mort de M. Fleury, arrivée en 1883, M. Bar resta seul à la tête de l'Etablissement.

Voilà l'histoire du Paillon en France.

Importance de la fabrication Jean Bar

M. Bar, ayant remporté à l'Exposition Universelle de 1889 la plus haute récompense attribuée à son industrie, acheta une partie des démolitions des longues galeries de la rue du Caire pour agrandir ses ateliers.

Il édifia 150 mètres de galeries de 15 mètres de large sur 12 m. de hauteur, où il installa une machine à vapeur de 300 chevaux e un important matériel de laminage des plus modernes.

A l'heure actuelle, cet établissement, construit sur une surface de 10 hectares, comprend 3.500 mètres d'ateliers couverts, chauffés à la vapeur et éclairés à l'électricité; 150 à 200 ouvriers des deux sexes y sont occupés.

En outre, **M. Bar** a créé à Méru (Oise), centre de la fabrication des boutons de nacre, un atelier de cartonnage et de cartes à boutons occupant 40 à 50 ouvriers à l'encartage français sur Paillons.

L'outillage de la manufacture de Rantigny comprend :

Une fonderie comprenant quatre fours, système **Piat**, de 150 kilogrammes chacun, pour la fonte et l'affinage du cuivre rouge, de l'argent et de l'or;

Dix fours à réchauffer, recuire et argenter;

Deux trains lamineurs à gorges, dits *petit-mille*, servant au laminage à chaud;

Douze paires de cylindres en fonte trempée, dits dégrossisseurs, et soixante paires de cylindres en acier trempé pour le laminage des Paillons, de l'argent, de l'or et du platine.

Il comprend, en outre, les machines-outils nécessaires pour la fabrication et la réparation du matériel.

La mise en couleur des Paillons, avec des produits chimiques de teinture de qualité supérieure, se fait dans de vastes ateliers. Le séchoir, les fours et fourneaux pour la préparation des colles et gélatines, les presses, tout y est installé aussi commodément qu'il est possible.

L'outillage entier a reçu les derniers perfectionnements. Les cylindres, commandés par des engrenages à chevrons, sont garantis au moyen de caissons en bois ou en tôle, rendant pour ainsi dire les accidents impossibles.

Tout y est prévu pour l'hygiène et la santé des ouvriers. Les ateliers sont parfaitement éclairés et ventilés, et une voie ferrée Decauville, qui en dessert toutes les parties : fours, cylindres, cisailles, raboteuses, etc., leur épargne le plus pénible du travail.

Le personnel est assuré contre les accidents, et en cas de maladie les soins du médecin sont donnés gratuitement à tous.

Une cité ouvrière à proximité de l'Usine, et qui en dépend, permet à une trentaine de ménages de se loger à raison de 10 à 12 francs par mois.

Le 22 septembre 1892, à l'occasion du centenaire de la proclamation de la République française, M. **Bar** a eu la satisfaction de voir médailler plusieurs de ses ouvriers, qui avaient chacun plus de trente ans de présence à l'atelier.

Fabrication du Paillon

Mais ce qui sera intéressant pour nos lecteurs, ce sera de connaître la fabrication et les emplois du Paillon.

La manufacture de M. Jean **Bar** produit :

1° Le Paillon pour l'encartage du bouton de nacre et de porcelaine en différentes qualités, n° 1, 2 et 3, en blanc et en couleur, et une qualité supérieure, dite inoxydable, c'est-à-dire subissant tous les changements de température sans se noircir ni s'altérer.

La dimension de ces feuilles est généralement de 0 m. 23 de longueur sur 0 m. 11 de largeur; leur poids est de 5 à 6 grammes la feuille.

2° En concurrence avec l'article de Vienne (Autriche), qui fabrique un carton argenté et estampé pour l'encartage des boutons de nacre, M. **Bar** est breveté pour un article Paillon argenté et estampé qui est bien supérieur à l'article allemand sous tous les rapports. Cet article est, en général, fort apprécié des fabricants et commissionnaires en boutons.

3° Le Paillon pour fleurs, argenté et bruni des 2 côtés, pesant 6 à 7 grammes la feuille. Cet article se fait dans toutes les nuances en brillant et en mat. Ces Paillons se consomment par quantités considérables chez les fleuristes de Paris, de Lyon, de Toulouse, etc., et sont spécialement affectés aux bouquets et ornements d'église.

4° L'article Paillon, feuilles fortes, 1 et 2 côtés, pour la découpure des paillettes. Ces feuilles mesurent 0 m. 35 de longueur sur 0 m. 11 1/2 à 12 centimètres de large et pèsent, suivant l'emploi, depuis 12 grammes jusqu'à 42 grammes la feuille. Cet article se fait également en doré 1 et 2 côtés, et sert au même usage que les argentés. Au gré des consommateurs il se fabrique de ces feuilles mesurant 0 m. 50 de long sur 0 m. 20 de large.

5° La Maison fabrique également, en concurrence avec Nuremberg, Fürth et autres villes manufacturières d'Allemagne, des feuilles plaquées argent, 2 côtés, 10, 20, 30, 40, 50, 75, 100, 150, 200, 250, 500, 700 et 750 millièmes, au poids de 15, 18 et 36 grammes la feuille de 0 m. 36 de long sur 0 m. 12 de large, pour la découpure des perles et paillettes bombées en fin. Cet article est préféré sur la place de Lyon à l'article allemand, par son fini, sa ductibilité et son bruni. Il se fait également en doré, et aux mêmes proportions.

6° Le Paillon argent et or fin servant à dorer et à argenter les bois d'éventails en nacre, os et bois, et le Paillon argent fin, de toutes nuances, pour le sertissage des pierres précieuses et fausses.

7° Les feuilles argent fin pour tréfileurs. Ces feuilles mesurent 0 m. 86 de longueur sur 0 m. 21 de largeur et pèsent 8, 10, 15, 20, 30, 50, 75, 100, 150, 200, 450 et 500 grammes la feuille.

8° Le platine laminé en feuilles de 0 m. 35 à 1 mètre de longueur sur 0 m. 10 à 0 m. 12 de largeur et un centième de millimètre d'épaisseur. Ce métal est employé pour l'électricité.

9° Enfin, l'usine de M. **Bar** produit de 25 à 30 millions de feuilles de Paillons ordinaires argent et couleurs, 1 côté rubis ou vert émeraude, dits copperfoils, qui sont expédiés sur les grands marchés indiens.

Ces copperfoils, ainsi que les Paillons estampés de toutes nuances pour l'Amérique du Sud, constituent la plus grande quantité de Paillons exportés.

Telle est l'exposition très intéressante de M. Jean **Bar**. Elle est unique dans son genre et elle obtient haut la main une médaille d'or dans l'esprit de ceux qui la visitent. C'est par ces industries ornementales autant que scientifiques confinant presque l'art que notre pays s'honore le plus dans l'esprit des étrangers.

Consommation en métal

La maison consomme en moyenne par an :

150.000	kilogrammes	cuivre rouge fin;
5.000	—	argent vierge;
100	—	platine;
5	—	or fin.

Récompenses obtenues

Paris. Exposition Universelle..	1855.	Médaille d'argent.
Rouen........................	1859.	Médaille d'argent.
Paris. Exposition Universelle..	1878.	Médaille de bronze.
Beauvais......................	1885.	Médaille d'argent.
Paris. Exposition Universelle..	1889.	Médaille d'argent.

F. BESNARD

Lampes, fourneaux à pétrole. Pulvérisateurs et Alambics.

PARIS — 28, RUE GEOFFROY-LASNIER. — PARIS

M. F. **Besnard** est de ceux qui ont voulu que notre industrie nationale fût représentée à Chicago par tous les produits qui montrent son expansion et son activité.

C'est bien à lui du reste que devait revenir l'honneur de présenter aux Américains la part prépondérante que l'industrie française a prise au colossal développement de la consommation des huiles minérales, en leur montrant les étapes successivement parcourues par les appareils d'éclairage et de chauffage au pétrole et le degré de perfection qu'ils ont atteint aujourd'hui.

Dès 1854, en effet, c'est-à-dire avant l'importation du pétrole d'Amérique, M. **Maris**, prédécesseur immédiat de M. **Besnard**, faisait breveter une lampe pour brûler l'huile de schiste dont le spécimen figure à l'Exposition de Chicago, et qui peut être considérée comme le prototype des appareils d'éclairage minéral intensifs répandus aujourd'hui dans le monde entier. Comme c'est en 1860 seulement que furent importés en France les pétroles de Pensylvanie, on peut dire que la maison **Besnard** fut une des premières à fabriquer, et sur une grande échelle, les lampes à huile minérale qu'elle n'a depuis cessé de perfectionner par de nombreux brevets et dont la *Lampe-Phare*, que nous décrivons plus loin, peut être considérée comme la plus parfaite expression.

M. F. **Besnard** a fait à Chicago la plus grande installation de la section.

Un hall couvert, admirablement disposé, lui a permis d'exposer ses nombreux modèles.

L'entrée du hall est gardée par deux pilones portant deux lampes à pétrole colossales en bleu Sèvres d'un grand effet ornemental.

Au fond, sur de larges étagères, des lampes de luxe de toutes sortes, depuis le réverbère orné jusqu'aux suspensions de salons les plus riches. Des réflecteurs ingénieusement combinés permettent d'obtenir les effets les plus variés.

Nous signalerons entre toutes, parce qu'elle mérite une mention spéciale, la Lampe-Phare de M. **Besnard**.

C'est une lampe à double courant d'air ; l'un des courants est produit par une cheminée conique partant de la partie inférieure de la lampe, dont le fond est relevé à l'aide de petites sphères au-dessus de la surface d'appui et aboutissant à l'axe de la mèche cylindrique; l'autre courant est dirigé à l'extérieur de la flamme par une capsule ronde placée au-dessus de la mèche et par un disque en acier disposé au centre; la cheminée en verre est cylindrique, sans renflement autour de la flamme.

Cette lampe a un pouvoir éclairant supérieur à celui de toutes les lampes à pétrole qui ont été expérimentées concurremment avec elle. Sa consommation établie par des rapports officiels est de 31 grammes de pétrole par carcel-heure, tandis que la moyenne de consommation des lampes concurrentes varie de 35 à 40 grammes par carcel-heure.

Puis viennent les appareils de chauffage par le pétrole, les réchauds, etc. C'est une section nouvelle parfaitement traitée par M. **Besnard**, et qui ne pouvait manquer d'attirer l'attention en Amérique.

Avec ces fourneaux on peut, sans surveillance, faire le pot-au-feu moyennant 4 centimes par litre de bouillon, et faire cuire ou réchauffer en même temps un ou plusieurs plats de légumes sans augmenter la consommation. Ils fonctionnent au besoin sur une table de salle à manger et évitent ainsi tout déplacement à la maîtresse de maison faisant elle-même sa cuisine.

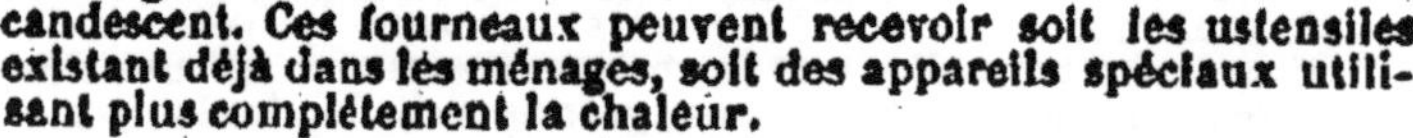

Avec les modèles à plusieurs mèches, on peut en quelques minutes faire cuire directement sur la flamme côtelettes ou biftecks, sans produire l'odeur désagréable de la graisse tombant sur le charbon incandescent. Ces fourneaux peuvent recevoir soit les ustensiles existant déjà dans les ménages, soit des appareils spéciaux utilisant plus complètement la chaleur.

Au moyen d'un four mobile s'appliquant sur les fourneaux à 2, 3 ou 4 mèches, on peut faire cuire rosbifs, gigots, poulets, etc.

Une troisième section très nouvelle et très intéressante, est celle des pulvérisateurs **Besnard**. On nous permettra de nous y arrêter un peu.

Pulvérisateur à dos d'homme

L'utilité des pulvérisateurs dans toute propriété de rapport ou d'agrément n'est plus à démontrer. En dehors du sulfatage des vignes, sans lequel le raisin mûrit mal, le *pulvérisateur Besnard* sert à arroser les pommiers, les pruniers, les poiriers, les pêchers, les rosiers, etc., etc. Au moyen de traitements d'un prix de revient insignifiant, on détruit les chenilles, les pucerons et les vers qui menacent les récoltes.

Dans les serres, le bassinage des plantes se fait en cinq fois moins de temps avec ce pulvérisateur qu'au moyen des autres seringues.

La chaulage des arbres est opéré en dix fois moins de temps qu'au pinceau et le pulvérisateur permet de couvrir de chaux les plus petites brindilles en quelques secondes.

Le pulvérisateur F. Besnard se compose de : *Récipient*, cuivre rouge, contenance 15 litres, avec pompe à air comprimé ; *Lance* avec interrupteur instantané ; *Jet rapide*, bouchons divers pour la vigne, pouvant pulvériser avec plus ou moins de finesse ; *Jet spécial* breveté, pour les arbres ; *Bretelles* cuir, très fortes, caoutchouc renforcé double toile ; *Entonnoir* à grille métallique.

Son prix complet à Paris est de 40 francs.
Son poids vide, 6 kilos 900.
Son poids rempli de liquide, 22 kilos.

On sait qu'un bon *pulvérisateur* doit, tout en pulvérisant le liquide avec force et finesse, pouvoir être mis entre les mains de toute personne et ne doit pas se déranger dans le travail normal. Ce résultat est obtenu avec le *pulvérisateur Besnard*. Le piston plein est solidement établi et n'est pas en contact avec le liquide.

L'aspiration d'air se fait à la partie supérieure du corps de pompe.

L'appareil rempli, sous la plus faible pression, même couché par terre, ne laisse pas échapper de liquide. Le piston est toujours prêt à fonctionner et à donner la pression de deux atmosphères nécessaires à un bon fonctionnement.

On peut obtenir diverses forces de jets avec le même pulvérisateur en changeant soit le bouchon, soit le jet, dont le trou intérieur est d'un diamètre plus ou moins grand.

Tels sont les pulvérisateurs à dos d'homme, mais on peut avoir besoin dans les grandes exploitations de pulvérisateurs à grand travail se plaçant sur brouette ou sur voiture.

Pulvérisateurs pour brouettes et voitures

M. **Besnard** a un type spécial dit Le Normand, dont
La contenance du récipient est de........ 50 litres,
La pression d'air comprimé............. 2 atmosphères 1/2.

Cet appareil est spécialement recommandé pour les grandes cultures de pommiers.

Un seul homme, qui donne la pression convenable au moyen du levier actionnant la pompe à air, peut ensuite arroser un ou plusieurs pommiers au moyen de la lance montée sur bambou de 3 mètres de longueur, sans avoir besoin de pomper continuellement.

Pour un travail rapide, le même appareil peut être manœuvré par trois personnes: une est occupée à la pompe et à la conduite de la voiture, et les deux autres, ayant chacune une lance avec caoutchouc, se placent de chaque côté du récipient et font l'arrosage simultanément.

Cet appareil peut également servir pour le travail rapide des vignes plantées en rang des grandes exploitations d'Algérie ou du midi de la France et des vignes hautes d'Italie.

Le prix du *pulvérisateur Le Normand*, sur châssis, avec une lance bambou et étui, est de 150 francs.

Il y a enfin de nouveaux pulvérisateurs horticoles brevetés S. G. D. G. ayant une contenance de 5 litres et 2 litres.

Ce pulvérisateur à main s'emploie surtout dans les serres et les dames s'en servent très volontiers.

En outre, ces pulvérisateurs sont applicables dans les mines pour l'arrosage des mines sèches grisouteuses où se sont produites les plus grandes explosions. Nous reviendrons sur ce sujet.

Alambic à distillation continue, système A. Estève

M. F. **Besnard** construit également des alambics pour distillation, par le propriétaire, des marcs, lies, fruits, vins, cidres, etc., et donnant une eau-de-vie de qualité supérieure, rectifiée du premier jet, sans repasse.

Ces nouveaux alambics de petit volume ont résolu le problème de pouvoir faire soi-même, d'un seul jet, des alcools de première qualité à un titre élevé, sans avoir besoin d'eau pour le réfrigérant. Le chauffage s'obtient régulièrement au moyen des fourneaux à pétrole dont nous avons parlé plus haut et le serpentin est refroidi par le liquide à distiller. La dépense de combustible est d'environ *5 centimes par litre d'eau-de-vie à 50 degrés.*

Le liquide à distiller pénètre sans intermittence dans l'appareil, et l'eau-de-vie s'écoule à jet continu et au titre voulu, jusqu'à ce qu'il n'y ait plus de liquide à distiller.

Les 4 modèles établis désignés par les lettres A, B, C et D, pouvant distiller en 24 heures, 90 180, 270 et 800 litres de liquide fermenté, suffisent à tous les besoins des propriétaires ou bouilleurs de cru et font de ces appareils les véritables *alambics de famille*.

Les prix sont de 65 fr. A, 100 fr. B, 150 fr. C et 300 fr. D.

Description de l'alambic des familles

A. Chaudière placée sur le fourneau à pétrole. Au-dessus de la chaudière se trouve la colonne de distillation B.

C. Réfrigérant et chauffe-vin.

S. Extrémité du serpentin conduisant l'eau-de-vie dans l'éprouvette E qui renferme un alcoomètre D.
R. Réservoir du liquide à distiller.
F. Sortie de la vinasse.

Mode d'opérer

Ouvrir le robinet O pour garnir l'appareil, le fermer lorsque le liquide sort en F, et allumer le fourneau à pétrole. Le liquide contenu dans la chaudière dégage au bout de peu de temps des vapeurs qui traversent les plateaux et gagnent la partie supérieure du réfrigérant C, qui devient chaude, et l'eau-de-vie ne tarde pas à sortir en S.

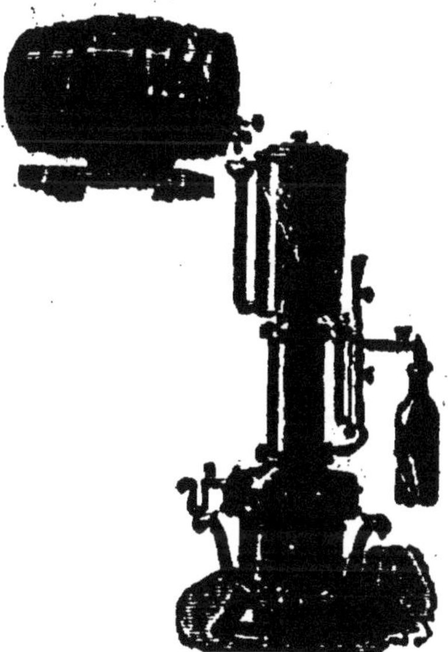

Alors, seulement, on ouvre de nouveau le robinet O pour faire couler lentement et constamment le liquide à distiller qui refroidit le serpentin et s'échauffe en même temps. Le liquide passe ensuite dans la colonne où s'opère la distillation et la rectification, puis arrive dans la chaudière A, pour sortir en F, à l'état de vinasse.

L'eau-de-vie passe du serpentin S dans l'éprouvette E et de là dans le litre ou dans tout autre récipient. On examine à l'alcoomètre D le degré de l'eau-de-vie; si elle titre 55°, on ralentit l'écoulement en fermant un peu le robinet O, et si le titre est au-dessous de 55°, on devra au contraire faire passer le liquide plus rapidement.

On voit quels avantages présente cet appareil sur les alambics ordinaires ou intermittents qui demandent un temps considérable pour distiller une quantité très faible de liquide, occasionnent de nombreuses manipulations qui consistent à luter, à recharger la chaudière, et par ce fait à arrêter la distillation, alors que l'alambic est en pleine marche, enfin à repasser le produit plusieurs fois pour l'obtenir au titre voulu.

***

M. **Besnard** s'est surtout attaché à construire des appareils portatifs de famille élégants et à très bon marché, appareils avec lesquels l'Amérique ne pourra pas rivaliser. Toutes nos félicitations à cet ingénieux constructeur, dont les efforts ont du reste été récompensés par 63 premiers prix de 1890 à 1893 et par la croix du Mérite agricole. A Chicago l'opinion lui donnera certainement un diplôme d'honneur, car il a exposé dans deux sections avec une libéralité et un art incontestés.

H. BELIGNÉ

Instruments

LANGRES (HAUTE-MARNE)

La maison **Beligné**, de Langres, expose une spécialité intéressante, ce sont tous les instruments coupants des petites industries. Ici des séries de sécateurs pour l'agriculture, là les innombrables couteaux de boucherie, couperets, etc., plus loin les ciseaux monumentaux des tailleurs, puis les ciseaux de toute espèce, et il y en a!

Le motif central de cette exposition est formé par un couteau monumental de 80 centimètres de longueur. C'est un effroyable instrument qui fait tressaillir les visiteurs involontairement. Mais l'émotion est vite passée, et il ne reste plus que de l'admiration pour une si grande variété de modèles de toute espèce.

CH. BOURDON

Thermostats d'omnibus

PARIS. — 26, BOULEVARD MAGENTA. — PARIS

M. Ch. **Bourdon** expose une spécialité très intéressante. Il s'agit d'un thermostat appliqué au chauffage des omnibus. Il a montré toutes les parties de l'appareil en figurant simplement par un 1/2 mètre carré la circulation qui a lieu sous les pieds du voyageur pour le réchauffer. La circulation de vapeur est des plus simples.

Un autre appareil vaporigène pour le chauffage des habitations nous a paru des plus ingénieux.

En résumé, c'est du nouveau que nous a donné M. Ch. **Bourdon**, et le nouveau est toujours rare.

CIVET, CROUET, GAUTIER & Cie

Grandes carrières

PARIS, — 5, RUE DE L'AQUEDUC, — PARIS

L'Exposition de MM. **Civet, Crouet, Gautier et Cie** est non seulement intéressante, mais elle constitue un acte de courage patriotique. En effet, l'Amérique a de nombreux matériaux de construction, elle s'enorgueillit de son grès rouge à New-York, de ses marbres à Philadelphie, de ses granits, et pourtant, c'est l'Europe qui reste le pays des belles carrières admirablement menées et rationnellement exploitées. Enfin, c'est le bassin de Paris qui, dans son ensemble, constitue un des plus beaux dépôts au point de vue géologique et industriel.

MM. **Civet, Crouet, Gautier et Cie** ont cependant jugé très intelligemment que tout le littoral atlantique des États-Unis était, en réalité, privé de ces grandes masses lithoïdes qui sont comme la raison d'être des grandes villes, et ils ont résolument exposé pour montrer leurs produits aux architectes du nouveau monde.

Ils ont exposé deux catégories de pierres. Les pierres froides dures, comme celles de Comblanchien pour soubassements, dont le poids spécifique est de 2.700 kilos au mètre cube, la résistance à l'écrasement de 1.000 kilos par centimètre carré et dont le prix de vente à New-York ne dépasse pas 250 francs le mètre cube! Les dalles de toutes espèces ne dépassent pas le prix de 500 francs le mètre cube.

A ce compte, on peut rivaliser avec les prix américains, surtout quand on songe que M. **Vanderbilt** a payé, dit-on, 9.000 dollars (45.000 francs) les deux dalles unies qui sont sur le trottoir devant sa maison.

Sur le même type, MM. **Civet, Crouet, Gautier et Cie** exposent la pierre de Souppes en Seine-et-Marne, pierre froide polie également dont le poids spécifique est de 2.000 kilos et la résistance à l'écrasement de 850 kilos par centimètre carré. Le prix à New-York n'est que de 200 francs le mètre cube.

Le second type de pierre exposé est la pierre plus tendre des *Savonnières*, par exemple, dont le poids spécifique n'est plus que de 1.700 kilos et la résistance à l'écrasement de 100 kilos par centimètre cube. Le prix sur bateau à New-York n'est plus que de 130 francs le mètre cube!

Puis vient l'*Euville ordinaire*, le *Banc royal de Saint-Waast*, *Villiers-Adam*, *Chamteney*, *Larrys*, etc., pour la pierre de taille quelconque.

La photographie des sept carrières appartenant à la Société **Civet, Crouet, Gautier et Cie** montre l'outillage et la puissance de cette compagnie. Dans les carrières de Lérouville, on aperçoit un front de taille de 25 mètres de hauteur admirablement exploité.

En résumé, avis aux architectes des deux Amériques qui ne peuvent aller rechercher dans l'intérieur des terres les matériaux nécessaires pour supporter leurs maisons à 30 étages. Ils trouveront tout ce qui leur est nécessaire, tout taillé, tout préparé, dans les carrières du bassin de Paris, et notamment chez les industriels dont nous venons de décrire la remarquable exposition.

COMITÉ CENTRAL DES HOUILLÈRES
DE FRANCE

Le Comité central des houillères de France expose la série de publications du Comité et les atlas s'y référant.

Ce long travail, qui consiste à tenir au courant tous les intéressés d'un pays sur la question vitale qui les intéresse, est des plus difficiles.

Nous savons à quel point ce labeur est ingrat et combien il exige d'assiduité et de recherches.

La question même du choix des renseignements, de leur coordination, amène dans l'esprit une foule de perplexités dont on ne peut se rendre compte que par la pratique.

M. **Grüner**, le secrétaire général du Comité des houillères, qui, comme son illustre père, pousse si loin le scrupule scientifique et la conscience, a plus de difficulté peut-être et plus de mérite, par conséquent, que tout autre à faire ce travail, qui, pour un rédacteur moins scrupuleux, se ferait à coups de ciseaux et de traductions. Il y met le meilleur de lui-même. Son Atlas du Comité des houillères a fixé l'attention de tous les visiteurs. C'est le seul travail d'ensemble sur les bassins houillers de toute l'Europe qui ait été présenté jusqu'à présent.

L'œuvre du Comité des houillères est donc, grâce à lui et aux présidents qui l'encouragent, une véritable encyclopédie de tout ce qui se passe dans l'industrie des mines, non seulement en France, mais à l'étranger. Voilà pourquoi cette œuvre devait figurer à l'Exposition de Chicago.

ERNEST CAMBIER & CIE

Ciment de Portland artificiel

À PONT-À-VENDIN (PAS-DE-CALAIS)

L'Exposition de Chicago était remarquable pour les ciments de Portland artificiels. Toutes les nations qui en fabriquent ont exposé leurs produits, ce qui s'explique par l'importation considérable que font les États-Unis d'Amérique des ciments de Portland artificiels anglais, allemands, français et belges.

Presque toutes les usines importantes de ces divers pays ont concouru, et parmi elles se trouve la maison Ernest **Cambier** et **Cie** dont l'exposition est très remarquée.

On y voit tout d'abord :

1° Le mélange de la pierre à chaux et de l'argile rendues liquides par le mélange intime — et séchées ensuite à l'état de pierre pour la cuisson ;

2° Les ciments cuits ;

3° La pierre à chaux et l'argile, de pierres blanches, tendres, qu'elles étaient avant la cuisson, deviennent, après cuisson, gris noir, dures comme du rocher ; il faut ensuite les réduire en poudre ou poussière très fine. On y voit les ciments achevés prêts à livrer au commerce, et les déchets des meules qu'il faut réduire en poudre à nouveau. On y voit des briquettes faites avec du mortier de ciment pur et du mortier aux trois quarts sable (une partie de ciment et trois parties de sable), et un appareil d'essai à la rupture par traction qui constate la résistance des briquettes, les poids supportés avant la rupture, et prouve, à l'évidence, la qualité supérieure des ciments. Tout cela est très complet et très démonstratif.

On sait que pour produire un ciment Portland de qualité supérieure il faut, après un minutieux dosage de carbonate de chaux et d'argile, cuire à une température très élevée pour permettre la combinaison totale de la chaux à l'argile, sans laisser de chaux libre, élément de cassures et de fendillements.

Certains fabricants produisent des ciments qu'ils vendent à vil prix ; ces produits laissent souvent à désirer sous le rapport des matières premières, du dosage et de la cuisson. La différence comme qualité est grande ; si on les soumettait aux expériences nécessaires, on les trouverait défectueux, ne présentant point à beaucoup près la couleur, la force, la dureté du véritable ciment Portland.

Le ciment Portland de Pont-à-Vendin, d'une couleur de pierre grisâtre, conserve toujours son aspect primitif, ce qui le rend propre à tous les travaux et notamment aux enduits, réservoirs, façades de bâtiments publics, etc., etc. Une autre qualité du bon ciment Portland est un bon marché comparatif en raison de sa grande force et de sa dureté ; on peut le mélanger à deux ou trois fois son volume de sable, on trouvera que ce mortier est supérieur à d'autres ciments ou à la meilleure chaux hydraulique employés purs.

Le ciment Portland de Pont-à-Vendin est fabriqué avec le plus grand soin ; des essais faits journellement dans le laboratoire de l'usine permettent de dire qu'il ne se fend jamais, pas plus dans l'eau qu'à l'air, du moment qu'il est bien employé.

Parmi les grands progrès de l'industrie, il faut placer la fabrication de ciment Portland artificiel, appelé à remplacer le ciment de Vassy à prise rapide et les chaux hydrauliques.

On est donc, à Pont-à-Vendin arrivé à fabriquer un ciment Portland artificiel d'une dureté et d'une force à la rupture par traction et par compression doubles de celles d'il y a quelques années, supportant un plus fort dosage de sable, et dans des conditions de prix qui en ont décuplé l'emploi.

Les carrières de Pont-à-Vendin, ayant des pierres très riches, très pures et d'une régularité exceptionnelle, permettent de produire le ciment Portland artificiel d'une qualité supérieure à prise lente, toujours régulier et rivalisant avec les premiers ciments de France et de l'étranger.

Le ciment de Pont-à-Vendin est admis et reçu officiellement partout comme première marque de France; il fait partie de la série de Paris, et la maison Ernest **Cambier** et **Cie** est appelée à soumissionner dans toutes les adjudications de l'Etat, de la Ville de Paris et des chemins de fer au même titre et avec les mêmes prérogatives absolument que la maison **Demarle et Longuety**, de Boulogne-sur-Mer, la Société nouvelle de Desvres et les autres grandes usines françaises.

Voici un extrait du registre des essais au ministère des Travaux publics à propos d'un échantillon de ciment remis par M. **Cambier**, à Pont-à-Vendin:

Sable siliceux	».60
Silice combinée	23.65
Alumine	5.85
Peroxyde de fer	2.40
Chaux	63.85
Magnésie	».50
Acide sulfurique	».15
Perte au feu	3. »
	100. »

La densité de ce ciment, mesuré sans tassement, a été trouvée de 1.256. Il a laissé les résidus suivants sur les tamis successifs de :

324 mailles au centimètre carré		» »
900 —	—	2.8
5.000 —	—	18.4

Paris, le 15 octobre 1888.

Vu par l'Inspecteur de l'Ecole,
(Signé) E. COLLIGNON.

L'Ingénieur en Chef, Directeur du Laboratoire,
(Signé) DURAND-CLAYE.

Ajoutons enfin que la maison Ernest **Cambier** et **Cie**, ne fabriquant que des produits de qualité supérieure, garantit la résistance de ses ciments à la rupture par traction en briquettes mortier ciment pur et mortier trois quarts sable (1 partie ciment et 3 parties sable normal).

L'usine étant située près des ports de Dunkerque et d'Anvers, l'exportation y est très facile par ces deux ports.

Bref, nous avons été heureux de rencontrer à Chicago une maison bien française et en plein succès.

DURAND, BOSSIN ET BRARD

Tubes, sans soudures, de tous métaux, toutes longueurs et tous diamètres

PARIS, — 29, BOULEVARD RICHARD-LENOIR, — PARIS

L'exposition de MM. **Durand, Bossin et Brard** est une des curiosités de la *Columbian Exhibition* tout entière. Nous n'avons vu qu'une très insignifiante exposition anglaise qui pût, de loin, lui être comparée.

C'est qu'il y a là des produits nouveaux, des tubes microscopiques en métaux divers ayant des longueurs invraisemblables et enroulés comme de modestes fils tréfilés; on y voit depuis le tube fin comme une aiguille des instruments de chirurgie, des injecteurs de morphine de Pravaz, jusqu'aux tubes destinés aux formidables pressions des presses hydrauliques. C'est une spécialité curieuse et que MM. **Durand, Bossin et Brard** ont su faire bien française.

Un jury quelconque décernera sans conteste le diplôme d'honneur à une exposition de ce genre qui constate l'effort suivi de succès dans une voie nouvelle.

Mais précisons et entrons dans les détails :

Objets exposés

Tout d'abord, au faîte d'une pyramide centrale, sous la grande vitrine, qu'indique le dessin inclus, on aperçoit les tubes microscopiques en acier pour chirurgie, seringues de Pravaz, etc. L'un d'eux a 300 mètres de longueur et se présente sous la forme d'un très petit paquet enroulé, étonnant par son petit volume. C'est un tour de force de précision et de régularité. A côté, un tube rond acier, d'une seule longueur de 80 mètres, un autre tube cuivre 1/2 rouge, forme rayée, de 180 mètres de longueur et dont le diamètre extérieur est de 58 dixièmes de millimètre (0,058). Le diamètre intérieur est de 44 dixièmes de millimètre.

Puis viennent des tubes en aluminium, en acier, en étain dur, en cuivre rouge, 1/2 rouge; un tube rond en cuivre jaune d'une seule longueur a 190 m. de longueur et un diamètre extérieur de 54 dixièmes; à l'intérieur, 38 dixièmes.

A côté, un autre tour de force, un tube rond en acier d'une seule longueur de 250 mètres avec un diamètre extérieur de 24 dixièmes et un diamètre intérieur de 19.

Plus fort encore; voici un tube rond en cuivre jaune de 540 m.; diamètre extérieur, 24 dixièmes; diamètre intérieur, 15 dixièmes.

Nous passons une profusion de tubes en cuivre rouge, ronds, en maillechort, etc., métal Delta, etc. Signalons un tube de cuivre 1/2 rouge, rond, de 400 mètres courants avec un diamètre extérieur de 10 dixièmes et un diamètre intérieur de 5.

Les tubes ronds ne sont pas les seuls, il y a aussi toutes les sections.

Il y a un tube en étoile, en cuivre 1/2 rouge, de 140 mètres avec des diamètres intérieur et extérieur de 35 et 30 dixièmes.

Un carré, un méplat, bref toutes les sections désirables sont représentées avec tous les métaux lamicables.

Il est incontestable que cette exposition a été une des plus appréciées de la section française.

C'est que cette industrie correspond à une foule d'emplois industriels pour Machines à Vapeur, Presses hydrauliques, Manomètres,

VITRINE DE MM. DURAND, BOSSIN ET BRARD
À L'EXPOSITION DE CHICAGO

Appareils à Gaz, Suspensions, Lampes et Bronzes artistiques, Appareils de Physique et Chimie. — Tubes en tous genres pour la Bijouterie, la Joaillerie, l'Orfèvrerie et l'Horlogerie, les Instruments de Chirurgie, de Musique et d'Optique, les Petits Bronzes dorés et de fantaisie, etc. Maintenant que nous avons vu l'Exposition de Chicago, voyons les usines.

L'usine de MM. **Durand, Bossin et Brard** est située à Longueville (Seine-et-Marne), sur la rivière la Voulzie. Le site est des plus charmants, ce qui ne nuit jamais.

Il y a là une centaine d'ouvriers vivant heureux en travaillant à la campagne.

La force hydraulique se compose d'une roue de 30 chevaux et d'une turbine de 15, en tout 45 à 50 chevaux-vapeur.

L'outillage se compose d'un premier atelier comprenant trente bancs à étirer avec deux fours à recuire. C'est là que se font les tubes si curieux que nous avons vus, parmi lesquels il faut citer des tubes de 15 millimètres de diamètre extérieur, par exemple, ayant au centre un trou microscopique de 1 millimètre, et cela en acier dur prenant la trempe. Ces tubes sont principalement destinés à l'industrie du découpage pour faire ce qu'on appelle des « cheminées de poinçons ». On y fait aussi des tubes de grande longueur pour hydromètres, pour appareils de transmission à longue distance des pressions. Cela est excellent pour les avertisseurs : pas de joints, pas de déperdition de force. L'artillerie de Bourges a fait exécuter par cette usine des tubes pour des pressions énormes de plusieurs milliers d'atmosphères. L'Amirauté anglaise aussi a dû venir à Longueville chercher des tubes de très grande longueur, et la Russie, pour ses arsenaux d'Odessa et de Pétersbourg, est une cliente assidue. Enfin, pour la navigation aérienne .... mais ne dévoilons pas les secrets des autres.

Bref, ces bancs d'étirage ont vu bien des demandes venues des quatre coins de la science et de l'industrie modernes, et ce n'est pas fini.

La seconde partie de l'usine est consacrée à la fonderie, car le principe de MM. **Durand, Bossin et Brard** est de faire eux-mêmes tous leurs alliages avec les matières les plus pures : argent, aluminium, zinc, nickel. C'est ainsi que depuis longtemps elle n'emploie que des cuivres électrolytiques à 99.99 0/0 de métal. C'est dire que chez ces messieurs la fonderie joue un grand rôle ; aussi est-elle des mieux agencées : fours à réverbère cubilot, fours portatifs système **Piat**, avec grue pour la manœuvre desdits fours.

Les magasins de Paris (22, *boulevard Richard-Lenoir*) sont toujours des mieux approvisionnés, on y trouve des tubes de tous métaux en séries avec gamme d'épaisseur pour tous les tubes, de façon à pouvoir satisfaire immédiatement à tous les besoins, même les plus imprévus.

A côté de cela, l'usine produit avec une extrême rapidité, même les tubes les plus difficiles, cela a été maintes fois constaté par des industriels de notre connaissance.

Telle est la curieuse spécialité de cette maison. Nous avons cru devoir y insister parce qu'elle mérite d'être bien connue, et nos nombreux lecteurs nous sauront gré de la leur rappeler.

Disons en terminant quels sont les hommes qui ont su mettre en œuvre et faire prospérer cette remarquable organisation.

HISTORIQUE

Tout d'abord, il faut rendre hommage à M. **Durand**, que l'on peut appeler le fondateur de cette maison.

Au sortir du service militaire après deux congés, il entra dans cette industrie alors à ses débuts ; il fallait vaincre la routine et faire accepter ce nouveau produit qui détrônait le tube avec soudure, il fallait faire bon et bon marché pour trouver sa place au soleil. C'est à force de travail, de persévérance, d'énergie, que M. **Durand** y est parvenu. Disons en passant qu'il est conseiller municipal de Longueville depuis de nombreuses années et qu'il a été pendant quatre ans maire de sa commune.

En avançant dans la carrière, ce praticien avisé s'adjoignait des hommes ayant déjà fait leurs preuves et qui le complétaient pour répondre aux exigences de la fabrication.

C'est ainsi qu'il s'associa M. **Bossin**, élève de l'Ecole d'Angers, attaché pendant quinze ans aux établissements **Chevalier, Cheylus jeune et Cie**, constructeurs de wagons à Grenelle, tant dans les bureaux de Paris que sur les chantiers étrangers d'Espagne, de Portugal, d'Italie et d'Egypte. Il était directeur de leur usine de ferronnerie à Nouzon (Ardennes) lorsqu'il s'intéressa à cette affaire. M. **Bossin**, homme technique, pouvait se rendre compte de la fabrication, mais il avait cependant les plus grandes aptitudes commerciales. C'est cette branche qu'il a assumée dans l'usine et à laquelle il a su donner le plus grand développement.

Enfin M. **Brard**, ingénieur distingué, élève de l'Ecole Centrale et de l'Ecole d'Angers, et à ces titres doublement ingénieur, s'est plus particulièrement attaché à la question technique.

L'Exposition de Chicago a mis en lumière ces trois noms, et il est possible que le ministre tienne, sinon à les distinguer tous les trois en une fois, ce qui n'est pas possible, mais à les honorer tous en donnant au fondateur de l'affaire, en même temps qu'au serviteur de la patrie, une marque éclatante d'estime méritée.

FORTIN (PAUL-V.)

Emeris, meules et pierres à aiguiser, pulvérisation de tous genres

PARIS, — RUE SEDAINE, 35. — PARIS

Très artistique exposition, car on peut faire presque de l'art avec des pierres à aiguiser et des meules, M. **Fortin** l'a prouvé avec sa vitrine carrée très bien disposée.

En face, nous voyons les meules de toutes sortes, les pierres à polir et à aiguiser, des pierres ponce, des pierres à rasoir, des pierres à polir le marbre, des carbonates de magnésie pour l'agglomération des meules en émeri, des agates et une véritable collection de minéraux susceptibles d'être réduits en poudre, tels que galène, pyrite, stibine, micaschiste, mica, malachite, serpentine, etc.

Une section représente tous les papiers verrés, émerisés, etc.

Une autre montre les pulvérisés de toutes sortes, les tripolis, les rouges à polir.

Une autre est affectée aux brosses à polir, aux brosses à pierre ponce, etc., des brosses à roues pour polir sur le tour, etc.

Bref, on trouve dans cette vitrine tout ce qui consiste à polir, à pulvériser et calciner les corps.

Importance des usines. — Origine

Fondée en 1838, au n° 20 de la rue de Charenton, par M. **Bordier**, la maison de M. **Fortin** fut la première s'occupant spécialement de l'industrie des émeris, tout à fait à l'état naissant.

Après M. Bordier vint, en 1843, M. Augustin **Vincent**, lequel céda la maison à M. **Villette**. Ce dernier s'associa bientôt M. P. Fortin; c'est à ce moment que l'industrie atteignit toute sa puissance.

En 1877, M. **Fortin** resta seul en nom, et c'est sous sa direction que l'affaire a continué le mouvement ascensionnel si bien commencé par ses prédécesseurs.

En 1878, époque à laquelle M. Fortin prenait l'usine, elle possédait une machine à vapeur de trente-cinq chevaux, qui faisait mouvoir, au moyen d'un nombre infini de transmissions :

1° Un mouton en fonte pesant environ 500 à 600 kilos, qui vient s'abattre d'une hauteur de 10 mètres sur un bloc d'un mètre cube; les roches, émeris, silex et autres, sont alors concassées à la grosseur d'un œuf de poule ;

2° Une meule verticale ayant 2 mètres 50 de diamètre, se mouvant sur un cirque dont le chemin est en fonte; cette meule possède un manchon de fonte ayant 14 centimètres d'épaisseur sur 40 centimètres de large, ce qui lui donne, en comptant la coulée de plomb (1.200 kilos) qui sert à le maintenir sur le corps principal en pierre, un poids total de 8.000 kilos;

3° Un concasseur possédant une force de compression de 50,000 kilos; aussi des morceaux d'émeri de la grosseur d'une noix sortent de cet instrument à l'état de 1/2 noisette;

4° Six moulins de 1 mètre 20 de diamètre se chargent de rendre à l'état de grains (tous numéros) l'Émeri, le Verre, le Silex et autres minerais des plus durs;

5° Sept bluteries servent à la division desdits numéros;

6° L'usine possède aussi trois énormes fours à réverbère pour la calcination du sulfate de fer servant à la production du rouge à polir, article de la première importance dans la maison;

7° Trois vastes ateliers pour le lavage des émeris et des rouges à polir tirent leur eau de trois énormes réservoirs contenant 18,000 litres d'eau chacun; ces derniers se trouvant placés sur le toit sont alimentés par des pompes mues toujours par la machine et montant l'eau (d'un puits foré à 25 mètres de profondeur) sur le toit, c'est-à-dire 25 mètres au ras du sol et 15 mètres hauteur de la maison, soit à 40 mètres;

8° Des séchoirs règnent sur toute une partie de la toiture. Cette manière de sécher les émeris et les rouges est d'une importance capitale, car elle évite la dureté résultant du séchage par les fours;

9° De vastes ateliers se trouvent au premier, où la manufacture des papiers et toiles à polir occupe nombre d'ouvriers; ces derniers jouissent par la disposition des ateliers de grands avantages: 1° c'est de pouvoir sécher leur fabrication à la douce chaleur de la vapeur d'eau passant dans un conduit ayant 12 centimètres de diamètre et régnant sur toute la superficie des magasins; 2° leur colle, au lieu d'être chauffée au four, bénéficie de même de ce calorique au moyen de bains-marie qui l'empêchent de se calciner tout en lui donnant une chaleur bien suffisante.

Quelles sont les modifications qui ont été introduites dans cet outillage par l'inventif **M. Fortin**, aujourd'hui?

Une heure suffit maintenant à pulvériser un produit pour lequel autrefois quatre jours étaient nécessaires.

L'antique et bruyant mouton a disparu, la dangereuse meule verticale ne sert que rarement, le concasseur, cause d'accidents, a été supprimé; par contre, six nouveaux moulins ont été installés; le nombre des bluteries s'est vu plus que doublé.

Dès 1879, **M. Fortin** introduit dans son usine les premiers broyeurs **Blake** à mâchoires qui aient fonctionné en France. Cette innovation a révolutionné toute cette industrie: en effet autrefois on arrivait avec difficulté à satisfaire les désirs de la clientèle, on refusait les pulvérisations à façon qui étaient proposées; maintenant, au contraire, M. Fortin a donné à cette branche si intéressante un essor extraordinaire, et il a le droit d'être fier du succès obtenu.

Il a été contraint de quadrupler sa force motrice pour mener le nouveau matériel, réparti désormais sur trois immeubles, tandis qu'en 1878 il n'avait que l'usine du n° 34; c'est assez dire que le chiffre des affaires s'est considérablement augmenté, d'autant que la fabrication de produits à polir et quantité d'articles traités autrefois par l'Allemagne et l'Italie sont venus augmenter les spécialités de la maison. Néanmoins l'émeri de bonne qualité reste toujours la base des opérations de M. **Fortin**, et il a acquis dans cette industrie une réputation considérable.

Les récompenses obtenues par M. Fortin ont été :

A l'Exposition universelle, 1878, Paris, une médaille. — A l'Exposition universelle, 1880, Bruxelles, une médaille d'argent. — A l'Exposition universelle, 1889, une médaille de bronze ! Même Exposition (classe grecque), M. **Fortin** a exposé pour le compte du gouvernement grec et a obtenu une médaille. — Deux médailles à l'Académie Nationale Manufacturière et Commerciale. — En 1890, la décoration de l'ordre du Sauveur donnée par M. **Tricoupis**, pour les nombreux Rapports adressés sur l'Émeri depuis 1887, en qualité de correspondant du ministre des Finances d'Athènes. — A Chicago, dans la section française et grecque, M. Fortin a été hors concours.

On le voit, on a affaire à une excellente firme française, et il ne nous a pas été donné de voir à Chicago beaucoup de maisons étrangères comparables à celle que M. Fortin a rendue si prospère.

GODILLOT

Combustion économique

PARIS. — 50, RUE D'ANJOU. — PARIS

M. Godillot ne pouvait pas s'abstenir d'envoyer à Chicago ses appareils à brûler tous les combustibles.

Il a fait figurer son appareil à combustion méthodique pour le chauffage d'un générateur de 216 mètres carrés de surface de chauffe.

Son installation de Besito à Java pour brûler la bagasse a été aussi très remarquée.

L'installation E. **Dubose**, au Havre, avec grille-pavillon, de 1.855 de diamètre, utilisant le *wet chifs* pour le chauffage d'un générateur semi-tubulaire ; l'installation de M. **Alff**, utilisant le tan, sont des applications heureuses, qui ne pouvaient manquer d'avoir leur succès à Chicago.

M. **Godillot** a donc parfaitement fait de se montrer, et sa persévérance dans la voie de l'utilisation de tous les combustibles est une des choses les plus patriotiques en même temps que des plus honorables pour cet ingénieur. Chacun sait en effet qu'il se dévoue uniquement par amour de son métier à la solution d'une question de premier ordre pour notre pays.

GOYARD (ARSÈNE-G.)

Creusets, moufles, fourneaux pour émailleurs et essayeurs

PARIS. — 42, RUE ALEXANDRE-DUMAS. — PARIS

L'exposition de **M. Goyard** est une des plus complètes dans son genre ; qu'on se figure une vaste table en ∩ sur laquelle tous les appareils en matériaux réfractaires sont méthodiquement installés.

D'abord, au centre, c'est un four pour recuire la peinture sur porcelaine ; à droite, un autre fourneau d'émailleur et un fourneau de coupelle.

A gauche, un fourneau à fondre les métaux et un fourneau à coupelle, un sixième appareil pour recuire, avec foyer séparé ; puis, sur le devant, une profusion de poches à fondre, de creusets de toutes formes, toutes dimensions et toutes qualités.

Enfin, au centre, sur le devant également, des coupelles en poudre d'os pour essais d'or, d'argent, etc.

En résumé, tout complet, dans cette délicate spécialité des hautes températures.

HISTORIQUE

La maison a été fondée en 1855 (rue Folie-Méricourt, 112), par M. **Goyard** père ; elle est actuellement dirigée, depuis 1880, par le fils du fondateur, M. A. **Goyard** (42, rue Alexandre-Dumas), qui a pris pour enseigne et pour marque la légende suivante : *Au Creuset réfractaire de Paris.*

Elevé dans la maison de son père, habitué dès son plus jeune âge aux divers travaux de son industrie et en quelque sorte initié aux secrets les plus intimes de la profession, M. A. **Goyard** était mieux qu'aucun autre en mesure de diriger une telle entreprise.

Aussi est-il arrivé à des résultats merveilleux, soit en fabriquant des creusets de qualité supérieure qui ne craignent aucune épreuve, aucune comparaison avec les autres, soit en créant lui-même de nouveaux articles qui sont venus enrichir le domaine expérimental des laboratoires de chimie et de métallurgie.

C'est ainsi que, depuis peu de mois seulement, il a entrepris la fabrication des creusets en plombagine, et nous ne craignons pas d'affirmer qu'il est arrivé, dans ce genre, à créer des articles d'une supériorité incontestée.

Il vient de prendre également un brevet pour une autre création analogue appelée elle-même à un très grand succès; nous voulons parler de ses creusets en terre réfractaire avec enveloppe extérieure de plombagine, appareils très soignés et dont la résistance est énorme, aux températures les plus élevées.

Le nouvel établissement, installé sur un emplacement plus vaste, a reçu dans son agencement et dans son matériel toutes les améliorations conformes aux besoins des diverses industries tributaires de la fabrication des creusets réfractaires de Paris.

M. A. **Goyard**, comme nous l'avons dit, ne s'est pas borné à élargir le champ de ses moyens d'action et de ses relations, il a su mettre lui-même de bonne heure la main à la pâte, et l'on peut dire qu'il est devenu, par ses propres efforts, un maître en son art.

Les terres et les argiles qu'il emploie sont d'abord choisies, par ses soins, parmi les plus belles. En arrivant à l'établissement, elles subissent un examen approfondi et un lavage complet; leur grain prend alors cette homogénéité indispensable qui est la première condition pour que la terre jouisse de toute sa force de résistance à l'action du feu, pour qu'elle soit, en un mot, complètement réfractaire.

M. **Goyard** est le seul fournisseur admis à l'École nationale des mines de Paris, et les nombreuses médailles obtenues dans les expositions par l'établissement, y compris la médaille d'or qu'il a reçue à l'Exposition d'Anvers, témoignent assez haut en faveur de la supériorité de ses productions.

A Chicago, M. **Goyard** a ajouté une récompense de plus à tant d'autres.

LOUIS HAMON

Coutellerie de luxe

PARIS. — 53, RUE DE CLÉRY. — PARIS

Dans le même genre que l'exposition de M. **Belligné**, de Langres, est l'exposition de M. **Hamon**, de Paris. La spécialité cependant est différente, et ce sont les objets fins, les rasoirs, les ciseaux les canifs, les nécessaires qui ornent une très jolie vitrine.

Il y a même deux rasoirs enrichis de pierres précieuses, qui sont là pour le plaisir des yeux et aussi de quelque souverain, car c'est le ministère des colonies qui achète surtout ces articles pour les cadeaux à faire aux grands chefs.

M. Hamon exporte beaucoup ses produits en Russie, dans l'Allemagne du Sud, en Colombie, au Mexique et même en Allemagne, où tous les coiffeurs d'origine française, et il y en a beaucoup, réclament la forme élégante de Paris et la finesse du métal.

***

Il est toujours curieux de remonter aux débuts des maisons françaises. C'est le grand'père de M. **Louis Hamon**, portant les même nom et prénom, qui fut, vers 1816, le fondateur de la maison. Il dut son succès à ce qu'il substitua à la pierre à rasoir d'Amérique (Arkansas) de l'émeri impalpable en pâte, qu'on étendait en très petite quantité sur un cuir. L'usage en est devenu universel et la pierre américaine a disparu. Qui ne se souvient parmi nos grands-pères de la fameuse *pâte zéolithe ?* M. Louis **Hamon**, le grand'père, se confina longtemps dans ses seuls articles, qu'il avait presque inventés : cuirs, rasoirs, pâte à rasoirs ; puis son fils, **Pierre Hamon**, lui succéda, augmentant l'avoir paternel de tous les articles de coutellerie et des ciseaux surtout.

Une remarque en passant — le ciseau fin ne se fabrique bien qu'en France; on les fait bien ailleurs, mais ils sont plus lourds, informes, peu artistiques. Nos formes sont toujours demandées.

M. Pierre Hamon fils a donc eu à développer toutes ces fabrications, et alors la coutellerie, les ciseaux de coiffeurs, les tondeuses aujourd'hui, tout cela est resté son domaine incontesté, et la petite maison de la *pâte zéolithe* est devenue une grande industrie qui a vitrine à Chicago et pignon sur rue.

Le couteau aux couteliers

Ce qui est autrement curieux encore, c'est l'organisation du travail chez M. Louis Hamon. Il ne fabrique pas; ce sont des ouvriers qui, sous la direction d'un contremaître habile, font tous ces délicats instruments et les vendent au patron lorsqu'ils sont achevés.

De la sorte, le fin commerçant n'a pas de fabrique, pas d'usine, pas d'ennuis par des questions sociales, pas de grève. Il sait son prix d'achat et calcule là-dessus son prix de vente. C'est « le couteau aux couteliers » comme « la mine aux mineurs ».

L'habileté commerciale de M. Hamon, ses relations étendues dans le monde entier, suffisent à son activité, et c'est plaisir de voir comme il a réussi, grâce à cette organisation spéciale et à la division du travail et des aptitudes.

La clientèle de M. Hamon a vu qu'il figurait à Chicago et l'a mis certainement hors concours à l'unanimité.

VEUVE TH. DE HENNAU

Forges, Tréfileries et pointeries

A CREIL (OISE)

Nous voici en présence d'une très intéressante exposition bien française.

Sur un grand panneau à trois compartiments, on voit au centre la pointe d'acier à tête plate, objet principal de la fabrication de Mme veuve de **Hennau**. La gamme des pointes se profile en dessins très gracieux et montre les immenses quantités de modèles fabriqués. A droite, on voit les aciers galvanisés tréfilés, les fils de cuivre rouge, les fils d'acier clair.

A droite, les fils d'acier recuit, les fils au ferro-nickel et les laitons tréfilés. Dans les vitrines inférieures, encore des pointes. Vers le sol, devant le visiteur, une rosace en ronce artificielle et pointes, des ressorts pour meubles en fil cuivré. Sur le sol, une botte de machine d'un seul bout et sans soudure du poids de 115 kilogrammes et de 780 mètres 85 de longueur; une autre botte en fil cuivré n° 17 1/2 du poids de 100 kil. et de 1.613 mètres de longueur. Enfin, au milieu, une botte de fil galvanisé n° 16 du poids de 100 kilogrammes et de 2.230 mètres de longueur. Toutes ces bottes sont d'un seul bout et sans soudure. On le voit, on ne pouvait mieux parler à l'esprit.

Les forges, tréfileries et pointeries de Creil sont une des usines les plus importantes de France dans cette industrie.

Elles ont été réinstallées en 1885, par M. Th. de Hennau, ingénieur.

Depuis cette époque, la production n'a fait que s'accroître chaque année et a atteint en 1892 le chiffre énorme de 20.000.000 de kilogrammes.

Sur cette quantité, 2.000.000 ont été vendus pour l'exportation.

Les produits de l'usine ont figuré avec succès à l'exposition de Paris 1889, où le jury a décerné à M. Th. de Hennau la plus haute récompense accordée à cette industrie.

Produits fabriqués (en fer fondu ou acier doux) par les forges de Creil

La verge de tréfilerie, dénommée aussi « machine » ; la machine à barrages, la machine coaltarée, dénommée aussi machine vernie, sont les produits courants de l'usine.

Les fils clairs, les fils recuits, les fils cuivrés, les fils galvanisés pour télégraphes, pour câbles et pour tous autres emplois.

Les pointes dites de Paris, les pointes à ardoises, les pointes à mouleurs, les pointes fines, les pointes à têtes rondes.

Les rivets (à froid), les conduits, les crampillons pour barrages.

La clouterie pour chaussures. Les chevilles en acier. Les chevilles en cuivre.

Les ressorts en acier pour meubles, dénommés aussi élastiques.

Les semences pour tapissier et les bossettes.

Les ronces artificielles à deux fils deux picots ou à deux fils quatre picots.

Le sulfate de fer. Tels sont les nombreuses spécialités de ces forges.

En résumé, la maison de **Hennau** (qui fonctionne aujourd'hui, après le décès de Madame de **Hennau**, au nom de M. de **Moras**, administrateur) a bien fait de venir à Chicago montrer ses fabrications soignées et nombreuses. Un diplôme d'honneur a certainement été mérité par cette maison importante.

LARIVIÈRE ET CIE

Tréfilerie et corderie mécanique de la concession des ardoisières d'Angers

CH. *Foamat*, 170, QUAI JEMMAPES. — PARIS

La Société **Larivière et Cie** a fort bien fait d'exposer à Chicago ses très beaux spécimens de câbles en fils de métaux divers: laiton, cuivre, fer, acier, chanvre.

Ces échantillons sont placés dans une vitrine bien à portée du public où l'on peut voir des câbles de fils ayant depuis 8 millimètres de grosseur jusqu'aux plus fins échantillons. C'est là une industrie courante qui donne les plus beaux résultats.

Au-dessus de la vitrine, on peut voir toutes les applications des admirables ardoises d'Angers au bâtiment, à l'industrie et aux installations sanitaires.

Il était nécessaire que deux industries aussi considérables que celles des câbles et des ardoises fussent bien représentées à l'Exposition de Chicago.

LANGLE A. ET CIE

Couronnes en tôle émaillée

9, ROUTE D'AUBERVILLIERS (SAINT-DENIS)

Tout le monde connait les jolis chefs-d'œuvre en fer forgé que l'on faisait autrefois, en bouquets, en fleurs qui garnissaient les portes des châteaux.

M. Langle a fait revivre cet art et inventé comme une spécialité nouvelle. C'est la couronne en tôle émaillée qui imite à s'y méprendre la nature et qui est bien plus inaltérable que tout ce que l'on a fait dans le passé en fer ou autres métaux.

L'Exposition contient un choix très étonnant de ces couronnes qui atteignent des prix inconnus aux Etats-Unis.

2

COMPAGNIE FRANÇAISE

DES MINES DU LAURIUM

La Compagnie du Laurium expose une admirable collection de minerais de zinc et de plomb de toute espèce. Cette Compagnie dont l'importance est connue de tous a fait un effort considérable pour relever le prestige de la France au point de vue des mines métalliques à Chicago. Il faut savoir un gré infini à M. **Maggyar** son administrateur-délégué, d'avoir décidé sa compagnie à faire cet effort.

***

La Compagnie française des Mines du Laurium a été constituée en 1875 au capital de 13.000.000 de francs; ce capital a été porté, en 1879, au chiffre de 16.300.000 francs, par l'achat des concessions et de tout l'actif d'une autre Société dite la Périclès.

Le gouvernement hellénique a octroyé successivement à la Compagnie l'exploitation du fer, du plomb, du cuivre, du zinc et des minerais manganésifères dans toute l'étendue du périmètre de ses concessions sur lesquelles ce droit ne lui avait pas été reconnu originairement.

Le domaine de la Compagnie française des Mines du Laurium comprend aujourd'hui, outre de nombreux terrains, sept concessions principales d'une étendue de 6.252 hectares environ, situées le long de la côte orientale de l'Attique, depuis le cap Colona jusqu'à Vromopoussi, et limitées, à l'ouest, par la vallée de Keratea.

Installations diverses. Personnel en service. Caisse de secours. — Un des premiers soins de la Compagnie a été de faire construire des maisons pour abriter le personnel d'employés et d'ouvriers qu'elle avait engagés et dont le nombre va en augmentant d'année en année; elle occupe actuellement 117 employés de l'ordre technique et administratif et 3.500 ouvriers.

Tous les employés et un grand nombre d'ouvriers sont logés dans les maisons de la Compagnie situées, pour la plupart, à Cypriano, village entièrement créé par elle, ou à Camaresa.

Une caisse de secours, administrée par un comité composé du Directeur de l'exploitation et de trois à cinq autres membres, pris parmi les employés de la Compagnie, fonctionne au Laurium depuis plusieurs années.

Alimentée par des dons volontaires, par une retenue opérée sur les appointements et les salaires et par les allocations de la Compagnie, la caisse de secours a pour but de procurer aux employés, ouvriers et entrepreneurs, tous les soins médicaux dont ils peuvent avoir besoin, pour eux et pour leur famille, et d'accorder aux Sociétaires blessés ou infirmes, aux veuves et aux orphelins des secours ou des pensions.

Trois médecins sont attachés à la Compagnie. Deux hôpitaux et trois pharmacies, situés à Cypriano, à Camaresa et à Thérico, sont munis de tous les objets et appareils nécessaires au bon fonctionnement du service de santé.

Gisement. — Le gisement est constitué par une série de dépôts alternatifs de calcaires saccharoïdes et de schistes très compacts.

Le calcaire supérieur n'apparaît que sur des espaces limités. On trouve ensuite le schiste supérieur, le calcaire moyen, le schiste inférieur et le calcaire inférieur. Ce dernier n'a pas encore été traversé. Le minerai se rencontre au contact de ces diverses roches. Le premier contact a pour toit le schiste supérieur et pour mur le calcaire moyen.

Le deuxième a le calcaire moyen au toit et le schiste inférieur au mur. Enfin, le troisième est compris entre cette dernière assise au toit et le calcaire inférieur au mur. Les plus minéralisés sont ceux dont le calcaire forme le mur.

La calamine existe dans tous les contacts en amas de puissance variable, incrustés dans le calcaire et qui pénètrent dans celui-ci à des profondeurs qui atteignent parfois 100 mètres.

Les minerais de plomb sont généralement concentrés au contact même, à l'état de carbonates ou d'oxydes.

Les minerais sulfurés mixtes, composés de galène riche en argent, de blende, de pyrite de fer, et accidentellement, de chalcopyrite sont toujours rencontrés au contact.

Les minerais de fer et ceux de fer manganésifère se trouvent tous en énormes quantités, au premier contact.

Divers centres d'exploitation ont été successivement créés et munis des machines et constructions nécessaires à l'extraction, au triage et au chargement des produits.

Calcination, laveries, usine à plomb. — La plupart de ces produits de la mine doivent être transformés, soit pour les rendre utilisables en séparant les divers éléments qui entrent dans leur composition, soit pour augmenter leur valeur, tout en diminuant leur poids et, par suite, les frais de transport.

C'est ainsi que la Compagnie française a été amenée à construire successivement des fours pour la calcination des calamines, des laveries pour l'enrichissement des matières par lavage mécanique et pour la séparation des sulfurés mixtes; une usine à plomb pour la fusion sur place des minerais pauvres.

Le nombre des fours à calcination est actuellement de 22, dont 16 à cuve et 6 fours à réverbère, capables de produire annuellement 40 à 50.000 tonnes de calamine calcinée.

Les laveries, installées en 1877, ont été l'objet d'incessantes améliorations; elles sont au nombre de trois : la première sert principalement aux essais; les deux autres peuvent traiter, chacune, de 150 à 200 tonnes de minerai par jour.

L'usine à plomb, considérablement augmentée dans ces dernières années, comprend une fabrique d'agglomérés s'appliquant aux menus de la mine et aux boues des laveries, des fours de grillage et 12 fours à fusion produisant, par mois, 600 à 700 tonnes de plomb d'œuvre, d'une teneur moyenne en argent de 1.800 grammes.

Les moteurs employés dans ces différents ateliers représentent une puissance totale de 800 à 850 chevaux-vapeur.

Chemin de fer. — Dès 1881, les moyens de transport par chars étaient devenus insuffisants; un chemin de fer a été installé à la voie d'un mètre, reliant aux établissements de Cypriano les principaux centres de production et aboutissant au wharf d'embarquement. Les embranchements sont établis avec le chemin de fer, la Société Hellénique des Usines du Laurium et avec la ligne de l'Attique.

Au 31 décembre 1892, le matériel roulant de la Compagnie Française comprenait :

6 locomotives de 25 tonnes provenant de la Société Alsacienne de construction mécanique, et 172 wagons à minerai.

Le développement des voies est de 32 kilomètres.

En outre, trois plans inclinés sont établis dans un district riche et d'accès difficile, celui de Plaka, dont les produits, amenés à un [illegible] spécial, sont déversés dans les wagons de la grande ligne.

Wharf d'Ergastiria. — Une installation spéciale (plan C) comprend :

A Ergastiria un appontement métallique muni de deux grues à vapeur, des magasins pour les minerais et combustibles et d'autres annexes nécessaires aux opérations multiples de chargement et de déchargement.

Installations accessoires. — Les bureaux de l'exploitation sont installés à Cypriano en même temps que :

De grands ateliers de construction et de réparations;

Un laboratoire muni de tous les instruments et matières nécessaires aux analyses chimiques;

Des magasins d'approvisionnements d'importance considérable (tous ces approvisionnements sont importés de France, d'Angleterre ou de Belgique);

Des écuries et remises, etc.

Production. — La production de la Compagnie en minerais de toutes sortes, en augmentation d'année en année, atteint, actuellement, un tonnage annuel supérieur à 220.000 tonnes.

Les produits principaux des exploitations de la Compagnie sont :

1° Les calamines;

2° Les galènes;

3° Les minerais mixtes sulfureux : blendes, pyrites, galènes;

4° Les minerais de fer manganésifères.

***

On le voit, on a affaire à une des premières sociétés françaises des mines métalliques et la plus grande récompense lui aurait certainement été décernée... s'il y avait eu des récompenses. Mais l'opinion publique — très unanime à constater le succès des Mines du Laurium — en tiendra lieu.

MILINAIRE FRÈRES

Constructions métalliques en tous genres

PARIS. — 145, 149 ET 151, BOULEVARD NEY. — PARIS

La maison **Milinaire** frères a deux grandes spécialités :

1° Les constructions en fer comprenant la serrurerie d'art, les combles, les charpentes en fer, les serres, vérandas, marquises, grilles, etc., et le projet si connu de chemin de fer métropolitain aérien à 2 et 3 voies superposées.

2° Les articles d'écuries, de selleries et de tout ce qui concerne la grande économie domestique.

Les ateliers immenses sont situés aux numéros 145, 149 et 151 du boulevard Ney et n'occupent pas moins de 15.000 mètres carrés. Environ mille ouvriers y travaillent en toute activité.

Étudions chacune des sections de ces grands ateliers.

Constructions en fer

Grilles. — Une des grandes spécialités de la maison ce sont les grilles artistiques. Il y a une infinité de modèles de grilles monumentales avec portes bâtardes ouvrant dans les pilastres ; de grilles à deux vantaux avec remplissage orné et couronnement ; de grilles à deux vantaux en fer tourné en spirale, avec remplissage orné et couronnement ; de grilles d'entrée à deux vantaux, barreaux en fer tourné en spirale, panneaux en tôle et couronnement compris avec arcs-boutants ; de grilles à deux vantaux avec remplissage orné et couronnement de 2 m 47 de largeur sur 4 m 50 de hauteur ; de grille ouvrante, à un vantail, barreaux tournés en spirale, avec âmes à l'intérieur, compris toutes ferrures et deux parties fixes de chacune 0 m 50 largeur ; de grille à deux vantaux, barreaux fer tourné en spirale avec âmes intérieures, soubassement en tôle. La maison fait aussi des grilles les plus simples à guichet ouvrant à barreaux fer rond avec couronnement, depuis 100 francs ! Citons une grille à deux vantaux, en fer forgé, exécutée pour le phare Saint-Mathieu, à Brest (Finistère) exécutée sous les ordres de M. **Bouillon**, conducteur des ponts et chaussées et qui est très élégante. Il y a aussi les grilles pour croisées, terrasses et balcons à l'espagnole ; puis viennent les grilles en fer et tôle à deux vantaux avec guichet plein pour usines et fortes fermetures. C'est très robuste. Bref tous les genres sont fabriqués.

MM. **Milinaire** sont aussi les auteurs d'un nouveau genre de grille ouvrante, à deux vantaux, breveté en France et à l'étranger, très légère et élégante, offrant toutes les garanties de solidité malgré son prix modique ; elle est composée de traverses à trous renflés avec œils en bouts, formant penture, remplaçant les forts montants d'extrémités, barreaux en fer tournés en spirale avec âme intérieure en fer rond, barreaux en soubassement fer carré, angle en façade et petits barreaux d'ornement et de remplissage avec lances et compris toutes ferrures. N'oublions pas non plus les panneaux de croisée pour baie de sous-sol ou autre; les panneaux en fer forgé pour balcon de terrasse; les travées de grille dormante pour baie de croisée, fer plat tourné en spirale, volute haut et bas très ornées et pontet si l'on veut.

Ascenseurs hydrauliques. — On fait aussi des ascenseurs hydrauliques pour voitures, avec galerie au-dessus, permettant de desservir deux étages en même temps; des types de passerelle, à un ou plusieurs étages avec ascenseur au milieu, pour la réunion de tous corps de bâtiment. Ces spécialités sont très remarquées.

Bref, on sait qu'en 1885, à l'Exposition du travail, MM. **Milinaire** ont obtenu un diplôme d'honneur (par un jury spécial composé d'ingénieurs et d'architectes).

Il y a aussi un ascenseur hydraulique pour changement d'étage du matériel roulant et des colis dans les voies de garage pour chemin de fer aérien qui est très remarquable.

Travaux divers

Comme travaux divers, signalons encore les charpentes en fer de tous systèmes pour moulin atmosphérique avec pompe actionnée par un moulin à vent faisant monter l'eau dans un réservoir placé à 4 à [illegible] mètres du sol, au gré du client, permettant ainsi d'installer [illegible]ous soit un chenil, une volière, etc., et girouette-gouvernail di[illegible]geant la roue à vent avec précision et exactitude.

Les clôtures de chasse de toute grandeur de mailles, les aquariums d'appartement, les entourages de tombeau, les marquises de toute espèce, les bannes, stores articulés, etc.

Installations d'écuries et d'étables

La seconde spécialité de MM. **Milinaire** ce sont les installations d'écuries.

La construction d'écuries métalliques rationnelle évite les maladies contagieuses par la facilité du nettoyage, impossible à obtenir avec le bois à cause des joints inévitables. Il est clair qu'il faut décidément accorder la préférence aux articles métalliques qui ont sur ceux en bois de très grands avantages et ne coûtent pas plus cher, si l'on veut bien tenir compte de leur durée.

Les box et stalles métalliques **Milinaire** ont sur ceux en bois le grand avantage de supprimer les paillassons indispensables dans cette dernière installation, à cause des échardes que produisent les coups de pied et l'usure; c'est donc une grande économie.

L'assainissement et l'élégance constants; de plus, le poli conservé des surfaces évite tout accident, l'animal ne pouvant se blesser en se frottant; ils évitent aussi les efforts, car par leur mode de construction, les coups de pied ne peuvent avoir aucune prise, et ne font qu'effleurer; ils produisent pour cette raison aussi peu de bruit, ce qui n'existe pas avec le bois, où les coups ont de la prise en rencontrant de la résistance.

Ce mode de construction est très apprécié des éleveurs, des propriétaires et des grandes compagnies.

Nous ne décrirons pas les modèles de mangeoires en fonte de fer au-dessus de 1 mètre et de 100 kilogr. sans barbotte ni scellement; les mangeoires en fonte de fer au-dessus de 1 mètre et de 100 kilogr. avec barbotte mais sans scellement; les mangeoires galvanisées; les mangeoires émaillées; les mangeoires en métal blanc pour chevaux de grand luxe.

C'est tout un monde que celui des chevaux et des écuries. MM. **Milinaire** avaient exposé un modèle réduit à l'Exposition de Chicago, modèle avec stalles en bois découpées à consoles, ou garnies de consoles en fonte rapportées, mangeoires en fonte de fer avec glissoire-attache nouveau système, breveté en France et à l'étranger, séparations de tête, râteliers barreaux cintrés en col de cygne, châssis en fer, porte-colliers, porte-brides, etc.

Persienne tout en fer et tôle. — *Autre spécialité.* — Persienne fonctionnant sans aucun effort, de forme très élégante, avec charnières dans toute la hauteur, lames découpées à jour et enlevées dans la tôle, avec rebord en contre-bas formant jet d'eau, donnant de l'air et du jour tout en interceptant la vue de l'extérieur et empêchant les rayons de soleil et la pluie de pénétrer à l'intérieur. Ces lames se replient l'une sur l'autre et forment très peu d'épaisseur comparativement à toutes celles faites jusqu'à ce jour.

Il y a aussi une fermeture très simple et de toute sécurité ; elle se compose de crochets haut et bas placés dans les angles des lames et s'accrochant d'eux-mêmes en fermant la persienne, et au milieu d'un fléau.

Le bâti est en cornière très forte formant recouvrement des lames.

Ce système de persienne offre toutes les garanties de sécurité et de solidité et est de prix très minime.

Serres et orangeries. — On fait aussi des orangeries, des serres. Il y a un très joli modèle exécuté pour la propriété de M. Badeuil, à Bois-la-Croix (près Pontault) (S.-et-M.); serres, jardins d'hiver, châssis, bâches, gradins, etc.

Il y a un modèle de jardin d'hiver exécuté pour la propriété de M. le comte de Trafort à Blois (château de Beaujour), qui est très intéressant.

Puis vient la serre hollandaise bon marché depuis 17 fr. le mètre superficiel, y compris un châssis ouvrant par travée.

Combles divers. — On exécute chez MM. **Milinaire** une immense variété de combles, depuis le nouveau genre de comble très léger tout couvert, en fer et tôle, pouvant se démonter et se remonter très facilement, depuis 20 fr. le mètre, jusqu'au spécimen des grands travaux de charpentes en fer, les combles de 32^{m},00 de portée, les dépôts, les écuries et grandes remises, qui ont été exécutés pour la Compagnie Générale des Voitures à Paris, rue Letort, n° 21, sous les ordres de M. **Bouvy**, architecte.

Le hangar composé de fermes et poteaux en fer et pannes en bois, type exécuté au dépôt de Charonne, Compagnie Générale des Voitures à Paris, sous les ordres de M. **Jacob**, architecte (portée 33 m. 130). Ce genre de charpente revient à très bon marché.

MÉTROPOLITAIN

Enfin, MM. **Milinaire** sont les inventeurs d'un système de travée de viaduc à deux et trois voies superposées qui résout très bien la question du Métropolitain et qui aurait un grand succès en Amérique. Il était exposé à Chicago.

Afin d'occuper le moins de surface possible sur les voies publiques, *point essentiel*, le *viaduc* repose sur une série de piliers, ou points d'appui, construits sur différents types décrits plus loin.

L'espace libre entre ces piliers est de 50 mètres environ, sauf dans les traversées des *rues, places* ou autres obstacles, auquel cas leur écartement serait approprié à la circonstance, ainsi que dans les courbes.

Les travées de viaduc, d'un point d'appui à l'autre, se composent de deux poutres de rives de 5 mètres de hauteur composées de tôles, cornières et croisillons en fer dont les sections ont été données par les calculs de résistance.

Ces poutres de rives sont solidement entretoisées par les deux planchers qu'elles ont à porter et forment un tunnel offrant une disposition des plus résistantes ; la partie supérieure est couronnée d'un *garde-corps* pour la sécurité des employés appelés à parcourir la voie.

La largeur du viaduc prise à l'extérieur des poutres est de 3 m. 50 au minimum ; elle peut être augmentée suivant l'appréciation de la commission chargée de statuer ou d'imposer certains détails d'exécution.

Dans le projet, MM. **Milinaire** frères ont employé les dimensions les plus restreintes afin de démontrer la possibilité d'établir ces *voies aériennes* en n'occupant relativement que très peu de place, tant sur le sol qu'en élévation.

Les tabliers sont composés de poutrelles ou pièces de pont reliées aux montants par des consoles ou goussets assurant leur verticalité ainsi que la rigidité des angles.

Ces poutrelles reçoivent, parallèlement aux poutres, deux cours de *longrines* en fer destinées à recevoir les traverses supportant les rails ; chaque tablier est revêtu d'un *pavage en bois* ou autre reposant sur une aire en tôle cintrée formant ainsi un contreventement compact ayant l'avantage d'amoindrir beaucoup le bruit des vibrations métalliques au passage des trains, précaution qui se trouve complétée par l'emploi d'un corps exempt de sonorité tel que *gutta-percha, caoutchouc, etc.*, placé entre les points de contact de certaines pièces de la charpente.

De chaque côté de la voie un trottoir de 60 cent. de largeur sur 30 cent. de hauteur et de construction spéciale est réservé pour la circulation du personnel chargé de l'entretien des voies et pour parer à toute éventualité de déraillement, car, dans ce cas, les roues, se trouvant encaissées jusqu'au moyeu, ne pourraient que glisser contre le bord arrondi du trottoir sans pouvoir le franchir en attendant l'action des freins ; donc, rien à craindre pour les déraillements, condition des plus importantes dans le cas peu probable, du reste, où il s'en produirait, vu la disposition spéciale du matériel et le peu de vitesse relative des trains.

Sous chacun de ces trottoirs, et dans toute leur longueur, un caniveau de dimensions suffisantes est destiné à récolter toutes les eaux pluviales reçues par les tabliers, pour les conduire dans une sorte de réservoir commun, ménagé au sommet des piliers et communiquant aux tuyaux de descente dissimulés dans les colonnes.

Dans les stations, la hauteur donnée à ces trottoirs ou quais permet aux voyageurs de pénétrer de plain-pied dans les voitures, sans le secours de marchepieds, toujours incommodes et dangereux; la sortie et l'entrée des voyageurs dans les wagons se faisant par les côtés s'effectueraient ainsi plus rapidement, résultat qu'il importe d'obtenir, les arrêts des trains devant être le plus courts possible, vu leur fréquence.

Pour permettre la libre circulation des véhicules de toutes sortes en usage à Paris, la hauteur du premier tablier au sol est de 5 mètres au minimum; cette hauteur sera susceptible d'être augmentée suivant le nivellement des différents points du tracé de la ligne, pour éviter le plus possible les pentes ou rampes. Le dessous des poutres étant toujours horizontal, les différences de niveau du sol seraient rachetées par les colonnes variant de hauteur suivant le plus ou moins de déclivité du sol où elles sont implantées.

Les études de nivellement faites sur le parcours du réseau que nous proposons permettraient de franchir les rampes, dont les plus rapides n'excéderaient par 2 cent. par mètre.

Pour rendre l'aspect du viaduc plus léger, sans toutefois nuire à sa solidité, la disposition des poutres très ajourées a pour but de masquer le moins possible les propriétés riveraines. Quant à l'aspect extérieur de cette construction, la partie décorative en pourrait être traitée de façon à ne pas nuire à l'aspect des voies qui en seraient dotées.

Dans les parties en courbe, celles-ci seront composées d'une série de pans, afin d'avoir toujours des poutres dans un plan droit et prenant leur point d'appui tous les 25 mètres au minimum, ayant leur écartement latéral proportionné aux rayons des courbes à inscrire entre elles deux, sans toutefois que cet écartement dépasse 4m, 25.

La ligne étant essentiellement circulaire, ou rendue telle par les boucles dites de raccordement, une voie est destinée aux trains montants et l'autre aux trains descendants, chacun d'eux marchant toujours dans la direction qui lui est imposée suivant l'étage. Cette disposition supprime naturellement tout danger de rencontre, même à l'endroit des raccordements, car les trains venant par un embranchement quelconque reprendre la voie principale, soit montante, soit descendante, ces raccordements se feront toujours à une station après un *arrêt* du train devant s'embrancher, et qui laissera passer celui du réseau principal, qu'il suivra ensuite sur la voie commune, se trouvant ainsi toujours entre deux trains, à des heures calculées à cet effet, et laissant le temps nécessaire pour prendre la nouvelle voie sans danger.

Le poids approximatif d'un kilomètre de *voie aérienne à deux étages*, tel qu'il est précédemment décrit, serait d'environ 4.300 *tonnes*, et la dépense, compris *terrassement, maçonnerie, décoration et peinture*, de **2.950.000 francs**.

Le poids approximatif d'un kilomètre de *viaduc à trois étages*, comme il est décrit ci-dessus, serait d'environ 5.000 *tonnes* et la dépense de 3.557.000 francs. Dans ce chiffre sont compris les travaux de *terrassement, maçonnerie, etc.*

Le prix approximatif d'un kilomètre de viaduc à 2 étages, permettant la circulation du matériel roulant des grandes compagnies, serait d'environ 5.039.000 francs.

Des stations closes et chauffées l'hiver, placées à des distances déterminées par les besoins de l'exploitation, seraient établies conformément à celles des chemins de fer, et comprendraient chacune un quai d'arrivée et un quai de départ communiquant chacun à des escaliers spéciaux disposés de façon à éviter la confusion des voyageurs partants ou arrivants.

Dans les endroits où la surface nécessaire à l'emplacement des stations aurait l'inconvénient d'encombrer ou de gêner la circulation, l'une des maisons riveraines pourrait être employée à cet usage, au moyen d'une passerelle la reliant à la voie.

NOTA. — *Le projet à deux voies superposées est étudié pour le cas où l'emploi du matériel roulant des grandes compagnies serait adopté. Les piliers dans cette étude sont espacés de 63m, 00 d'axe en axe.*

Avantages ressortant du projet

La disposition de ce système de voies superposées résume les avantages suivants :

D'abord celui d'utiliser un grand espace au profit des grandes voies publiques de plus en plus encombrées, et sur lesquelles la locomotion, par suite de cet encombrement, ne peut s'effectuer d'une façon satisfaisante au point de vue de la vitesse pour les voitures et de la sécurité pour les piétons.

Les voies superposées, dont l'une est destinée à l'aller, l'autre au retour, permettent, comme il est déjà dit, d'éviter toute rencontre, tout en prenant moitié moins de largeur que si les voies étaient placées côte à côte.

Les quelques points d'appui empruntés au sol pour l'édification de l'ouvrage sont relativement insignifiants, si l'on considère que, pour supporter une travée de viaduc de 60 mètres de longueur sur 3m, 60 de largeur, en employant le système de tourelles comme point d'appui, on n'occuperait sur la voie publique que 9m, 15 superficiels produisant une surface utile de 300 mètres, soit par kilomètre : 6.000 *mètres* pour le type à *deux voies*, et pour les points d'appui composés de quatre colonnes : 20m, 25 pour une surface de 450 *mètres* superficiels, soit, par kilomètre : 9.000 *mètres* pour celui à *trois voies*.

Tous les piliers composés de tourelles ou de quatre colonnes, comme dans le type à trois étages, peuvent être utilisés à divers usages, tels que *kiosques* pour la vente des journaux, *trinkhals*, *postes de police*, *remise* pour les outils de cantonniers, *colonnes d'affichage, water-closets, etc.* Chacun d'eux forme, en outre, un refuge couvert pour les piétons dans les endroits où la circulation est dangereuse. Enfin, tout le long du parcours, le public trouverait, sous ce viaduc, un abri relatif en cas de mauvais temps ; ajoutons que l'intérieur des tunnels pourrait être utilisé pour l'établissement de *tubes pneumatiques, fils télégraphiques téléphoniques, etc.*

En totalisant les emplacements actuellement occupés pour ces divers usages, et pour lesquels les points d'appui du *chemin de fer aérien* pourraient être appropriés, il ressort que ceux-ci donneraient plus qu'ils n'emprunteraient.

Il faut noter aussi une installation complète composée :

1° De mangeoires en fonte de fer avec séparation, comportant chacune un clapet pour la vidange.

Une canalisation est établie pour l'alimentation instantanée de toute l'écurie. Elle est composée d'un tube suivant le cours des mangeoires et placé à la partie inférieure.

Ce tube d'alimentation est garni d'autant de branchements déversoirs qu'il y a de mangeoires ; les branchements sont disposés verticalement et passent dans un tube traversant la mangeoire, lequel sert de passage à ce tuyau déversoir et d'écoulement pour le trop-plein.

Un robinet est adopté sur chaque branchement pour l'isoler et interrompre l'alimentation quand elle devient inutile.

Un chêneau est également établi sous les mangeoires et dans toute leur longueur ; il sert à recevoir les eaux déversées par les clapets ou les tubes de trop-plein.

Un gros robinet est placé à l'une des extrémités de la canalisation pour toute l'alimentation.

2° De support de mangeoire servant aussi de porte-bat-flancs et de traverse basse à la séparation de tête.

3° De glissoire-attache, nouveau système breveté en France et à l'étranger, évitant l'empêtrement du cheval.

4° De râtelier en fer à barreaux à col de cygne.

5° De séparation de tête allant du dessus de la mangeoire jusqu'à la traverse haute du râtelier ou jusqu'à la traverse basse seulement, empêchant ainsi les chevaux de se mordre et de manger la ration voisine.

Spécialités diverses

Notons encore d'autres spécialités, comme balayeuse perfectionnée, silos métalliques mobiles ou fixes de toutes formes et de toutes grandeurs, avec ou sans appareil de chargement pour la conservation des céréales, mais principalement des avoines ; les monte-charges à double effet pour grains, les greniers au-dessus des silos, contenant 150.000 bottes de fourrage en balles de 50 kilos, 55.000 bottes de paille ; les nouveaux pavages économiques en brique comprimée à damier, pour cours, écuries, étables, remises, etc.

Bref, on le voit, la maison **Milinaire** n'a pas négligé un détail dans ses deux grandes spécialités : les constructions métalliques de toutes sortes et les installations métalliques de la grande économie domestique.

***

Tel est le coup d'œil le plus rapide que l'on puisse jeter sur une organisation modèle où MM. **Milinaire** ont acquis par leur travail deux choses qui sont la sanction de toutes les affaires bien menées : honneur et profit.

MAUGIN ET A. AUBRY

Appareils de chauffage et de ménage

PARIS. — 30, RUE BASFROY. — PARIS

MM. **Maugin** et A. **Aubry** ont la spécialité des émaillages de tôles à grande surface. Ils nous présentent dans la section française des panneaux entiers émaillés et décorés avec de parfaites imitations de céramique, des revêtements pour vérandah, des marquises, des salles de bains, des cuisines, des écuries, des water-closets, etc.

Ils ne pouvaient mieux faire que d'exposer en Amérique, où les aménagements intérieurs des habitations sont si parfaits et où l'on adopte de suite tout ce qui est léger, décoratif et *confortable*.

L'art paraît être cependant une des préoccupations maîtresses de MM. **Maugin** et A. **Aubry**, car ils exposent un tableau représentant un paysage maritime fort joli en vérité. A côté, un paysage tropical et des ornements donnant une très haute idée de l'industrie ainsi comprise.

Les ateliers de MM. **Maugin** et **Aubry** sont situés, 30, rue Basfroi, à Paris, occupant une superficie de 1.000 mètres; édifiés par M. Victor **Maugin** en 1878, avec des machines puissantes de tous systèmes, construites en partie dans cet établissement, ils nous représentent une usine modèle sous tous rapports.

L'outillage, quoique spécial à la fabrication des articles de chauffage et de ménage, permet l'entreprise de travaux spéciaux en grosse tôlerie, tels que Réservoirs, Tonneaux et Bibons de transport, en tôle noire ou galvanisée. Ces messieurs sont les fournisseurs attitrés des chemins de fer, de l'armée, etc.

C'est M. **Maugin** qui a donné en 1862 l'extension à l'industrie de la tôle galvanisée pour tous les articles de tôlerie, tels que Lessiveuses, Seaux, Baquets, Tuyaux de conduite d'eau et de fumée etc. Au moment de l'apparition du Phylloxera, la maison livra pour l'arrosement des vignes des quantités considérables de tuyaux, de bacs réservoirs pour le sulfure de carbone.

L'importance de sa fabrication lui permet d'occuper continuellement un personnel de 150 ouvriers, dont les produits sont vendus à la quincaillerie, aux Entrepreneurs de fumisterie et travaux publics qui forment sa principale clientèle. La seconde partie de ses produits est vendue à l'exportation.

En 1885, M. **Maugin** monta une émaillerie importante, en vue d'empêcher les Allemands et autres fabriques étrangères d'introduire en France quantité de leurs produits qui, à la veille de la fin des traités, auraient inondé les marchés de quantités considérables de marchandises ; après ces approvisionnements nos usines seraient restées sans travaux pendant plusieurs mois, il fallait donc faire les plus grands sacrifices pour occuper le personnel. C'est ce qui a été fait.

A l'Exposition Universelle, la maison V. **Maugin** obtenait la médaille d'or, la plus haute récompense décernée à cette industrie; les autres récompenses se comptent toutes par des diplômes d'honneur et médailles d'or, elle a été plusieurs fois du jury et hors concours.

La maison est aujourd'hui revenue sous la direction de M. V. Maugin, qui aussitôt son exposition terminée à Chicago s'est mis à l'œuvre pour présenter à l'exposition du Progrès en ce moment au Palais de l'Industrie ses panneaux en tôle émaillée, remplaçant la céramique et dont l'application est infinie. C'est donc bien une industrie nouvelle de sa création, et depuis deux ans les ventes qui ont été faites peuvent être citées en très grand nombre; entre autres un lavabo de 24 mètres de long pour le Collège municipal de Morlaix. On peut voir rue Vivienne, ancien hôtel Frascati, à l'Association coopérative des armées de terre et de mer, un vestibule garni de panneaux décoratifs qui remplacent la céramique avec avantage.

Historique

M. **Maugin** prit cette ancienne maison en 1860. Elle n'occupait alors que 18 à 20 ouvriers, et tout se faisait à la maison. C'est grâce aux connaissances mécaniques acquises à l'excellente école des Arts et Métiers par M. **Maugin** qu'il est arrivé à créer le premier des outils mécaniques qui ont amené la production à meilleur marché et fait grandir le chiffre des affaires; il était à ce moment rue de la Roquette, 74.

Maintenant l'usine est grande, aérée; quand, en 1878, les appareils électriques Gramme apparurent, le propriétaire, toujours à l'affût du progrès, a été un des premiers à éclairer ses ateliers; c'est en 1880 qu'il a fait l'installation complète.

M. **Maugin** est donc un de ces industriels dont le mérite personnel est incontestable. Les nombreuses récompenses qu'on vient de voir l'ont prouvé, et après l'Exposition de Tunisie, M. Massicault lui a donné la croix d'officier du Nicham. Il est désigné au ministère du Commerce pour une récompense nouvelle et plus élevée que chacun devine.

SOCIÉTÉ DES CIMENTS FRANÇAIS
ET DU PORTLAND

Capital: 10 millions de francs

Ciments marque Demerle-Lonquety

BOULOGNE-SUR-MER ET DESVRES

Cette grande société, dont la production annuelle dépasse 50 millions de kilos et 800.000 barils, a voulu, par les raisons que nous avons exposées, figurer à l'Exposition pour fournir aux Etats-Unis des matériaux de construction irréprochables.

Son exposition est très remarquable. Au fond un immense tableau représente ses carrières et usines de Nesle, l'usine de Boulogne et l'usine de Desvres.

Au-dessous sont les produits bruts ou de fabrication: terre à ciment, argile noire, pâte dorée, ciment cuit, ciment moulu, etc.

Devant les barils, des tuyaux admirables en ciment et enfin des éprouvettes montrant les irréprochables résistances de ces produits.

On ne pouvait faire plus méthodique, plus exact et plus parlant aux yeux.

Nous croyons que la société des ciments français a parfaitement réussi dans sa démonstration auprès des Américains, et elle ne tardera pas à retirer les fruits de ses sacrifices.

SOMMET ÉMILE

PARIS. — RUE PAYENNE. — PARIS

M. **Sommet** expose des objets qui contribueront peut-être à convertir les Américains à des procédés culinaires un peu plus perfectionnés; il s'agit de moules en fer-blanc pour toutes les pièces montées, les pâtés, les confiséries et autres gourmandises françaises.

La collection est très complète et il nous a semblé revoir les innombrables gravures de Gustave **Doré** dans son homérique livre représentant le repas de l'Ogre dans *le Petit Poucet*. La procession innombrable des marmitons portant sur leur tête les pièces montées destinées au terrible seigneur n'est rien en comparaison de la vitrine de M. **Sommet**.

L'excellent représentant de cet industrie, M. **Sommet**, nous a affirmé que tous les modèles étaient acquis pour l'Amérique.

C'est bon signe.

SOCIÉTÉ « LE NICKEL »

PARIS. — 13, RUE LAFAYETTE. — PARIS

L'Exposition de la Société « Le Nickel » est, comme celle de M. Simon pour le carbonate de manganèse, unique dans son genre.

Les minerais qu'elle expose sont en effet les seuls et les plus admirables qui existent.

L'Exposition de cette Société a vivement attiré l'attention des Américains, chez lesquels le nickel a depuis longtemps pris droit de cité. L'agent de la Société en Amérique, M. J. F. Mac Coy et Cie, 31, Warren Street, à New-York, est un des plus zélés importateurs des produits de la Société « Le Nickel ».

Une vitrine-étagère monumentale avec deux vitrines latérales et des minerais sur les bas côtés, un bloc merveilleux de Garniérite, au milieu de la section, et enfin une exposition séparée dans le pavillon tonkinois, tout cela résume bien les grands efforts de la Société française pour se maintenir au premier rang à Chicago.

Dans la grande vitrine du milieu, on aperçoit au fond une aquarelle représentant l'exploitation d'un filon principal de Garniérite dans les roches serpentineuses en Nouvelle-Calédonie. C'est une réduction du grand tableau qui existe dans les bureaux de la Société à Paris.

Au premier plan sont les mattes de nickel raffinées en gros blocs, le nickel pur en petits cubes, les fontes de nickel, les rondelles de 5 centimètres en nickel pur, etc. De chaque côté de la vitrine, des panneaux verticaux vitrés enchâssent du nickel en cubes et en grains. C'est d'un très grand effet comme arrangement.

Sur la droite d'énormes blocs de mineral de la mine Laulme et Sainte-Marie montrent la richesse et la pureté des minerais.

Dans une vitrine, on aperçoit une gamme délicate de couleurs, ce sont des sels de cobalt, des oxydes préparés, noirs, des cubes de cobalt métal, des carbonates, sulfates, oxalates, phosphates et arséniates.

Dans une autre division, les sels de nickel correspondants ainsi que les oxydes, les mattes de nickel pulvérisé.

La vitrine de gauche montre la collection des échantillons des mines Redoutable, Pauline, Espagnole, Rose, etc. Enfin, dans un retour d'équerre, on aperçoit des minerais noirs à aspect lavique tachant les doigts comme le manganèse, ce sont des échantillons énormes et bien curieux de minerais de cobalt.

On sait que la Société, outre d'énormes exploitations en Nouvelle-Calédonie, a des usines au Havre, à Birmingham, à Glasgow et à Iserlohn. C'est l'organisation la plus complète qui existe dans son genre.

***

Cette exposition fait le plus grand honneur à la Société Le Nickel qui a remporté, moralement tout au moins, une des plus hautes récompenses à Chicago.

M. P. SCHNEIDER

Les mines de houille françaises

PARIS. — 32, RUE DE LA VILLE-L'ÉVÊQUE. — PARIS

M. P. **Schneider** est un de nos meilleurs et des plus grands industriels de notre pays. Il représente des intérêts considérables dans plusieurs industries et aux mines de Douchy (Nord). Il est également le président du conseil de la Société Lyonnaise des schistes bitumineux d'Autun. Il est vice-président à Courrières et aux mines d'Albi, dans le Tarn, etc.

Il n'a pas hésité à résumer dans une exposition très complète, qui occupe à elle seule un immense panneau, tous les documents statistiques ou autres qu'il peut avoir en sa possession comme intéressé dans des affaires de mines diverses dans toute la France, au Nord, au Centre et au Sud.

C'est grâce à lui que la section française des mines a existé. Sans son concours, aucune houillère n'aurait paru dans ce palais des mines véritable apothéose des charbons et des minerais étrangers. Il est vraiment heureux que M. P. **Schneider** faisant presque abstraction de ses propres intérêts ait envisagé son exposition à un point de vue élevé et général, qu'il ait représenté la France et les houillères françaises par une série de documents d'ensemble.

On ne saurait trop être reconnaissant à cet industriel patriote de cette pensée dans laquelle n'est point entré l'égoïsme si ordinaire et si naturel d'ailleurs de tous ceux qui prennent part à cette lutte qu'on appelle une Exposition.

Bien plus, M. P. **Schneider** a voulu intéresser le visiteur non seulement à la France, mais au monde houiller tout entier, et c'est probablement dans la section française seulement qu'on a pu voir les chiffres de la production universelle commentés et exposés avec clarté.

Mais visitons d'abord sommairement cette exposition et nous entrerons ensuite dans les détails.

M. P. **Schneider** a d'abord débuté par fournir au visiteur des renseignements généraux sur les mines en général et les mines françaises en particulier.

I. — Renseignements généraux

Ces renseignements sont très complets. On y voit notamment :

1° *Extractions de houille comparées.*— Le diagramme des EXTRACTIONS EN HOUILLE de 1880 à 1891, aux Etats-Unis d'Amérique, en Grande-Bretagne, en Allemagne, en France, en Belgique et dans les autres pays. L'Amérique serre de près de plus en plus le Royaume-Uni, puis vient l'Allemagne, et la France en quatrième ligne.

2° *Gisements houillers français.* — CARTE DE FRANCE indiquant tant les terrains inférieurs et supérieurs au terrain houiller, que les terrains houillers (découverts ou recouverts), avec diagrammes de la production des combustibles minéraux dans chaque groupe géographique et nombre d'ouvriers employés.

3° *Production de la houille en France.* — Diagramme donnant l'EXTRACTION DES COMBUSTIBLES MINÉRAUX en France par groupes géographiques de 1853 à 1891 ; l'extraction totale ; le nombre d'ouvriers, tant du jour que du fond, et les salaires distribués dans les houillères françaises de 1853 à 1891. C'est un résumé excellent et très intéressant à consulter.

4° *Progression comparée du salaire de l'ouvrier et de la main-d'œuvre* en France par tonne extraite. — Diagramme.

5° *Statistique des accidents de mines en France.* — Diagramme donnant les ACCIDENTS comparés en France, dans la Grande-Bretagne, en Belgique et en Prusse pendant les périodes suivantes : 1852-1860, 1861-1870, 1871-1880, 1881-1888

II. — Bassin du Nord et du Pas-de-Calais

Maintenant les renseignements statistiques sur les bassins du Nord et du Pas-de-Calais nous font pénétrer plus avant dans les détails. Nous voyons :

1° Carte des CONCESSIONS DE MINES DE HOUILLE dans ce bassin, le plus important des bassins français, avec comparaison graphique des extractions en 1891 et 1892 dans ces concessions.

2° Diagramme de la progression de la PRODUCTION, des SALAIRES et des DIVIDENDES dans le bassin du Pas-de-Calais, de 1870 à 1890.

III. — Compagnie des mines de Douchy (Nord)

M. Paul **Schneider** donne sur la concession de Douchy, qu'il connaît mieux que personne, des remarques intéressantes :

1° Plan de la *Concession de Douchy* et des établissements, fours à coke, rivage et corons à Lourches (Nord).

2° Groupe général N. S. du *faisceau exploité* passant par l'axe de la fosse N° 1 (Saint-Mathieu).

3° Diagramme de l'*extraction* et de la *fabrication* du coke de 1838 à 1892.

4° Diagramme de la *production* et du *salaire moyen* par ouvrier du fond de 1870 à 1892.

5° Tableau des diverses *sociétés ouvrières* patronnées par la Compagnie de Douchy.

6° Plans des *installations* et de l'*armement* de la Fosse **Schneider**, pouvant porter l'extraction de cette fosse à 1.000 tonnes par jour, à une profondeur de 800 mètres.

Diamètre du puits......... 4 m. 700

Dimensions de la machine d'extraction :

Diamètre des cylindres.... 1 m. »

Course des pistons........ 1 m. 600

Nombre de tours par minute : 30 tours.

Distribution et détente **Ridder**.

a. Plan général, au rez-de-chaussée, à l'entresol et au niveau de la recette.

b. Coupe longitudinale par l'axe du puits.

c. Élévation d'ensemble des bâtiments.

d. Coupe transversale en avant de la machine d'extraction et coupe longitudinale sur l'atelier de criblage permettant de séparer en quatre sortes et d'avoir telle composition de charbon que demande la clientèle.

7° Plan et coupes de l'installation faite à la fosse Douchy d'un *ventilateur* de 2 mètres de diamètre (Système **Rateau**), construit par la maison V. **Bietrix** de Saint-Étienne.

8° Plans et coupes relatifs aux *cités ouvrières* et à deux types de maisons d'ouvriers.

9° Tableau d'honneur donnant les noms des *ouvriers* ayant plus de 30 ans de service à la Compagnie de *Douchy*.

La *Compagnie des Mines de Douchy* a obtenu, à l'Exposition Universelle de 1889, 2 MÉDAILLES D'OR ET 4 MÉDAILLES DE COLLABORATEURS.

IV. — Compagnie des mines de Courrières (Pas-de-Calais)

Les mines de Courrières sont, on le sait, les plus considérables du Pas-de-Calais. Voici :

1° Plan de la *Concession des mines de Courrières* avec les installations, fosses, corons, chemins de fer et rivage.

Cette Compagnie comprend 9 fosses dont les profondeurs varient de 253 mètres à 333 mètres.

Machines d'extraction de 210 à 310 chevaux.

Aérage par *Ventilateurs* **Guibal** de 7 à 9 mètres de diamètre.

Ce plan indique 3 régions donnant 3 qualités de houille différentes.

a. Au nord, le Faisceau 1/2 gras (13 à 15 0/0 de matières volatiles) extrait dans 9 veines d'une épaisseur moyenne de 0 m. 77, et formant une épaisseur totale de 6 m. 15.

b. Au centre, le faisceau des houilles *grasses maréchales* (22 à 25 0/0 de matières volatiles) extraites dans 14 veines d'une épaisseur totale de 12 mètres.

c. Au sud, le faisceau des houilles *grasses flambantes* (30 à 40 0/0 de matières volatiles) extraites de 22 veines de 0 m. 95 en moyenne de puissance, épaisseur totale 21 mètres.

2° Diagramme de la *production* de Courrières de 1851 à 1892.

La *Compagnie de Courrières* a obtenu, à l'Exposition Universelle de 1889, 3 MÉDAILLES D'OR ET 1 MÉDAILLE DE COLLABORATEUR.

V. — Société des mines d'Albi (Tarn)

On sait que cette société nouvelle a obtenu ses concessions et sa découverte à l'aide de sondages rationnels établis sur le prolongement du bassin de Carmaux. C'est une victoire remportée dernièrement par la géologie.

1° Plan de la *concession des Mines d'Albi*, concession de 3.503 hectares, datant seulement du 12 octobre 1885. La Société, fondée le 1er février 1890, n'a encore qu'un siège d'extraction composé de deux puits jumeaux de 235 mètres de profondeur, situés à Campgrand.

Machine d'extraction de 110 chevaux.

Ventilation par un *Ventilateur*, système **Rateau**, de 2 m. 40 de diamètre.

3° Tracé du *Chemin de Fer* à voie de 1 mètre, en construction de Campgrand à Albi ; raccordement à la voie normale avec la Compagnie du Midi et installations de criblage, lavage et carbonisation dans la plaine d'Albi.

La *production* des Mines d'Albi a été de 20.000 tonnes en 1892, sa première année d'exploitation.

Deux MÉDAILLES D'OR à l'Exposition Universelle de 1889 ont été obtenues par la Société qui a fait apport de la concession à la Société des Mines d'Albi.

VI. — Société Lyonnaise des Schistes bitumineux à Autun (Saône-et-Loire)

La Société des Schistes bitumineux d'Autun dirigée par M. **Bayle** est une des plus connues de France par son ancienneté et l'originalité de ses fabrications.

Usine de distillation de Pouvelon (coupes).

La Société des Schistes bitumineux possède :

4 Puits d'extraction ;
4 Usines de distillation ;
1 Usine d'épuration ou raffinerie.

Sa production en 1892 a été de :

120.000 tonnes de schistes extraits ;
42.214 hectolitres huiles brutes ;
15.167 — huiles légères ;
4.194 — huiles riches ;
8.947 tonnes Boghead.

La *Société Lyonnaise des Schistes bitumineux* a obtenu à l'Exposition Universelle de 1889 à Paris deux MÉDAILLES D'OR.

VII. — Indicateur de Grisou système Chesneau

Enfin, M. **Schneider** termine son intéressante exposition par l'exposition de la nouvelle lampe **Chesneau**.

Lampe grisoumétrique pesant, complètement remplie d'alcool, 1 kil. 150 et consommant 15 grammes d'alcool par heure. — Appareil employé dans presque toutes les mines françaises et particulièrement dans les mines ci-dessus décrites pour l'appréciation des quantités de grisou dans les chantiers.

Maintenant que nous avons parcouru l'exposition de M. **Schneider** entrons, grâce à un travail complet rédigé par lui, dans les détails qui sont comme le commentaire nécessaire de cette exposition maîtresse.

Généralités, production comparée de la France avec celle des autres pays, gisements français

La France, dit M. P. **Schneider**, dans laquelle les gisements de houille exploités n'étaient pas nombreux au commencement du dix-huitième siècle, a été, au contraire, depuis cent ans, l'une des contrées où il a été fait le plus de progrès tant au point de vue du nombre de tonnes extraites que des méthodes d'exploitation et des efforts faits pour assurer le bien-être ou la sécurité des ouvriers.

La carte de France exposée montre, avec leurs propositions, les terrains inférieurs et supérieurs au terrain houiller. Elle montre aussi ce dernier, soit à découvert, soit recouvert.

La géologie est aujourd'hui assez avancée pour que l'on puisse considérer comme reconnus tous les bassins houillers non recouverts, il ne reste donc plus à découvrir en France que les bassins houillers qui pourraient être enfouis sous les terrains postérieurs.

L'ensemble des bassins houillers français représente environ 400.000 hectares, soit 1/133e de la surface totale.

La carte représente la distribution géographique des houillères en France, elle se divise en 6 groupes distincts :.

I. *Houillères du Nord.* — Une bande houillère considérable, la plus vaste et la plus riche du continent, s'étend sur une longueur de plus de 500 kilomètres et une largeur de 10 kilomètres en moyenne d'au delà du Rhin jusqu'aux environs de Boulogne, et les récents sondages de Douvres qui ont recoupé le terrain houiller permettent de supposer que, passant sous la Manche, cette bande houillère se relie aux gisements anglais pour ne former qu'un même bassin.

Cette vaste bande part de la Westphalie, traverse le Rhin, passe à Aix-la-Chapelle, Liège, Namur, Charleroi, Mons et vient à Valenciennes, Douai et Béthune former les bassins du Nord et du Pas-de-Calais ; elle a 110 kilomètres de long en France, dont 50 dans le Nord et 60 dans le Pas-de-Calais.

II. *Houillères de l'Est.* — Bassin de Ronchamp (Haute-Saône).

III. *Houillères de l'Ouest.* — Bassins de la Basse-Loire et de la Vendée.

IV. *Houillères du Centre.* — Bassins de Saône-et-Loire (Blanzy, le Creusot, Epinac), bassins de l'Allier (Commentry, Bezenet), nombreux bassins lacustres dont les principaux sont ceux de Decize, de Brassac, d'Ahun, de Saint-Eloi), bassins de la Loire (Saint-Etienne, Rive-de-Gier).

V. *Houillères du Midi.* — Bassins de l'Aveyron (Decazeville, Aubin), bassins du Gard (La Grand'Combe, Portes, Bessèges), bassins du Tarn (Carmaux, Albi), bassins de Graissessac.

VI. *Houillères des Alpes.* — Bassins de la Mure, Maurienne, Tarentaise, Briançon et bassin des Maures.

Dans le bassin du Nord, les « morts terrains » ont des épaisseurs de 80 à 130 mètres, ils contiennent de véritables cours d'eau souterrains, conditions qui imposent des travaux longs et coûteux pour fonder un siège d'exploitation, difficultés qui n'ont pas empêché la production de suivre un mouvement ascensionnel extrêmement marqué.

Le bassin de l'Est n'est entré dans la voie des grandes extractions que depuis une quarantaine d'années.

Les contrées de l'Ouest sont les moins bien partagées.

Le groupe des houillères du Centre comprend une nombreuse série de bassins disposés sur le plateau central de la France, plateau formé par les terrains granitiques et de transition qui domine les bassins secondaires et tertiaires du Nord, de l'Est et de l'Ouest.

Les bassins houillers se trouvent sur le littoral de ce plateau, vers le contact des terrains secondaires, ou bien dans les vallées qui y pénètrent et qui ont été en partie comblées par les terrains tertiaires et alluvions.

Les couches de ces bassins sont peu nombreuses, mais souvent très puissantes ; elles dépassent quelquefois 10 mètres.

Le groupe des houillères du Midi se trouve parfaitement défini par sa position sur les versants du Lot, de la Garonne, du Tarn, de l'Hérault et du Gard.

L'enchevêtrement des terrains de transition et des terrains houillers avec les terrains secondaires et tertiaires a eu pour effet de déterminer l'enfouissement d'une partie de nos bassins sous des dépôts postérieurs. Les bassins du Gard, de Brassac, de Decize, de Saône-et-Loire, de l'Allier, présentent, par suite de ces superpositions, de nombreux problèmes à résoudre. Ces problèmes sont des réserves de l'avenir et ces réserves nous permettent de puiser sans regrets dans les parties des terrains houillers qui nous sont accessibles, parce que les générations suivantes trouveront leur approvisionnement dans les parties recouvertes et dans la poursuite des travaux que nous aurons commencés. C'est ainsi que dans le Gard les récentes découvertes de M. **Grand'Eury** décupleront les richesses de l'exploitation de ce bassin.

Dans cette vaste étendue, les gisements de la Loire, de l'Hérault, du Gard, de l'Aveyron, du Tarn, paraissent avoir été exploités, même avant l'époque où, dans les Flandres, les frères **Désandrouin** faisaient la découverte du bassin de Valenciennes (Nord).

Mais, ultérieurement, grâce aux recherches entreprises sous la direction d'hommes émérites, appartenant, pour la plupart, aux écoles spéciales qui ont fait progresser l'art des mines, tant en France que dans divers pays, l'exploitation a pris un large développement.

Au point de vue de l'extraction, la France, qui était le troisième pays producteur, il y a quelque vingt ans, ne peut plus, il est vrai, être classée maintenant qu'au quatrième rang. Mais ceci tient à l'extension de l'exploitation houillère aux États-Unis : l'Amérique, qui a pris une si grande place dans les destinées du monde, notamment depuis un demi-siècle, devait nécessairement prendre dans la métallurgie et dans l'industrie houillère une place de plus en plus importante qui lui échappait il y a quelques années.

Actuellement, l'exploitation de la houille en France est faite dans les bassins géographiques que nous avons cités plus haut et dont l'ensemble a produit, en 1891, 26 millions de tonnes ; elle est donc en augmentation de 2 millions de tonnes. Soit 8 0/0 de plus qu'à l'époque de l'Exposition universelle de 1889.

Ce résultat est vraiment remarquable et **M. P. Schneider** a bien fait de le faire ressortir.

Bassins du Nord et du Pas-de-Calais

Bassin du Nord

La découverte de gisements houillers dans les environs de Valenciennes date du commencement du XVIIIe siècle.

On pensa à rechercher leur prolongement dans l'Artois, et on était d'autant plus fondé à faire ces recherches, que le bassin houiller du Boulonnais était connu.

C'est le 1er juillet 1716 que la Société Désandrouin commença, à Fresnes, ses recherches sous la direction de Jacques **Mathieu**, ingénieur de Charleroi.

On reconnut, dès les premières recherches, que l'entreprise serait coûteuse et difficile, et ce n'est que le 3 février 1720 qu'on rencontra enfin une veine de charbon d'environ 4 pieds d'épaisseur.

En 1734, la Compagnie Désandrouin se livra à de nouvelles recherches et découvrit, à Anzin, la houille grasse à la fosse du « Pavé », le 24 juin 1734.

A partir de cette découverte, l'exploitation prit un grand développement et les bénéfices permirent, de 1734 à 1756, de creuser 20 puits à Fresnes, 15 à Anzin et 5 à Valenciennes.

En 1756, la Société avait 7 fosses pour l'extraction et 5 pour l'écoulement des eaux ; elle produisait environ 100.000 tonnes par an; elle occupait 1.500 ouvriers, dont 1.000 au fond.

Le charbon se vendait, en 1734, 15 livres la tonne à Valenciennes et, en 1756, la Compagnie Désandrouin le vendait 9 livres au détail et 8 livres par bateaux ou en gros.

La Compagnie Désandrouin eut alors à compter avec les seigneurs hauts justiciers, qui, selon les chartes et coutumes du Hainaut, étaient propriétaires des mines de houille gisant sous leur haute justice et en avaient la libre disposition.

La lutte fut très animée et, le 19 novembre 1757, il intervint un contrat d'association entre la Compagnie Désandrouin et les seigneurs, contrat qui régit encore aujourd'hui la Compagnie d'Anzin.

La Compagnie d'Anzin développa beaucoup ses travaux et, en 1791, elle avait 28 puits pour l'extraction, et sa production atteignait, vers cette époque, 300.000 tonnes.

La Compagnie écoulait ses produits de 9 fr. 50 à 10 francs et 12 francs la tonne.

Le salaire de l'ouvrier n'était que de :

14 s. 6 d. en 1775.
20 s. » en 1784.
22 s. 6 d. en 1791.

De nombreuses sociétés opéraient alors des recherches dans le Hainaut ; les premières furent négatives ; d'autres trouvèrent trop peu de houille pour pouvoir exploiter utilement, ou durent cesser leurs recherches après l'inondation des travaux souterrains.

La Compagnie d'Aniche est la seconde société qui exploita ce bassin ; elle commença en 1780 à extraire de la houille.

Au moment de la Révolution française, l'invasion du pays par les Autrichiens, en 1793, vint arrêter les recherches, et les ouvriers d'Anzin et d'Aniche furent dispersés, les puits abandonnés et les travaux souterrains inondés.

Les travaux ne reprennent qu'en 1797 à Anzin, qui extrait 123.000 tonnes, et à Aniche qui ne produit que 11.000 tonnes.

En 1801, la Compagnie d'Anzin applique à Fresnes, pour la première fois, la machine à vapeur pour tirer le charbon; Aniche suit cet exemple en 1803.

En 1812, l'extraction est à Anzin de 230.000 tonnes, et à Aniche de 19.118.

Vers 1810, on adopte la forme circulaire, pour les puits, qui jusque-là étaient carrés.

Après la chute de l'Empire, le gouvernement de la Restauration établit des droits d'entrée des houilles étrangères, ce qui permit aux houillères du Nord de développer leur exploitation.

A la fin de 1830, une nouvelle société apparaît, sous le nom de **Dumas et Cie**, et fait des recherches de Bouchain à Cambrai.

Cette société, en 1831, s'adjoint de nouveaux associés, parmi lesquels, le maréchal **Soult** et MM. **Mathieu** ; elle entreprend à Lourches, dans le voisinage de Douchy, des sondages couronnés de succès, et obtient la concession de Douchy, de 3.419 hectares, le 12 février 1832.

En 1832, MM. **Landrieu, Delcrue, Piérard, Gantois**, etc., possèdent près de la moitié des intérêts de la Compagnie Dumas, et arrêtent, le 16 décembre 1832, le contrat de la Société des Mines de Douchy ; cinq fosses y sont successivement ouvertes de 1835 à 1840, et en 1838, l'extraction était de 101.130 tonnes.

Les succès de la Compagnie de Douchy provoquent de nouvelles recherches.

Des concessions nouvelles sont accordées : celle de Bruille, en 1832 ; celle de Crespin, en 1836 ; celle de Marly, en 1836 ; celle de Hasnon, en 1837 ; celle d'Azincourt, en 1840 ; celle de Vicoigne, en 1841, et celle de Fresne-Midi, la même année.

Il y eut, en 1837, une véritable fièvre houillère, et bien d'autres sociétés encore se formèrent.

La période de 1840 à 1850 voit la production dans le bassin passer de 800.000 tonnes, en 1840, à 1.245.000 tonnes, en 1847 ; les événements de 1848 la font descendre de plus de 300.000 tonnes.

Les travaux d'exploitation se perfectionnent : le diamètre des puits est porté à 3 mètres, puis à 4 mètres ; la puissance des machines d'extraction augmente ; on adjoint des machines de Cornouailles de 90 chevaux, pour l'épuisement. Le prix de vente moyen de la houille s'élève, en 1847, à 11 fr. 81.

Enfin, le 27 novembre 1850, un décret institue la concession de l'Escarpelle.

De 1850 à 1860, l'augmentation annuelle de l'extraction sur la période décennale précédente est de 435.354 tonnes ou de 44 0/0, malgré l'augmentation de la production de houille dans le Pas-de-Calais, qui passe de 30.000 tonnes, en 1850, à 500.000 tonnes en 1860.

Le nombre des ouvriers employés dans les mines du Nord dépasse 14.000, à partir de 1858 ; mais le prix moyen de vente varie entre 10 fr. 90 et 11 fr. 50 la tonne, de 1850 à 1853, pour parvenir, en 1856, de 16 fr. à 18 fr., puis il s'abaisse de nouveau à 14 fr. 80, en 1859.

Les progrès continuent dans l'exploitation ; on substitue les cages guidées aux tonneaux, et les machines d'extraction passent de 35 chevaux à 100 chevaux ; on remplace les machines d'épuisement de Cornouailles par des machines à traction directe, avec pompes de 1m.50 à 1m.60 de diamètre ; enfin, aux foyers d'aérage on commence à substituer des ventilateurs, et la descente et la remonte des ouvriers, qui s'opérait par des échelles, s'effectue par des machines avec cages guidées munies, dès 1853, du parachute Fontaine.

Après 1860, les travaux d'exploitation se perfectionnent de plus en plus ; on construit des fours à coke et des fabriques de briquettes.

En 1855, une fosse, qui présentait des difficultés excessives, fut creusée au moyen du système à niveau plein, Kind-Chaudron.

De 1870 à 1873, on applique la perforation mécanique; les traînages mécaniques, de nombreuses usines de criblage et de lavage perfectionnées sont établis.

Puis, nous trouvons l'extension de l'air comprimé, à la marche d'appareils, dans les travaux souterrains, tels que treuils pour plans inclinés et ventilateurs.

Le bien-être et la sécurité de l'ouvrier au fond sont la préoccupation constante des ingénieurs, et, successivement, on applique les nouveaux explosifs, les coins multiples, et toute cette série d'appareils, tels qu'évite-molettes, barrières automatiques, taquets de sûreté, qui ont si puissamment contribué à réduire la moyenne des accidents au fond comme au jour.

Bassin du Pas-de-Calais

Après la découverte de la houille à Fresnes en 1720, puis à Anzin en 1734, MM. **Désandrouin** et **Taffin** ne doutèrent pas que le terrain houiller s'étendait dans la Flandre et dans l'Artois.

Cette opinion était confirmée par l'existence de la houille exploitée dès 1622 à Hardinghem, près Boulogne.

Ils demandèrent et obtinrent pour une durée de vingt ans, de 1740 à 1760, la concession exclusive des terrains compris entre la Scarpe et la Lys, mais ne profitèrent pas de la permission qu'ils avaient obtenue, de fouiller dans le terrain dont ils étaient concessionnaires.

Diverses recherches infructueuses furent tentées en 1741 par la Compagnie de Douai, en 1747 par la Compagnie de Villers; la plus importante fut celle d'Esquerchin, au delà de Douai, qui, poussée à 165 mètres, ne donna aucun résultat, et dont les travaux cessèrent en 1758.

Les assemblées générales des Etats d'Artois se préoccupaient beaucoup de la rareté des bois et du prix de plus en plus élevé des combustibles; aussi suivaient-elles, en 1777, les recherches de houille avec beaucoup d'intérêt et fondèrent-elles une prime de 200.000 francs pour les encourager.

La Compagnie d'Aniche fait des sondages à Noyelles-sous-Bellone et à Vitry en 1770; mais ils ne furent poussés qu'à une faible profondeur.

De 1781 à 1783, la Compagnie d'Anzin fit des recherches qui ne rencontrèrent pas le charbon.

La Société du duc de Guines fit, de 1779 à 1792, de nouvelles recherches.

De 1804 à 1810, la Compagnie d'Aniche fait de nouveaux sondages, sur des terrains s'étendant sur 93 kilomètres carrés, jusqu'à Lens.

Presque toutes les recherches faites sont arrêtées par l'abondance des venues d'eau.

Diverses recherches infructueuses sont de nouveau faites, en 1822, par M. **Leroux du Châtelet**; en 1833, par M. **Roger**, et, en 1837, par MM. **Flament-Devergie** et **Cassel**.

A partir de 1834, il se manifeste un grand élan pour les entreprises industrielles; des recherches nouvelles furent tentées partout, principalement par la Compagnie Boca.

La Société **Laurent et Bernard** exécuta, en 1838, un sondage à Marchiennes; en 1839, un à Flines, et en 1840, deux à Lallaing et à Vred.

A l'engouement pour les recherches de houille succède, à partir de 1840, un arrêt complet de ce genre d'entreprise; des capitaux considérables avaient été engloutis; aussi le public ne voulait plus entendre parler d'entreprises nouvelles de mines.

Cependant, en 1841, Mme de **Clercq** fait exécuter, par M. **Mulot**, un forage dans son parc d'Oignies, pour procurer des eaux jaillissantes; on constate l'existence du terrain houiller, et on pousse ce forage à 400 mètres, où il est arrêté en 1846.

En 1846 et 1847, Mme de **Clercq** et M. **Mulot** font deux nouveaux forages, sur la commune de Dourges :

Le premier, dit « des Peupliers », atteint le terrain houiller à 157 m. 35, sans rencontrer de veine de houille;

Le deuxième, dit « d'Harpoulieu », rencontre le terrain houiller à 151 m. 97 et, poussé à 240, recoupe plusieurs veinules de charbon.

Enfin, en 1849, ils firent deux nouveaux sondages : l'un à Dourges, l'autre à Hénin-Liétard, et recoupèrent des veines de houille; et, en 1850, une fosse fut creusée par le procédé Kind-Chandron à Hénin-Liétard.

Ainsi c'est en 1841, par l'effet du hasard, dans une recherche d'eau, pour un puits artésien, que fut constaté pour la première fois le prolongement du bassin houiller du Nord au delà de Douai.

M. **Soyer**, administrateur des mines de Vicoigne, trouve, en 1847, de la houille à l'Escarpelle.

MM. **Mathieu** frères, encouragés par les succès obtenus en 1831 à Douchy, avaient suivi avec intérêt les recherches de Mme de **Clercq** et étaient frappés de leur résultat.

Ils se mirent en rapport avec quelques notabilités du haut commerce de Lille, pour entreprendre, en avril 1840, un sondage à Courrières, qui pénétrait à 148 mètres dans le terrain houiller et arrivait à la houille à 151 mètres.

La Compagnie de Douchy avançait alors 300.000 francs pour la création de la Société de Courrières, elle prêtait en même temps à cette Société, pour ses travaux, un certain nombre de familles d'ouvriers, dont plusieurs demeurent encore à Courrières; enfin, elle lui donnait le matériel nécessaire pour forer un puits à Courrières, le premier qui ait été ouvert dans le nouveau bassin.

De 1850 à 1855, on commence à extraire de la houille de Courrières, qui fournit en 1851, 2.672 tonnes; successivement furent accordées les concessions de : Nœux, Béthune, Bruay, Marles, Ferfay, Auchy-au-Bois; en 1855, il existait déjà sept fosses en exploitation et quatre en percement.

A la fin de cette année, on avait déjà extrait 305.015 tonnes dans le Pas-de-Calais.

A partir de cette époque, l'extension du nouveau bassin marche rapidement, l'extraction suit une ligne ascendante extrêmement rapide; son importance atteint celle du bassin du Nord vers 1878, et, ainsi que le montre le diagramme exposé, il produit aujourd'hui le double du bassin du Nord, il est à la tête de tous les bassins français.

Compagnie des mines de Douchy (Nord)

La concession des mines de Douchy est d'une superficie de 3.419 hectares 38 centiares. Elle est située au Sud de la concession des mines d'Anzin. M. Paul **Schneider** la connaît bien, car il en est le chef et le principal intéressé. Les documents qu'il nous donnent sont donc précieux et authentiques.

Le faisceau exploité actuellement comprend les veines inférieures du groupe de Denain et toutes les veines du faisceau de Saint-Wast. Ce faisceau est situé au Sud de la grande faille, dirigée Est-Ouest et appelée : *Cran de retour;* les veines sont repliées en zigzag sous l'effort des pressions auxquelles le bassin houiller a été soumis; la ligne de plissement qui sépare les plateures des dressants présente dans la concession de Douchy une direction sensiblement Est-Ouest qui s'infléchit de 15 à 20° au Nord, à mesure qu'on avance vers le couchant.

Ce faisceau de Douchy est irrégulier comme inclinaison, ce qui rend l'exploitation difficile, mais l'allure des veines présente une continuité relativement assez grande et on n'y rencontre pas les failles ou les crans qui, dans le Pas-de-Calais, dérangent toutes les veines d'un même faisceau.

Le cran Saint-Mathieu est une faille dirigée N. 70° O., et plongeant de 80° vers le S.-O. sans importance au point de vue géologique. Le cran de l'Eclaireur dirigé S.-E.-N.-E. est incliné à 45°, N.-E. également sans importance.

La concentration de l'extraction a été appliquée à Douchy; autrefois, le nombre des fosses était de huit, il se trouve réduit aujourd'hui à quatre. Les quatre rendues disponibles ont été employées spécialement à l'aérage.

Dans ce but, trois d'entre elles ont déjà reçu un revêtement en fonte placé devant le cuvelage en bois, avec un anneau en béton sur toute la hauteur correspondante, afin d'éviter les visites et réparations incessantes que le cuvelage en bois nécessitait.

Chacun des quatre sièges en exploitation produit 80.000 tonnes à 100.000 tonnes.

Les mines de Douchy fournissent du charbon de qualité supérieure pour coke, puisqu'il a 23 0/0 de matières volatiles; il est classé dans la catégorie des charbons gras à courte flamme; il dégage du grisou, aussi a-t-il fallu prendre des mesures spéciales à l'exemple de sa voisine, la Compagnie d'Anzin.

Dans ce but, on a augmenté les volumes d'air, et actuellement un ventilateur, système **Rateau**, de 2 mètres de diamètre, un ventilateur **Guibal** de 7 mètres de diamètre et trois énormes foyers (4 mètres carrés de surface grille) produisent l'aspiration de l'air par des puits très profonds (450 à 620 mètres), mais étroits, 2 mètres 75 de diamètre seulement.

Aérage. — Chaque ouvrier a à sa disposition 73 litres d'air par seconde, puisque les courants d'air, bien dirigés dans les différents quartiers d'exploitation, alimentent 8 à 900 ouvriers pour 63.000 litres par seconde, introduits utilement dans les travaux.

En même temps que l'aérage était soigné et suivi par des jaugeages fréquents (tous les mois), on donnait aux ouvriers la fermeture de la lampe par le système hydraulique, Catrice et Cuvelier, dont les premiers essais ont été faits à la Compagnie de Douchy.

Roulage. — En ce qui concerne le roulage, les modifications les plus importantes consistent dans l'emploi exclusif du rail Vignole de 5 et 10 kilogr. le mètre avec traverses en fer, dans la transformation de toutes les berlines en bois en berlines en tôle d'acier.

Les sommets des plans inclinés sont tous munis d'un nouveau système d'arrêt qui rend impossible tout entraînement involontaire de bennes et d'hommes dans les plans.

L'air comprimé est employé à Douchy pour une recherche au midi de la concession et une bowette partant de la fosse Désirée qui doit atteindre 5 kilomètres de long. Un compresseur double a été installé à cette fosse. Il peut donner 5 mètres cubes d'air à la minute sous une pression de 5 kilogrammes.

Les coupages de murs se font aussi sur une large échelle avec les perforatrices (système **Elliot, Cantin** et **Sartiaux**) et les coins multiples.

Les charpentes des puits ont été toutes réédifiées en fer et permettent dans les puits les plus étroits de faire de grandes extractions avec des cages à plusieurs étages.

Etablissements au jour. — En même temps qu'elle augmentait la puissance extractive de ses puits, la Compagnie de Douchy améliorait et augmentait au jour tout son outillage pour la préparation de ses produits.

140 fours à coke, système **Coppée**, étaient installés en deux usines.

Ces fours ont les dimensions suivantes :

Longueur..........	9m »
Largeur.............	0m 65
Hauteur.............	1m 90

La cuisson s'opère en 48 heures.

Chaque série se compose de batteries de 14 fours et est accompagnée d'une usine de classement et de lavage, mais on ne lave pas la poussière, le charbon étant assez pur, pour donner sans lavage du coke à 10 ou 10.5 0/0 de cendres.

On a fabriqué, en 1891, 130.000 tonnes de coke pesant environ 450 kil. le mètre cube.

Toutes ces installations sont reliées entre elles par 9.570 mètres de chemin de fer à voie normale et desservies par 4 locomotives et 180 wagons à houille.

Compagnie des mines de Courrières (Pas-de-Calais)

La concession de Courrières date de 1852; elle occupe une superficie de 4.594 hectares; elle est située à l'est de celle de Lens et à l'ouest de celle de Dourges. M. Paul **Schneider** y est également intéressé.

Desservie, d'une part, par deux lignes de chemins de fer, de Lens à Douai et de Hénin-Liétard à Armentières, elle est traversée par les canaux de la Souchez et de la Haute-Deule.

Son siège social est à Billy-Montigny.

Le terrain houiller est recouvert de 185 mètres du crétacé et contient jusqu'à trois faisceaux principaux de couches.

Au sud, le terrain est reconnu jusqu'à 500 mètres de profondeur; le charbon a de 30 à 40 0/0 de matières volatiles et est dit « Flénu ».

Ce faisceau est formé par une masse énorme de terrain houiller renversée sur elle-même.

Ce mouvement gigantesque s'applique, pour la concession de Courrières seulement, à une surface de 8 kilomètres sur 600 mètres d'épaisseur; il est accompagné de dislocations nombreuses, puissantes et variées; et l'on peut voir de grands transports sur des plans d'une déclivité très peu prononcée, qui ont éparpillé des épares de veines renversées à des distances atteignant 300 et 400 mètres.

Ce faisceau du sud est exploité par les fosses 2, 3, 4, 5 et 6, dont les profondeurs varient de 305 à 325 mètres, le n° 1 ayant été un puits de recherche.

Le faisceau du centre des houilles grasses maréchales, de 22 à 25 0/0 de matières volatiles, est exploité par la fosse 7, et bientôt le sera par la fosse 9.

Enfin, au nord, le faisceau des houilles demi-grasses, de 13 à 15 0/0 de matières volatiles, va être incessamment exploité par la fosse 8.

Les puits sont outillés pour une grande extraction et ont produit, en 1892, 1.375.888 tonnes se décomposant comme suit :

Houilles grasses flambantes, fosses 2, 3, 4, 5 et 6....T.	1.126.510
Houilles grasses maréchales, fosse 7....................	249.360
La production n'était, en 1888, que de..................	1.100.000

La Compagnie de Courrières a donc, depuis cette époque, augmenté sa production, et quand les fosses 8 et 9 seront en exploitation, elle sera facilement augmentée de 5 à 600.000 tonnes.

Ainsi, moins d'un demi-siècle après sa fondation, la Compagnie de Courrières produira 2 millions de tonnes. Cette Compagnie est donc classée parmi les plus grandes productrices de houille en France.

Méthode d'exploitation

L'exploitation se fait par grandes tailles chassantes sans remblais, en plateures; car c'est la position ordinaire des couches de cette concession.

Quant aux produits des travaux exploités en vallée, ils sont remontés dans les galeries de roulage par des treuils à air comprimé; ces treuils sont au nombre de six ou huit par fosse, et alimentés à chaque fosse par un compresseur du système **Mallet**.

C'est indiquer combien l'emploi de l'air comprimé est généralisé, tant pour l'extraction du charbon que pour l'épuisement des eaux et pour le creusement des galeries au rocher.

Les puits, puissamment armés, ont des diamètres variant de 3m, 50 à 4m, 60, avec cages à trois étages et six wagonnets d'une contenance de 500 kilogrammes de charbon.

Les machines d'extraction, à deux cylindres horizontaux, ont de 200 à 300 chevaux de force nominale.

Le matériel des berlines en bois est aujourd'hui remplacé par des berlines en acier.

Aérage

L'aérage se fait par des ventilateurs Guibal, de 7 à 9 mètres de diamètre et de 2m, 25 de largeur.

Jusqu'à présent, les travaux ont présenté toute sécurité au point de vue du grisou; le travail dans la plupart des quartiers se fait à l'aide de lampes à feu nu.

Épuisement

L'épuisement est effectué par des pompes souterraines élevant les eaux à la surface à une seule fosse (fosse n° 3); partout ailleurs, il se fait par des caisses guidées en bois de 24 hectolitres.

Les produits sont très purs et le tout-venant ne dépasse pas 8 0/0 de cendres. Aussi cette mine livre une quantité considérable de charbon sans préparation.

Criblage

Sur chaque puits est un atelier de triage qui décompose l'extraction en pérats, gailletins et fines produites sur des barreaux parallèles de 0m,035 et aussi de 0m,01.

Le poussier au-dessous peut être livré sans être lavé, car sa teneur en cendres varie de 0.8 à 2 0/0.

Une fabrication de briquettes est installée pour utiliser les fines non lavées de charbon gras flambant; deux presses fabriquent 80 tonnes par jour de briquettes de 3 à 5 kilogr.

Ces agglomérés sont livrés surtout aux chemins de fer et à la consommation domestique.

Les houilles grasses flambantes sont employées par la Compagnie parisienne du Gaz; les résultats industriels sont :

30 à 33 mètres cubes par 100 kilogr. de houille.
65 à 68 0/0 de coke.
6 à 8 0/0 de goudron.
4 à 6 0/0 d'eaux ammoniacales.

Le pouvoir éclairant est 102.

Sous les générateurs, on obtient 8 kilogr. 68 d'eau vaporisée par kilogramme de charbon pur.

Avec les houilles grasses maréchales, le pouvoir calorifique est de 8.814. Elles sont d'une qualité spéciale pour la fabrication du coke, le puddlage et la petite forge.

Sous les générateurs, on obtient 10 kilogr. d'eau vaporisée par kilogramme de charbon pur.

Les charbons de la Compagnie de Courrières sont d'une qualité remarquable, ils sont exportés en Alsace, en Belgique et même en Russie, où ils sont très appréciés par la marine impériale. Ils ont été reconnus comme produisant moins de fumée que les similaires anglais, et ont pu être utilisés avec succès en concurrence avec les Best-Yorkshire, Newcastle et Cardiff.

Rivage

L'installation du Rivage comprend deux modes de chargement, par trémies et par grues.

Les charbons très gailleteux, qui doivent être manutentionnés avec précaution, arrivent des fosses dans des wagons munis de caisses en bois d'une contenance d'une tonne, et à fonds mobiles. Des grues système **Chrétien** soulèvent ces caisses et les placent dans les bateaux ; les fonds s'ouvrent et le charbon est ainsi versé avec le moindre déchet possible.

Les charbons tout-venants arrivent des fosses dans des wagons portant deux caisses en tôle, d'une contenance de 5.000 kilogr. chacune, avec portes à verrous automatiques s'ouvrant quand la caisse pivote autour de l'arête supérieure du wagon. Un élévateur à vapeur soulève la caisse par le côté opposé; le verrou s'ouvre et le charbon tombe dans une trémie qui le conduit dans le bateau.

Deux élévateurs semblables et deux grues à vapeur permettent d'embarquer 2.000 tonnes en dix heures. Des treuils à engrenages, avec cordes queues et cordes têtes, font mouvoir un train complet de 30 wagons et amènent successivement chaque wagon en face de la trémie.

Une chaîne de touage longeant le quai d'embarquement et mue par une machine à vapeur spéciale sert à faire avancer ou reculer les bateaux pendant le chargement.

En 1892, les expéditions se sont réparties ainsi :

	681.951	tonnes par chemin de fer	ou 51.0	0/0
	647.246	— eau..........	ou 48.4	0/0
	5.333	— voiture.......	ou 0.6	0/0
Au total	1.334.530		100	0/0

Il n'est pas sans intérêt de rappeler combien l'attention des ingénieurs dans ce gisement a contribué à réduire la proportion des accidents : alors que les accidents mortels par 1.000 ouvriers étaient dans la période de 1881 à 1888 :

En Prusse de..	3.3
En Belgique de..	2.1
En Grande-Bretagne de..	1.9
En France de..	1.6
Et lorsque la totalité pour la France, en 1890, était.................	1.77
Les résultats obtenus par le Pas-de-Calais ont été seulement de.	0.87
Et pour la Compagnie de Courrières, ils sont même descendus à.	0.19

Cités Ouvrières

Le logement de la population ouvrière a tenu une grande place dans les préoccupations des administrateurs et des ingénieurs, tant pour attirer autour des exploitations houillères le personnel que pour procurer à celui-ci le bien-être et les conditions hygiéniques nécessaires.

La construction des habitations a été résolue de diverses manières dans les différents bassins houillers.

Le bassin du Nord et du Pas-de-Calais, en raison de son importance et des sacrifices qu'on a su y faire, tient certainement aujourd'hui une des premières places au point de vue des habitations ouvrières.

Auprès de chaque siège d'extraction on a créé des bourgs, qui atteignent le chiffre de population de petites villes en France, soit 2.000 à 3.000 habitants.

Les rues sont larges et aérées, avec trottoirs pavés et bornes-fontaines de distance en distance.

Au centre, au milieu d'un vaste emplacement planté d'arbres où se réunissent les ouvriers pour les jeux du dimanche, s'élève l'église.

En face l'église, on trouve les écoles de filles et de garçons, parfaitement aménagées; le mobilier scolaire a été étudié au point de vue du développement physique de l'enfant.

Ces écoles sont éclairées à l'électricité et chauffées souvent par la vapeur produite par des chaudières placées près du puits et alimentées avec des menus de qualité inférieure; c'est un chauffage économique et qui rend les plus grands services.

Les différentes classes sont pourvues d'un cube d'air considérable, la lumière y entre en abondance par de larges baies.

Des cours spacieuses, avec préau couvert pour les jours de pluie, servent aux jeux des enfants.

Les rues de ces cités sont bordées de *corons*, nom générique appliqué aux maisons habitées tant par les ouvriers que par toute la population, bouchers, boulangers, épiciers, etc., nécessaire, avec les sociétés coopératives, aux besoins quotidiens.

Ces maisons sont de plusieurs types, parmi lesquelles deux sont particulièrement en faveur.

Le type de maisons isolées se compose d'un rez-de-chaussée comprenant deux pièces, dont l'une d'elles sur caves.

Un escalier conduit au premier étage, composé de trois chambres.

Derrière la maison, se trouvent disposés les cabinets d'aisance une petite écurie ou porcherie, un clapier à lapins, un poulailler et un petit hangar.

Le type de maisons accolées se compose d'un long bâtiment mansardé, coupé transversalement d'une série de murs de refend le divisant en logements.

Dans chacun de ces logements nous trouvons, au rez-de-chaussée, deux pièces et un petit vestibule donnant accès à une courette qui sépare la maison du jardin.

Cette courette, qui a la largeur de la maison, est entièrement pavée, et sur l'une des faces on trouve les mêmes dépendances que dans la maison isolée : cabinets d'aisances, écuries, clapiers, poulaillers et hangar.

Chacun de ces types de maisons possède un jardin variant de 4 à 10 ares.

Les Compagnies livrent en outre, dans de bonnes conditions, des terrains pour la culture des gros légumes et des pommes de terre.

L'eau est fournie aux bornes-fontaines, suivant les cas, par les machines des sièges d'extraction ou par des pompes spéciales.

Les Compagnies attachent une importance capitale à ce qu'une propreté absolue règne dans les cités ouvrières; aussi y a-t-il peu d'exemples de maladies épidémiques ayant sévi longtemps dans ces groupes.

L'état sanitaire de ces cités, surtout dans celles où dominent les maisons isolées, y est largement supérieur à celui des anciens villages des campagnes avoisinantes.

Chaque habitation est louée à des prix variables, mais ne dépassant pas 5 francs par mois, soit 60 francs par an; c'est donc, en raison des charges qui pèsent sur l'exploitant, la quasi-gratuité. Cette gratuité existe complètement pour les veuves d'ouvriers décédés dans les travaux.

Dans chaque cité, un certain nombre de maisons un peu plus grandes sont accordées gratuitement aux chefs de service.

Le coût moyen d'une maison de ces types est de 2.500 francs à 3.000 francs; quant aux dépenses d'entretien, elles se chiffrent de 25 à 30 francs par an, dont moitié à peu près pour la main-d'œuvre affectée au service de l'entretien et un cinquième environ pour les équipages nécessaires au nettoyage des rues.

Des puits de secours existent dans chaque cité, pour le cas d'arrêt des pompes.

Au centre des cités se trouvent des maisons spéciales destinées à loger l'ingénieur de la fosse, le curé desservant la cité et le médecin.

Société des mines d'Albi (Tarn)

Cette Société qui s'est constituée au commencement de 1890 a acquis les études faites et la concession obtenue par une Société d'Études : « La Société Minière du Tarn. »

Ce sont : M. **Petitjean**, ingénieur civil des Mines, officier de la Légion d'honneur, et M. **Grand**, ancien ingénieur de la Compagnie de Carmaux, qui ont eu l'idée de rechercher le prolongement du bassin de Carmaux, sous le tertiaire des environs d'Albi, malgré un certain nombre de sondages négatifs exécutés aux extrémités Sud de cette concession. C'est la plus importante découverte de la seconde partie du siècle et M. Paul **Schneider** y a encore attaché son nom.

Le sondage de Campgrand, exécuté avec de nombreuses difficultés par la Société Minière du Tarn, a été placé à peu près à égale distance de deux sondages négatifs faits par Carmaux.

Après avoir traversé 153 mètres de tertiaire, la sonde entra dans le terrain houiller.

A 185 m. une première couche fut trouvée d'une puissance de M.	1 75
A 205 m. une seconde de	0 55
A 225 m. une troisième de	5 70
A 265 m. une quatrième de	17 »
Ensemble	M 25 »

de houille de bonne qualité, soit 14.3 0/0 du terrain houiller traversé.

En même temps que le sondage de Campgrand se continuait, on cherchait à délimiter le terrain houiller par les sondages de Saint-Quentin, de la Maurélie et de Bois-Grand.

Ces divers travaux décidèrent le Gouvernement à accorder à la Société Minière du Tarn une concession de 3.563 hectares, limitée au Sud par la ligne Est-Ouest passant par le clocher de la cathédrale d'Albi et au Nord par la limite Sud de la Concession de Carmaux.

Comme à Carmaux, la coupe des terrains houillers est caractérisée par des failles qui sont nettes et sans remplissages. Les rejets sont relativement peu importants et ne descendent pas sensiblement les couches dans leur ensemble.

Le 28 novembre 1887, on commença à foncer un puits de 3 m. 10 de diamètre, et le 15 juin 1889, la première couche était traversée. Le 15 septembre de la même année, il atteignait la couche de 5 m. 70.

Ce puits n'a pas présenté de difficultés sérieuses, on n'a eu à traverser que trois petites nappes de sables aquifères.

Le 8 mars 1890, ce puits était complètement foncé et avait traversé la couche de 17 mètres; il était ensuite armé et le 16 mars 1891, l'extraction commençait.

Le 15 juillet 1890, à 13 mètres de l'axe du puits ci-dessus, était foncé un deuxième puits pour l'aérage et au besoin l'extraction.

Les établissements de Campgrand se composent de deux puits jumeaux avec un ventilateur système Rateau de 2 m. 40 de diamètre et un compresseur système **Hanarte**, construit à Haine-Saint-Pierre (Belgique).

Les installations sont éclairées à la lumière électrique.

L'orifice du puits est à la cote 317 et le criblage dans la vallée près du chemin de fer à 160 mètres (côté du chemin de fer du Midi).

Il fallait donc racheter une différence de niveau de 157 mètres sur une distance de 4 kilomètres à vol d'oiseau, dans un terrain montagneux avec pentes particulièrement abruptes.

On a résolu le problème en perçant un tunnel de 340 mètres de longueur à 47 mètres du jour, pour relier les deux puits à une gare de départ placée à la cote 270.

De cette gare se déroule sur 6 kilomètres environ dans la montagne un chemin de fer à voie de 1 mètre jusqu'au criblage.

Le criblage entouré de lavages, fours à coke et ateliers de réparations est lui-même desservi par un chemin de fer à voie normale le reliant à la Compagnie du Midi.

Toutes ces installations seront en plein service à la fin de 1893.

C'est seulement à cette époque que l'Exploitation pourra prendre tout le développement qu'elle comporte.

Quant à l'année 1892, l'extraction n'a pas pu être considérable, eu égard aux moyens de transports rudimentaires que l'on avait, par charrettes, sur des routes mal empierrées, avec pentes abruptes; néanmoins elle a atteint 22.000 tonnes d'un charbon qui a été recherché tant par la consommation locale que par l'industrie.

Pendant le cours des travaux en exécution, les recherches ont été poursuivies par des travers-bancs aux quatre points cardinaux, et actuellement les richesses reconnues peuvent être chiffrées par 20 millions de tonnes dont 3 millions reconnues.

La houille des mines d'Albi est flambante et propre à la fabrication du gaz et du coke; essayée dans un four **Coppée**, elle a donné un rendement en coke de 69.70 0/0.

Sa teneur en matières volatiles varie entre 30.25 et 40 0/0; et celle en cendres est de 7 à 10 0/0.

Société lyonnaise des Schistes bitumineux (Saône-et-Loire)

Cette Société s'est installée dans le bassin d'Autun, en 1881, pour exploiter les gisements de schistes bitumineux, qui jusque-là avaient ruiné presque tous leurs concessionnaires. C'est encore M. Paul **Schneider** qui a été l'âme [illegible] cette affaire bien française comme toutes celles auxquelles [illegible]he.

Cette industrie avait été florissante en 1864, puis elle subissait une crise amenée par l'introduction des pétroles étrangers; elle allait sombrer, sans l'intervention de la Société lyonnaise, dont les efforts furent rapidement couronnés de succès, grâce à son attentive administration.

La Société lyonnaise des Schistes bitumineux a pu distiller dans ses mines, en 1892, 61.230 tonnes de schistes et vendre 8.247 tonnes de boghead, destiné à la fabrication du gaz riche et à l'enrichissement du gaz de houille.

Les concessions de la Société lyonnaise des Schistes bitumineux, situées dans les environs d'Autun, sont desservies par l'embranchement de Chagny à Étang, appartenant à la Compagnie de Paris-Lyon-Méditerranée.

Les couches exploitées sont situées dans le Permien, très peu recouvert dans le bassin d'Autun, par le Trias, le Lias et le Jurassique.

Le Permien est divisé en trois systèmes, dans chacun desquels la Société lyonnaise possède des centres d'exploitation et de distillation.

Ce sont, dans leur ordre de superposition :

1° Le système « des Télots » ou supérieur, où l'on exploite sur ce dernier point, ainsi qu'à Margennes, une couche de boghead de 0 m. 25 à 0 m. 27 d'épaisseur surmontée d'une couche de schiste de 0 m. 80.

Un puits de 60 mètres de profondeur, situé aux Télots, extrait en moyenne 7.800 tonnes de boghead et 19.000 tonnes de schistes. Ces derniers donnent environ 6.000 hectolitres d'huile brute.

Une descenderie située à Margennes, suivant l'inclinaison de cette même couche, extrait en moyenne 900 tonnes de boghead et 2.500 tonnes de schiste.

2° Le système de Ravelon appartenant à la partie moyenne du Permien. La Société lyonnaise exploite ce système dans la commune de Darcy-Saint-Loup, à 12 kilomètres d'Autun.

Une belle couche de 1 m. 50 à 1 m. 80 d'épaisseur donne en moyenne 32.000 tonnes de schistes transformés en 10.000 hectolitres d'huile brute.

3° Le système d'Igornay appartenant au Permien inférieur.

On y exploite, par un puits de 62 mètres de profondeur, deux couches qui donnent en moyenne 35.000 tonnes de schistes, produisant 7 à 8 000 tonnes d'huile brute.

Tous ces centres d'exploitation ont une disposition analogue à celle figurée dans deux coupes exposées (usine de Ravelon).

Cette usine comprend un bâtiment principal à plusieurs étages, en haut duquel se trouve la recette du puits. Deux ailes symétriques par rapport à l'axe du puits, consituent l'usine de distillation.

Le minerai est jeté au sortir du puits dans des concasseurs à mâchoires et des chaînes de transport l'amènent dans des cornues qui sont, à Ravelon, au nombre de trente-deux et d'une capacité de 13 hectolitres.

Elles sont placées verticalement sur les deux faces intérieures de chacune des deux ailes et sont toutes chauffées directement par les schistes déjà distillés et encore en ignition qu'on laisse tomber par une porte ménagée à cet effet dans un foyer inférieur.

L'opération dure vingt-quatre heures.

Les wagonnets, situés sous les cornues, reçoivent les schistes distillés et brûlés et on remplit à nouveau les cornues.

Les appareils de condensation sont situés à l'extérieur des ailes et sont adossés aux murailles, ils consistent en barillets réfrigérants et réservoirs de réception.

Les schistes ont un rendement moyen en volume de 6.20, et les huiles brutes sont amenées de chacun des centres de distillation par des voitures-citernes ou des wagons-citernes à l'usine d'épuration de Fontenys, située à proximité de la gare d'embarquement de Saint-Léger-Sully.

Cette usine a une superficie de 2 hectares, couverte de bâtiments divers, avec charpentes en fer et comprenant :

Pour le traitement des huiles : 18 chaudières de distillation et 12 agitateurs ;

Deux chaudières à vapeur et de grands réservoirs en tôle d'une capacité de 1 million de litres pour emmagasiner l'huile ;

Un atelier de forge ;

Une tonnellerie ;

Un laboratoire ;

Enfin, une fabrique de graisses industrielles.

Cette usine est aménagée de telle sorte que tout commencement d'incendie peut être facilement éteint, sans conséquences fâcheuses.

Le rendement des huiles brutes est le suivant :

Huiles dégoudronnées	60.72 à	62.50
Huile verte	20.50 à	22.44
Goudron	17.28 à	14.26
Déchets	1.50 à	0.80
	100 »	100 »

Les divers produits fabriqués sont les suivants :

1. Pétrole français.
2. — soudan.
3. Huile paille lavée
4. — paille

(1 à 4 : Employés à l'éclairage dans des lampes spéciales.)

5. — lourde. Eclairage des quinquets de ville.
6. — verte. Fabrication du gaz riche et graissage des grosses pièces mécaniques.
7. — rouge.
8. — blanche.

(7 et 8 : Graissage des machines, démoulage de tuiles et briques. Fabrication de graisses spéciales.)

9. — rouge grasse. Fabrication du gaz riche.
10. — — spéciale. Fabrication du gaz riche.
11. Goudron. Fabrication de l'asphalte et de graisses industrielles.

Sécurité dans les mines. — Lampes de sûreté

M. Paul **Schneider** expose un graphique montrant, par périodes décennales, que la propo[illegible]on des accidents, en France, va en diminuant plus vite que d[illegible] divers autres pays de l'ancien continent.

Ces accidents sont surtout moindres pour les explosions.

Cette amélioration provient de ce que l'éclairage des mines grisouteuses a été, durant ces dernières années, l'objet incessant des études des ingénieurs français.

Sans vouloir entrer dans le détail de leurs travaux, M. **Schneider** a cru devoir décrire succinctement :

1° Les propriét[illegible]s et les principaux dispositifs de deux lampes de sûreté, les lampes « Fumat » et « Marsaut » qui, toutes deux, sont basées sur les principes des toiles métalliques et l'addition au mélange explosif pénétrant dans la lampe des gaz inertes, tels que l'azote et l'acide carbonique provenant des fumées de la combustion, principes émis, il y a près d'un siècle, par « sir Humphrey Davy », mais dont le premier, seul, a été appliqué par lui dans la lampe qui porte son nom.

2° Un indicateur de grisou, la lampe Chesneau.

I. — *Lampe Fumat*

M. **Fumat**, ingénieur en chef des mines de la Grand'Combe (Gard), a cherché à construire une lampe de sûreté donnant une belle lumière et résistant à l'agitation, et il a imité, dans son dispositif, la combinaison ordinaire du foyer de chauffage ou des lampes modérateur qui reçoivent l'air par en bas en évacuant les gaz brûlés à travers une cheminée.

M. Fumat a réussi aussi à donner à sa lampe :

1° Une grande sécurité, en empêchant, grâce à la cheminée, les mélanges explosifs de pénétrer sur la flamme, sans se mélanger aux gaz des fumées;

2° Un grand pouvoir éclairant par l'alimentation inférieure;

3° A la protéger contre l'agitation de l'air par l'écran qui entoure le tamis et aussi par un second écran enveloppant l'anneau en cuivre évidé qui supporte le verre et à travers lequel l'air arrive sur la flamme.

II. — *Lampe Marsaut*

M. **Marsaut**, ingénieur en chef des mines de Bessèges (Gard), a cherché à réaliser dans sa lampe le maximum de sécurité.

1° En l'alimentant par des orifices situés à un niveau supérieur à celui de l'extrémité de la flamme et en empêchant ainsi, d'une manière absolue, le mélange explosif de pénétrer sur la flamme avant de rencontrer les gaz des fumées.

2° En protégeant le tamis par un écran en fer présentant à la partie supérieure un diaphragme horizontal.

L'air arrive par un certain nombre de trous percés à la base de cet écran, en face l'anneau en cuivre qui supporte le tamis. Les produits de la combustion s'échappent par des trous percés dans l'écran, juste au-dessus du diaphragme.

Cette lampe, d'une sécurité parfaite, s'éteint dans les mélanges explosifs en repos, et les courants gazeux de 9 à 10 mètres ne font par rougir son tamis.

III. — *Lampe Chesneau.*

Cette lampe, qui a été inventée dernièrement par M. **Chesneau**, ingénieur au corps des Mines, est destinée à reconnaître et à doser sur place le grisou qui peut se trouver dans les travaux.

Sa grande sécurité, la précision de ses lectures, enfin son mode d'emploi aisé, l'ont facilement fait répandre dans les houillères françaises qui n'employaient jusqu'alors que la lampe **Pieler**, d'un usage dangereux dès qu'elle était en présence de notables quantités de grisou ou dans un courant d'air explosif de 4 à 5 mètres.

La lampe **Chesneau** est, comme la lampe **Pieler**, une lampe à alcool.

L'entrée de l'air et la sortie des gaz y sont entièrement séparées. L'air pénètre dans la lampe en passant à travers une rondelle portant une toile métallique à sa partie externe. La flamme est protégée des courants d'air par un écran qui entoure la toile métallique. Le tamis est surmonté d'un diaphragme et est entouré d'un écran : à sa partie supérieure se trouvent six orifices à travers lesquels peuvent s'échapper les gaz. Un des côtés de l'écran est remplacé par une feuille de mica à travers laquelle on peut apercevoir les allongements de la flamme et les auréoles ; sur un des côtés de cette feuille sont gravés les 0/0 de grisou correspondant aux divers allongements de la flamme. Grâce à un écran mobile qu'on peut faire glisser autour de l'écran fixe, on peut déterminer avec une grande précision les extrémités de la flamme.

On voit que, par ces quelques indications, ce grisoumètre se rapproche beaucoup des lampes de sûreté ordinaires et qu'il en présente toutes les garanties.

Des expériences nombreuses faites aux mines de Blanzy, de Lens, de Liévin, d'Anzin, de Ronchamp, de Bessèges, etc., etc., ont montré :

1° Au point de vue de la sécurité, que la lampe **Chesneau** s'éteignait rapidement sans échauffement préalable dans les mélanges explosifs ;

2° Au point de vue de la sensibilité, qu'elle accuse instantanément les variations de teneur, même à teneur élevée (1.75 0/0) ;

3° Au point de vue de la précision, que les différences entre les indications données par la lampe et les expériences faites au laboratoire, ne diffèrent pas plus de 2 à 3 millièmes.

Conclusions

Voilà l'ensemble du travail de M. Paul **Schneider** à l'Exposition Colombienne. On le voit, il s'est constamment occupé de l'intérêt général des mines françaises. Sa conclusion indique du reste l'élévation de ses idées et de son caractère.

Par l'utilisation des explosifs, là où elle peut se faire sans danger, dit-il en terminant, par l'usage des coins multiples, par l'application des méthodes d'exploitation perfectionnées dans des terrains renversés souvent difficiles, par l'étude incessante des garanties nécessaires pour la sécurité de la vie de l'ouvrier, les ingénieurs français ont donc le droit de réclamer une part importante dans les progrès de l'art des mines au dix-neuvième siècle.

L'Ecole supérieure des Mines de Paris, l'Ecole centrale des Arts et Manufactures, l'Ecole des Mineurs de Saint-Etienne, enfin, les Ecoles des Maîtres Mineurs de Douai, d'Alais, fournissent chaque année un nombre considérable d'ingénieurs et d'hommes ardents pour la science, qui, ne se contentant pas de travaux dans leur patrie, vont dépenser au loin leurs connaissances et leur bonne volonté. C'est ainsi qu'en Russie, en Asie Mineure et jusque dans l'Extrême Orient, apparaissent les méthodes préconisées par les maîtres dans l'art des mines en France.

Si la France n'a pas une part considérable dans la distribution de la houille sur la surface du globe, il lui revient donc, du moins, une part importante dans le développement qui a été donné de toutes parts aux gisements houillers.

Aussi, convié à la grande Exposition Colombienne, M. Paul **Schneider** a-t-il voulu, du moins, par quelques exemples, montrer quels ont été les efforts faits en France pour le développement de l'exploitation, du matériel et de l'outillage, la classification des produits, la diminution des accidents, les institutions en faveur du personnel, les caisses de secours comme les caisses de retraites, et, enfin, essayer de montrer à la libre Amérique ce qu'en France on a fait pour arriver à l'alliance de ces deux grandes forces maîtresses en industrie : le capital et la main-d'œuvre.

***

La conclusion particulière que nous voulons tirer de l'analyse du travail si consciencieux de M. Paul **Schneider**, c'est que notre pays lui doit quelque chose pour le dévouement dont il a fait preuve à Chicago. Répétons-le encore : Sans lui, — qui a donné un corps à l'œuvre de sa section, — la France n'eût pu faire figure dans les mines, et nous aurions subi un échec lamentable à Chicago.

Signaler au gouvernement une chose aussi unanimement reconnue, c'est avoir la certitude qu'il fera œuvre de justice et de patriotisme en même temps.

LAS CABESSES MANGANÈSE MINES

LIMITED

CHARLES SIMON

ANCIEN PROPRIÉTAIRE-CONCESSIONNAIRE

Capital : L. stg : 250,000

ADMINISTRATION : BORDEAUX, 9, ALLÉE DE TOURNY

Malgré l'étalage inouï de richesses minérales americaines qu'offre le palais des mines, malgré la profusion de minerais rares de toutes sortes qui éblouissent littéralement le visiteur dans les expositions du Montana, du Colorado, etc., on doit reconnaître que l'exposition de M. Ch. **Simon**, de Bordeaux, est unique comme celle de la Compagnie française du nickel.

En effet, les mines de Las Cabesses, près de Saint-Girons, dans l'Ariège, sont les seules mines connues de carbonate de manganèse.

Voici l'analyse de ce curieux minéral, rose, comme chacun sait.

Manganèse......................	[illegible] 48	45 68
Silice..........................	6 48	5 94
Phosphore	0 057	0 043

Les blocs énormes de carbonate de manganese de M. **Simon** sont admirablement présentés.

Au centre d'un socle à deux étages s'élève un monument patriotique, une statue fort bien décorée, et sur les deux assises, simplement, le minerai en cinq ou six morceaux qui donnent par leur taille une idée formidable de la puissance du gîte.

Il faut remercier M. **Simon** d'avoir songé à représenter si bien et avec un minérai si remarquable les mines métalliques françaises un peu absentes au *mining building*.

Les mines de carbonate de manganèse de las Cabesses (près Saint-Girons)

Origines. — On sait que les industries chimiques et plus encore la métallurgie du fer emploient du manganèse en quantité considérable. Jusqu'à ces dernières années, le seul minerai exploité était le bioxyde de manganèse. En France nous n'en possédons que des gisements médiocres, en nombre restreint; aussi nos usines devaient-elles en importer beaucoup de l'étranger.

La rareté du métal en provoquait d'autant plus la recherche, principalement dans l'Ariège, région très riche au point de vue minier et possédant déjà plusieurs mines de bioxyde de manganèse. Vers 1880, on en avait trouvé un gisement dans la commune de Riverenert, aux environs de Saint-Girons. On en commença l'exploitation, qui peut se faire à ciel ouvert vu la faible épaisseur et la position superficielle de la couche. Elle donna, de 1881 à 1888, environ cinq mille tonnes d'un minerai dont la teneur en métal variait entre 45 et 55 0/0.

Au-dessous de la croûte de quelques mètres formée par le bioxyde de manganèse, on se trouvait en présence d'une roche très dure, grisâtre et d'apparence marbrée, qui fut considérée comme stérile. L'exploitation fut suspendue. Elle l'était depuis six mois environ, lorsqu'un des principaux fonctionnaires de l'entreprise, M. **Ségalas**, revenant d'un voyage en Espagne, s'aperçut que la roche gris blanc mise à découvert avait changé de couleur et tirait maintenant sur le noir. D'autre part, il avait vu en Espagne des carbonates de fer dont l'apparence rappelait quelque peu la roche abandonnée comme stérile.

Pour éclaircir le problème, il envoya de nombreux échantillons au laboratoire de l'ingénieur des mines, à Foix, qui les analysa avec un grand empressement et constata que la roche n'était autre chose que du carbonate de manganèse, d'une teneur allant jusqu'à 45 0/0 de manganèse métal.

Le bioxyde exploité d'abord et formant chapeau sur le gisement de carbonate résultait de la transformation de ce dernier sous l'action des agents atmosphériques.

Un brevet d'invention fut aussitôt décerné en faveur de cette belle découverte, qui enrichissait l'industrie d'un minerai encore inexploité. En même temps, une demande en concession fut sollicitée et accordée par décret du 28 novembre 1890 au bénéfice des frères **Ségalas**. Ceux-ci transmirent aussitôt leurs droits à M. Charles **Simon**, propriétaire actuel, qui donna en peu de temps à l'affaire un développement considérable. Il n'est peut-être pas inutile de dire que M. Charles **Simon** est établi à Bordeaux, où se trouve le siège de l'entreprise.

⁂

La concession ; situation géographique ; vue générale. — Quittant Saint-Girons et remontant la charmante vallée du Salat, on rencontre à 7 ou 8 kilomètres le débouché d'une petite vallée secondaire qui s'enfonce vers l'est-sud-est et que ferment, à 25 kilomètres environ, les montagnes formant ligne de faîte entre le bassin du Salat et celui de l'Ariège. C'est la vallée de *Riverenert* (rive noire ou rivière noire), dont les pentes sud, montant à 1.500 et 1.800 mètres et couvertes de hêtres, offrent une suite de superbes paysages. C'est en face, le long des pentes nord, que se trouve le gisement.

La concession est comprise dans la commune de Riverenert; les hameaux du Lauch, de Rouget et de las Cabesses l'avoisinent immédiatement. Elle s'étend de l'est à l'ouest, sur une longueur de 4 kilomètres, et présente une superficie totale de plus de 6 kilomètres carrés (exactement 613 hectares), reposant probablement en entier, comme nous le montrerons plus loin, sur un terrain manganésifère.

Il y a jusqu'à présent deux mines ouvertes, l'une à l'extrémité ouest et à la cote 600 mètres, c'est la mine Crablous; l'autre, beaucoup plus importante, au Clot d'Endere, dans la partie orientale et vers la cote 900-950 mètres. Crablous, d'exploitation toute récente, n'occupe encore que vingt-cinq à trente ouvriers et produit environ 250 tonnes de minerai par mois; au Clot d'Endere, deux cent cinquante hommes sont occupés au fond, et la production *mensuelle* dépasse 2.500 tonnes de carbonate de manganèse.

Vers le centre de la concession se trouvent les fours; un porteur aérien y amène le minerai pour être calciné avant l'expédition. C'est au pied même des fours que vient aboutir la route qui conduit à la gare de Saint-Girons. Elle a été fortement améliorée pour les besoins de l'entreprise et à ses frais. Le directeur de l'exploitation a ses bureaux à Saint-Girons.

***

La mine principale; la galerie Ch. Simon. — Du pied des fours, où s'arrêtent les charrettes et voitures, on se rend à la mine principale par un chemin de montagne assez escarpé, et, après quarante à cinquante minutes de montée, l'on arrive à la station de départ du porteur aérien. Là vient aboutir une voie Decauville, sur laquelle roulent les wagonnets chargés de minerai, qui viennent se déverser sur les bennes des porteurs. A peu de distance, le petit chemin de fer s'enfonce horizontalement sous la montagne par un tunnel dit galerie Charles-Simon, du nom du propriétaire des mines. C'est un travail considérable, récemment achevé avec un plein succès, après quinze mois de travail continu. La galerie, ouverte à la dynamite dans la roche dure, présente une section très régulière de deux mètres sur deux et se développe sur une longueur de 235 mètres. Elle va aboutir directement au-dessous des sept étages de mine en exploitation et s'y relie par des puits, le creusement de cette galerie ayant été entrepris pour faciliter à la fois l'évacuation du minerai et la ventilation des chantiers.

Avant que la galerie Charles-Simon fût percée, les produits de l'abatage devaient être remontés de chaque étage au carreau de la mine et, de là, descendus à la station de départ du porteur. Au travail d'ascension verticale, dépensant beaucoup de force et de temps, a succédé l'utilisation d'une force gratuite et d'effet rapide, la gravité : les matériaux, sous l'effet de leur poids, descendent par les puits qui font communiquer les divers étages à la galerie Charles-Simon, et ils arrivent jusqu'à une trémie sous laquelle viennent se placer successivement les wagonnets à remplir : on soulève la vanne de la trémie, un wagonnet se charge en quelques secondes, cède la place à un autre, et ainsi de suite. Lorsqu'un train de huit wagonnets est formé, il est emmené par un mulet qui vient de revenir avec un train vide. Une pente très légère de la voie facilite la traction et provoque l'évacuation des eaux, d'ailleurs très peu abondantes.

***

Les étages de la mine ; exploitation et reconnaissance simultanées du gisement ; importance de celui-ci. — Du niveau de la station de départ et de la galerie Charles-Simon au carreau de la mine, où débutèrent les travaux, il y a une différence de cote de 70 mètres. De sept en sept mètres à partir de la surface et jusqu'à 50 mètres ou un peu plus, on trouve des chantiers superposés en pleine exploitation, chacun d'eux se composant de plusieurs galeries rayonnantes, de longueur variable.

Par cette méthode d'exploitation — l'attaque simultanée du banc à plusieurs étages et dans toutes les directions — on a pu faire la reconnaissance du gîte en même temps qu'on en commençait l'exploitation. Opérant ainsi, l'entreprise se rendait compte de l'importance présente et future de l'affaire et se mettait à même de juger s'il y avait lieu de préparer des moyens d'action puissants et durables ; si, par exemple, les travaux de reconnaissance avaient montré un gisement peu étendu et de faible épaisseur, on n'eût pas fait la grosse dépense du porteur aérien dont nous parlerons plus bas, ni celle des fours.

De même si, au lieu de procéder par voie de reconnaissance méthodique, on avait simplement attaqué le gîte par le haut comme en carrière, on eût marché au hasard, pouvant être surpris du jour au lendemain par une brusque cessation du banc.

En exploitant par étages et par galeries rayonnantes, on explore avec relativement peu de déblai un volume de terrain très considérable : tout le minerai qu'on laisse volontairement derrière soi, et qui forme d'épaisses murailles de soutènement ; tout celui compris dans les voûtes entre étages, fortes de plusieurs mètres, constitue une réserve assurée et connue, à reprendre plus tard, après reconnaissance complète du banc.

Dans le cas actuel, l'exploration par les galeries, étagées jusqu'à cinquante mètres, les puits poussés plus bas jusqu'à la rencontre de la galerie Charles-Simon, enfin les parois de cette galerie et les chantiers rayonnant à son extrémité, ont montré comme un fait dès maintenant acquis que la montagne, sur soixante-dix mètres d'épaisseur, est en grande partie constituée par des masses compactes de carbonate de manganèse. D'autre part, le banc reconnu présente une centaine de mètres de largeur du nord au sud et s'étend de l'est à l'ouest sur une longueur encore indéterminée, mais qu'on peut supposer considérable : en effet, la mine récemment ouverte à Crabious est à deux kilomètres ouest de la mine principale du Clot-d'Endere, et plusieurs affleurements de minerai, non encore attaqués, ont été reconnus entre les deux exploitations; il y en a aussi à l'est du Clot-d'Endere.

Quant à la profondeur des bancs, on lui connaît déjà un minimum de 70 mètres à la mine principale, et l'on peut la croire plus forte, vu la différence de niveau (près de 300 mètres), entre Crabious et le Clot-d'Endere, où l'on trouve ici et là du minerai. Un sondage en profondeur va être entrepris au bout de la galerie Charles-Simon, afin de recueillir à cet égard les données expérimentales sur lesquelles l'entreprise s'est constamment guidée.

***

L'abatage. — Il se fait à la dynamite ; à cet effet, le mineur, au moyen du fleuret chassé à la masse, pratique des trous cylindriques propres à recevoir les cartouches, quatre ou cinq trous circonscrivant un bloc de roche à faire sauter. La façon dont les trous sont placés, la direction qu'on leur donne, ne sont pas choses indifférentes : avec le même poids de dynamite, un mineur expérimenté fera sauter deux ou trois fois plus de roche qu'un novice. La direction de ce travail appartient aux chefs d'équipe, et pour les engager à bien faire la dynamite est à leur compte.

Tous les matins, à onze heures; tous les soirs, à onze heures également, les ouvriers se retirent après avoir chargé tous les trous d'abatage et disposé les mèches, d'inégale longueur, car telle explosion doit préparer et telle autre achever l'abatage : la succession convenable des explosions, comme la bonne disposition des trous, importe au succès et à l'économie du travail. Sur le carreau de la mine, chaque équipe fait l'appel de ses hommes, et quand on a vérifié la présence de tous, on met le feu aux mèches. Les ouvriers vont alors prendre leur repas pour redescendre deux heures plus tard entamer le déblayage, après que les gaz produits par l'explosion ont eu le temps de se dissiper.

L'abatage, à las Cabesses, emploie 1.200 kilogrammes de dynamite par mois.

La descente à la mine ne manque pas de pittoresque : on revêt des bottes ferrées, des « salopettes », une vieille veste maculée de boue; mieux encore un complet de cuir; on se coiffe d'un chapeau mou, bossué et sali par un long service, et l'on plonge dans l'obscur, armés chacun d'une lampe fumeuse suspendue au bout d'un long crochet. Des pentes raides et glissantes, des saillies de roc, des creux et des bosses réclament toute l'attention du visiteur novice, qui d'un pas mal assuré, se cramponnant aux parois boueuses, n'en arrive pas moins aux chantiers sans avarie majeure. Là il trouve plus d'aisance et peut étudier avec fruit les travaux. Prochainement, les mines de Las Cabesses seront éclairées électriquement dans leurs parties principales.

***

Le porteur aérien. — Au début, le carbonate de manganèse était transporté à dos d'âne de la mine aux fours de calcination. Quand l'exploitation se développa, ce moyen primitif ne fut plus ni pratique ni économique, et l'on dut songer à autre chose. Les galeries de reconnaissance ayant montré qu'on pouvait compter sur des travaux de longue durée et sur de forts rendements, M. Simon décida la construction d'un porteur aérien, comme la solution la plus pratique dans l'espèce.

Essentiellement, un porteur aérien se compose de deux câbles porteurs : un d'aller, un de retour, reposant sur des pylônes élevés de loin en loin. Les chariots ou bennes sont suspendus au câble par l'intermédiaire de roues à gorge; le centre de gravité du système se trouvant au-dessous du câble, l'équilibre est parfaitement assuré, bien que le chemin soit « monorail ».

Les câbles porteurs sont fixes. Un second câble, plus mince, le câble tracteur, est en marche continue et suit parallèlement dans tout son parcours le trajet de la ligne. A chaque extrémité, il opère son changement de direction en tournant de 180° sur une grande poulie horizontale. Pourvus de « mains » ou de « grips », ou de tout autre organe de serrage, les chariots se cramponnent au câble tracteur et sont entraînés à la même vitesse que lui.

Dans certains cas, le mouvement du câble tracteur est commandé par un agent mécanique, machine à vapeur ou autre. Aux mines de Las Cabesses, comme les deux extrémités de l'engin sont à des niveaux différents et que les poids les plus lourds sont pour la descente; on a pu faire l'économie du moteur : les bennes pleines descendantes entraînent le câble et avec lui les bennes vides remontantes. Livré à lui-même, le système prendrait un excès de vitesse : un frein à la station supérieure pare à cet inconvénient.

Pour être remplie et pour être vidée, toute benne doit subir un temps d'arrêt: à cet effet, au moment où le chariot arrive à la station, sa main de serrage rencontre un taquet qui la relève, la desserre d'un quart de tour et permet l'arrêt du véhicule, tandis que le câble tracteur continue à filer. Le chariot est conduit sur un rail de garage, est renversé et vidé, ou chargé, puis la manœuvre inverse le remet en prise sur le brin de retour et il reprend son perpétuel circulus. Il y a constamment 34 wagonnets en ligne, se suivant à intervalles égaux, et il en passe en un même point de 50 à 60 à l'heure.

De station à station, la ligne mesure 1,650 mètres de longueur, avec une différence de niveau de 235 mètres. Les supports sont des pylônes métalliques à claire-voie, convenablement entretoisés: plusieurs ont jusqu'à 25 mètres de hauteur. Les deux portées les plus fortes, de support à support, atteignent 175 et 200 mètres, et la ligne, passant à 60 mètres au-dessus de la vallée, prend alors le grand caractère des ouvrages d'art, à la fois si hardis et si forts, auxquels les ingénieurs de l'âge du fer nous ont habitués.

***

Les fours. — Le carbonate de manganèse, tel qu'il arrive de la mine, contient environ 40 0/0 de manganèse métal et 30 à 35 0/0 d'acide carbonique. La calcination a pour but d'éliminer l'acide carbonique, surpoids inutile et même onéreux. S'en débarrassant, on augmente la richesse du minerai, qui passe de 40 0/0 à 52 et 55 0/0. Donc, on expédie sur un même poids beaucoup plus de manganèse métal, et les prix de transport en sont réduits d'autant. Dans la calcination, le minerai grisâtre prend une teinte brun foncé: il est devenu l'oxyde rouge de manganèse, Mn_3O_4.

Au bas du câble porteur, le contenu des bennes est versé dans un wagonnet; celui-ci est pesé sur une bascule, et la charge automatiquement enregistrée. A quelques mètres de là, le minerai est versé dans un crible qui sépare les menus des blocs calcinables. Les menus eux-mêmes sont repris par un séparateur qui garde les morceaux bons pour le four et laisse passer le menu fin. Celui-ci est vendu à l'état cru aux usines de la région. Tout le reste est calciné. Ajoutons que deux rapides triages à la main, dont un au sortir de la mine, ont éliminé les matières étrangères.

Les fours sont au nombre de huit. Chacun d'eux est constitué par une tôle cylindrique de trois mètres de diamètre, intérieurement revêtue d'une chemise en brique réfractaire. Le four a une hauteur de cinq mètres; son extrémité inférieure est tronconique, de façon à retarder la descente des matériaux. Le combustible employé est le coke. Il est fourni par les usines à gaz de Toulouse. L'allumage opéré, on charge par couches alternatives de minerai et de coke, celui-ci semé en couches très minces. Toutes les quatre heures on tire du minerai calciné par en bas, et l'on charge d'autant par en haut. La marche est continue, et le rendement journallier (24 h.) d'un four est de dix à douze tonnes de minerai calciné.

L'atelier de réception, des fours et du triage, occupe trente hommes et gamins. Il est en relation, par téléphone, avec la station de départ et la mine.

***

Expédition. — Le pesage et le triage sont faits au niveau de l'orifice supérieur des fours, dont la charge est ainsi facile et prompte. De même, les véhicules de charge viennent se ranger sur un plan plus bas que la sole des fours, en sorte que le produit calciné, suivant des glissières, descend par son propre poids dans des tombereaux. Il y a un poste de charge et une glissière en face de chaque four. Cinquante tombereaux, portant de 3 à 6 tonnes, font un constant va-et-vient entre les fours et la gare de Saint-Girons, éloignée de 17 kilomètres. La pente continue facilite beaucoup la traction. Les charges à remonter : coke, matériaux et outils, sont peu de choses si on les compare aux charges expédiées.

La construction d'un chemin de fer Decauville, des mines à la gare de Saint-Girons, sera entreprise sous peu.

La gare de Saint-Girons forme chaque jour un petit train de 10 à 15 wagons avec les produits de Las Cabesses. Chargé sur wagons plats, le minerai se dirige soit vers les gares de l'intérieur, soit de préférence, et le plus tôt possible, vers un port de mer, Bayonne ou Bordeaux. Les frais de transport par voie ferrée sont fort lourds : ainsi, pour gagner Charleville, par exemple, le minerai va s'embarquer à Bayonne et passe par Anvers.

***

Production. — En 1890 (première année), la production de la mine fut de 3,000 tonnes environ ; en 1891, 12,000 tonnes ; en 1892, 22,000 tonnes ; dans les cinq premiers mois de 1893, on a extrait 14,000 tonnes. En ce moment, la production journalière en minerai cru atteint 125 à 150 tonnes. Il reste 75 à 85 tonnes de minerai calciné et 20 à 30 de menus crus, soit 110 à 120 tonnes à expédier tous les jours.

Le minerai de Las Cabesses est très recherché à cause de sa minime teneur en silice et en phosphore. Voici, au surplus, les teneurs principales à l'état cru :

Manganèse métal, 40 à 45 0/0 ; acide carbonique, 25 à 30 0/0 ; silice, 6 0/0 ; phosphore, 0.03 à 0.04 0/0 ; chaux, 7 à 8 0/0 ; fer, 2 à 3 0/0.

L'entreprise occupe environ 500 ouvriers, dont 300 au fond, tant mineurs que manœuvres, une centaine au câble et aux fours et 50 charretiers. Le travail est continu : il prend à 6 heures du matin, va jusqu'à 11 heures (heure de l'abatage par explosifs) et recommence de midi et demi à 5 heures. Les équipes de nuit fonctionnent aux heures correspondantes.

Les manœuvres sont payés à raison de 3 fr. par jour ; les mineurs, 3 fr. 50 à 4 fr. ; mais une partie de ces derniers travaillent à la tâche et se font des journées plus élevées, 5 et 6 fr.

L'assurance contre les accidents est à la charge de l'entreprise, qui fournit aussi à ses ouvriers malades les soins gratuits du médecin.

Les ouvriers appartiennent pour la plupart aux hameaux environnants, où leurs salaires apportent chaque mois une soixantaine de mille francs; les conditions d'existence, assez dures et précaires dans ce pays pauvre, en sont déjà sensiblement relevées.

Mais, au début, la population ne comprenait pas que la mise en valeur de richesses minières, ignorées jusque-là, serait nécessairement pour le pays un élément de prospérité. Aussi l'entreprise rencontra-t-elle une sourde hostilité: on s'en défiait, comme de toute chose nouvelle; on la jalousait, comme on jalouse toujours les initiatives et le succès. L'attitude conciliante et la sagesse des chefs de l'entreprise ont eu peu à peu raison des résistances premières.

Tandis qu'à la mine on franchissait victorieusement la période difficile des débuts, M. Charles **Simon** s'occupait en même temps de créer un marché pour ses produits. Car c'était un marché nouveau à créer. Or, continuer une affaire déjà lancée ne demande qu'une dose ordinaire de bon sens et de prudence; mettre sur pied une affaire nouvelle, faire accepter un produit ignoré, changer des habitudes, grouper une clientèle, c'est chose autrement difficile; c'est à grand'peine, à force de persévérance et de ténacité, que M. **Simon** finit par obtenir qu'on voulût bien seulement essayer le manganèse offert par Las Cabesses sous une forme un peu différente du produit habituel. De l'essai, on passa promptement à l'usage, et aujourd'hui, après deux ans, les mines développent constamment leur production, comme en témoignent les chiffres cités plus haut, pour répondre aux demandes croissantes de la métallurgie en France ou à l'étranger. En terminant, insistons sur ce fait que jusqu'ici la France devait importer du dehors, et particulièrement d'Allemagne, des fontes manganésifères ou des minerais de manganèse en grande quantité, et que cette situation sera modifiée à notre avantage par l'importance du gisement ariégeois de Las Cabesses.

***

Le grand succès obtenu par M. **Simon** à Chicago consacre donc tous ces efforts et inscrit désormais le nom des mines de Las Cabesses sur le grand marché métallurgique international. Les aciéries de l'Amérique seront naturellement obligées de recourir bientôt à ce minerai unique.

Extrait de l'Écho des Mines et de la Métallurgie du 24 septembre 1893.

SOCIÉTÉ MINIÈRE DU SUD-OUEST

CUZORN (LOT-ET-GARONNE)

Cette Société expose des échantillons nombreux d'ocres, depuis le jaune, le jaune fin, le rouge commun en poudre lavé, lavé surfin, le rouge de Prusse, le rouge fin, jusqu'au rouge de France, etc. Elle expose aussi des *terres* de Sienne, Ombre, Van Dyck, rouge de Venise, noir de fer, qui sont aussi une de ses spécialités.

Enfin, elle montre du minerai de fer, des hématites brunes, rouges, des limonites, etc.

Les ocres sont un article d'importation aux Etats-Unis, et de grandes maisons américaines les achètent à Marseille ou à Bordeaux. La Société minière du Sud-Ouest a bien fait de faire cette exposition.

THINET

Coutellerie française

PARIS — 28, RUE GRENIER-SAINT-LAZARE, 28 — PARIS

M. **Thinet** a bien fait de venir livrer à Chicago le bon combat contre Sheffield et autres centres couteliers.

Il a apporté une admirable série de couteaux, de sécateurs, de ciseaux, de ciseaux à manche, etc. Depuis 1855, M. **Thinet** obtient partout des récompenses et il était déjà en 1876 à Philadelphie.

Ses fabriques sont situées à Thiers et à Nogent-sur-Marne et ses marques 303-404-505-103 sont des plus connues dans notre pays et dans le commerce d'exportation de toute l'Amérique.

A. TESTE FILS, PICHAT, MOREL ET CIE

Aiguillerie. — Tréfilerie. — Câblerie

LYON-VAISE. — RUE DE LA CLAIRE, 11. — LYON-VAISE

La grande maison **Teste** ne pouvait être absente d'une Exposition universelle. Aussi, n'avons-nous nullement été surpris de la voir avec une vitrine extrêmement bien décorée et remplie d'objets intéressants.

Nous nous sommes rencontrés avec un des membres du jury officieux chargé par le gouvernement de classer un peu les expositions françaises et nous avons été d'accord immédiatement pour dire que nous nous trouvions en présence d'une des principales exhibitions de cette section.

Cette belle exposition comprend plusieurs divisions :

Au centre, naturellement, et devant le visiteur, le tableau des nombreuses récompenses qu'a toujours obtenues la maison **Teste**. Encadrant ce tableau, des étoiles et rosaces de fers et d'aciers tréfilés forment un motif aussi gracieux que possible.

A gauche, tout un compartiment représente des montures de parapluies et d'ombrelles en acier trempé, de systèmes très variés. La maison **Teste** a été la première à inaugurer cette fabrication en France.

Symétriquement, de l'autre côté du tableau des récompenses, sont les produits de la câblerie, avec un câble énorme au milieu, en fils de fer et d'acier, et des types de câbles de compositions diverses et quelques-unes brevetées.

La vitrine verticale se termine par une vitrine inclinée devant le visiteur, divisée elle-même en trois compartiments. Dans celui de droite, les ponts suspendus et les Porteurs aériens par câbles : un tableau représentant ces genres de travaux. Les Porteurs aériens forment une spécialité unique en France pour transport de minerais, de houille, de sables, de bois, de ciments, de betteraves, etc.

Dans le compartiment du centre sont des types d'aciers laminés plats et trempés pour buses, crinolines, etc. Ils sont présentés, comme chacun sait, sous forme de rouleaux.

Enfin, dans le compartiment de gauche, sont les épingles et les aiguilles, les épingles à tête d'émail coloré, les aiguilles à tricoter, les grandes épingles, etc., tous objets de menues fabrications.

Spécialités des fabrications

Du reste, voici les divers produits de la maison **Teste** :

Fils de fer et aciers tréfilés clairs, recuits, galvanisés, étamés, cuivrés. — Fils d'acier à grande résistance. — Cordes d'acier pour pianos. — Aciers laminés plats trempés en rouleaux pour buses, ressorts, laçures, scies, horlogerie, etc. — Epingles en acier trempé avec tête d'émail. — Broches à tricoter. — Epingles en acier pour cheveux. — Ressorts pour sommiers et sièges. — Montures de parapluies et ombrelles vernies, nickelées, dorées et sur tringles en acier. — Montures : Le Sphinx, Star, La Perle, brevetées s. g. d. g. — Câbles à torons en fils de fer et en fils d'acier de toutes résistances pour mines, carrières, plans inclinés, marines, funiculaires, ponts, transmissions, paratonnerres, etc. — Câbles excelsior à surface lisse et fils enclavés, brevetés s. g. d. g. — Installations de transports aériens par câbles, système breveté s. g. d. g., pour minerais, houille, pierres, sables, ciments, bois, betteraves, etc. — Construction de ponts suspendus.

On voit donc mieux encore que ci-dessus quelle diversité il y a dans ces fabrications en même temps qu'une idée unique les domine toutes. C'est, en réalité, l'emploi des petits tréfilés à tous les objets possibles.

HISTORIQUE

Un mot d'historique, suivant notre habitude, est nécessaire.

Cette maison, connue pendant trente années sous le nom d'Aiguillerie de Vaise, a été fondée en 1833.

Elle ne comprenait, au début, que la fabrication de la broche à tricoter, puis celle de l'aiguille à coudre.

Les événements de 1848 ayant porté une grave atteinte à son marché, sa réorganisation et sa direction furent confiées à **M. Teste.**

Ce dernier, par son travail assidu, son énergie, son activité commerciale et industrielle, parvint en quelques années à relever cette affaire, à la faire sienne en acquérant toutes les parts de la Société fondatrice, enfin à lui donner progressivement tous les éléments qui devaient servir de base à son développement futur, par la création de nouveaux produits qui intéressaient au plus haut degré le marché français.

En 1868, **M. Teste** s'associa son fils aîné, actuellement le premier en nom dans la raison sociale, et en 1875, son gendre, **M. Pichat.**

Enfin, en 1885, **M. Teste** père, obligé de se retirer pour raison de santé, organisa la Société en cours, dont il resta commanditaire, en associant **M. Morel** à **MM. Teste** et **Pichat.**

Situation actuelle

Cette maison est située à Lyon-Vaise, où elle occupe une superficie d'environ 10.000 mètres carrés, presque entièrement couverts de constructions à plusieurs étages, comprenant plus de 18.000 mètres carrés de superficie d'ateliers.

Trois moteurs d'une force totale de 400 chevaux actionnent ses machines et outils; ces moteurs et 38 fours destinés aux recuites et à la trempe des aciers consomment une moyenne de deux wagons de charbon par jour, soit environ 500 tonnes par mois.

En outre, mensuellement, 300 tonnes d'acier sont transformées en divers produits.

La base essentielle de sa fabrication consiste dans la tréfilerie dès fils d'acier (c'est une des plus anciennes tréfileries d'acier de France) et dans le laminage à chaud et à froid des aciers en bandes.

Ses produits principaux dérivent de ces deux premières fabrications :

1° Aiguilles à tricoter en acier trempé ; épingles en fil d'acier trempé, avec têtes d'émail ; crochets d'acier bronzés et dorés pour coiffure.

Avant 1870, l'aiguille à coudre y était fabriquée par des ouvriers allemands, qui n'ont pas été repris ; en conséquence, cette fabrication a été abandonnée.

2° Fils d'acier tréfilés ronds, carrés, ovales, méplats, trempés ou non trempés, en couronnes ou en tringles, pour divers emplois, tels que : outils, mèches, burins, ressorts ; fils d'acier à grandes résistance, jusqu'à 300 kilos par millimètre carré.

Cette vente se fait aux marchands de métaux, pour mécaniciens, manufactures d'armes de l'Etat, fabricants de produits métallurgiques quelconques, tels que : vélocipèdes, toiles métalliques, ressorts à boudins, etc.

3° Galvanisation des fils d'acier pour télégraphie, clotures, câbles, etc.

4° Nickelage et dorage des divers produits de cette maison, tels que : montures d'ombrelles, cordes de piano, crochets pour coiffures, etc.

5° Cordes de piano en fils d'acier trempés. Il y a quelques années, ce produit était exclusivement de provenance anglaise.

6° Aciers plats trempés en bande pour scies, horlogerie, buses de corsets cambrés et ressorts.

7° Ressorts de sommiers et de sièges pour lits, meubles, wagons, etc.

8° Fuseaux pour tissage mécanique et autres pièces de filature.

9° Montures de parapluies et ombrelles en acier plein et creux. Cette fabrication est une des principales de cette manufacture, qui fut la première à l'introduire en France, où elle est de beaucoup la plus importante ; d'ailleurs, il n'y en a pas de supérieure, sinon d'égale, à l'étranger.

Elle fabrique un nombre de montures suffisant pour monter environ 18.000 parapluies ou ombrelles par jour, et ses produits s'exportent dans toutes les parties du monde.

10° Câbles métalliques en fils d'acier de toutes résistances, suivant les besoins, pour tractions, transmissions, mines, marine, transport aérien, paratonnerres, horlogerie, etc. Ces câbles sont faits mécaniquement, au moyen de 14 machines spéciales.

Elle fournit les câbles pour funiculaires, tels que ceux de la Croix-Rousse et Fourvières à Lyon, les câbles de ponts suspendus, les câbles pour touage et navigation, ceux de la marine de l'Etat pour les filets Bullivan, contre-torpilleurs, câbles pour le ministère de la Guerre et les compagnies de chemins de fer, pour mines et exploitations de carrières.

11° Installations de porteurs aériens par câbles, pour transporter à toutes distances des matériaux de toute nature avec des portées de plus de 800 mètres.

12° Construction de ponts suspendus avec tous les perfectionnements permettant d'assurer avec la plus complète sécurité le passage des plus lourds tramways à vapeur.

Les relations commerciales de cette maison l'ont obligée à organiser des succursales à Paris et à Londres, et à se faire représenter sur tous les principaux marchés, même en Extrême-Orient.

Personnel et institutions ouvrières

Le nombre d'ouvriers employés est d'environ 600.

Le travail se fait aux pièces; le gain moyen journalier est : pour les ouvriers, 6 à 8 francs; les manœuvres, 3 50 à 4 francs; les femmes, 1 50 à 2 75.

Ce n'est que par l'adjonction de machines perfectionnées et l'extrême division du travail que de tels salaires ont pu être maintenus; une monture de parapluie en acier trempé, à la fabrication de laquelle une soixantaine d'ouvriers ont participé dans le cours de sa fabrication, se vend de 15 à 20 centimes.

Le personnel, employés et ouvriers, est très ancien; une dizaine d'entre eux, ayant de 35 à 40 ans de service continu dans la maison, ont reçu la médaille d'honneur du ministre du Commerce et de l'Industrie; beaucoup d'autres y sont depuis 15 à 20 ans; la moyenne est de 10 années.

Les salaires élevés, l'emploi de plusieurs membres de chaque famille d'ouvriers, femmes et enfants, et l'esprit de solidarité, qui a toujours été une des préoccupations des chefs de maison, ont maintenu une cohésion et un esprit excellent dans toute cette population ouvrière, laquelle n'a jamais manifesté de sentiment de grève ni d'animosité.

Depuis de longues années, cet esprit de solidarité se manifeste par les secours mutuels que les ouvriers ont organisés entre eux, avec le concours des chefs de maison.

Lorsqu'un ouvrier est malade, les ouvriers sont juges de l'opportunité d'un secours, et, sur l'autorisation des patrons, qui l'accordent toujours avec satisfaction, une collecte est faite régulièrement les jours de paye; les patrons y contribuent pour une large part, heureux d'encourager cette mutualité si précieuse.

Ce système, malgré son organisation absolument primitive, a donné de bons résultats, puisqu'il n'y a pas d'indigence parmi les ouvriers de cette maison.

Quant aux accidents qui peuvent leur arriver pendant le travail, des indemnités leur sont assurées, soit par la maison directement, soit par une compagnie d'assurances, pour les accidents plus graves.

Une œuvre éminemment philanthropique a été organisée à Lyon, il y a une trentaine d'années, par des dames de la ville, en collaboration avec **M. Teste** père; elle avait pour objet de recueillir les jeunes filles infirmes, incapables d'un travail important, et dont les familles ne pouvaient subvenir aux besoins.

M. Teste organisa pour ces enfants quelques travaux, dont le principal était la fabrication de l'épingle à tête d'émail; c'est encore aujourd'hui la seule fabrique importante de ce genre de produit en France.

Cette Providence comprend environ 150 jeunes filles, dont une centaine suffit, par ces travaux, et pour une grande part, à l'entretien de la Providence.

Cette œuvre valut à **M. Teste**, en 1867, une médaille d'honneur de la part de la Société protectrice des apprentis et enfants employés dans les manufactures; en 1870, une médaille d'argent de la part de la Société d'encouragement pour l'industrie nationale, et en 1880, le prix d'Abville de la même Société.

La maison **Teste** a obtenu une médaille d'or à l'Exposition universelle de Lyon en 1872, une médaille d'or à celle de Paris en 1878, un diplôme d'honneur à l'Exposition maritime du Havre en 1887, et deux médailles d'or à l'Exposition universelle de Paris en 1889.

Pendant la guerre de 1870, les ouvriers furent employés, au compte exclusif de la maison, à la construction d'ouvrages de fortification passagère sur les hauteurs de Saint-Cyr-au-Mont-d'Or, et une capsulerie, pouvant fournir jusqu'à 200.000 capsules par jour, fut organisée avec une partie du personnel.

Ces travaux valurent à la maison des félicitations de la part du gouvernement de la Défense nationale et de l'artillerie de la place.

En résumé, l'Aiguillerie, Tréfilerie et Câblerie de Lyon-Vaise est une industrie spéciale, unique en France par la diversité de ses produits, le tonnage de sa fabrication et l'étendue de sa clientèle : il n'y a peut-être pas une famille en France qui n'ait un des produits de cette maison.

D'autre part, il est facile de se rendre compte de l'intérêt considérable qu'avait notre pays, et plus spécialement la région lyonnaise, à voir créer en France une industrie comme celle relative à la monture de parapluie. Elle fut, en effet, la véritable cause du développement considérable de la fabrication du parapluie, qui s'exporte aujourd'hui dans toutes les parties du monde, et qui est pour la soierie lyonnaise un débouché très important.

Les traités de 1860, en abaissant le prix de la matière première nécessaire à ces produits, ouvrirent plus largement les marchés voisins; depuis 1875, les produits allemands font à cette maison une redoutable concurrence sur les marchés étrangers; cependant elle vend encore ses produits en Italie, Espagne, Portugal, à Constantinople, en Angleterre, en Amérique, et même dans l'Extrême-Orient, Chine et Japon.

Le maintien de son marché extérieur, malgré la concurrence étrangère, est dû aux perfectionnements incessants de l'outillage de cette usine, dans laquelle un bureau spécial de perfectionnement ne cesse de rechercher de nouveaux outils.

Sauf les machines à vapeur et les chaudières, toutes les machines et outils y sont créés et fabriqués.

Récompenses

1867. — *Médaille d'honneur.* — Société protectrice des apprentis et enfants employés dans les manufactures.

1870. — *Médaille d'argent.* — Société d'encouragement pour l'industrie nationale.

1872, Lyon. — *Médaille d'or.* — Exposition universelle.

1878, Paris. — *Médaille d'or.* — Exposition universelle.

1878, Paris. — *Médaille d'argent.* — Exposition universelle.

1887, Le Havre. — *Diplôme d'honneur.* — Exposition maritime internationale.

1889, Paris. — *Deux médailles d'or.* — Exposition universelle.

1890. — *Prix d'Aboville.* — Société d'encouragement pour l'industrie nationale.

Avenir de la maison Teste

Bientôt, la maison **Teste** possédera une forge et aciérie à Lorette, dans le bassin de la Loire, par suite d'une entente intervenue avec les propriétaires actuels de cette forge; elle est, en outre, propriétaire, à Givors, près de Lyon, de deux hauts fourneaux actuellement éteints, la situation économique de cette région n'étant pas encore favorable à la remise en feu; cependant cette question va être incessamment reprise et mise à l'étude.

***

Telles sont les données principales que nous avons pu fournir à nos lecteurs sur une des premières de nos maisons françaises.

Sa caractéristique est d'avoir toujours grandi, toujours progressé, toujours prospéré depuis l'arrivée de M. **Teste** aux affaires, et nous voyons par ce qui précède que ce mouvement n'est pas fini.

Heureuses les maisons qui ont cette unité et cette continuité dans l'effort!

MACHINES

CONSTRUCTION

ÉLECTRICITÉ

BERNARD FRÈRES

Aluminium

PARIS — RUE ÉDOUARD DETAILLE — PARIS

MM. **Bernard** frères auront certainement une page dans l'histoire si mouvementée de l'aluminium.

En effet, on sait qu'après le long sommeil qui a suivi les découvertes de Sainte-Claire-Deville, il y a eu un réveil subit qui ne date guère que de trois ou quatre années.

Il est peut-être nécessaire de fixer le point d'histoire industrielle qui définit nettement le rôle de la France dans les développements de la métallurgie de l'aluminium, on verra la part qu'y ont prise MM. **Bernard** frères dont l'Exposition à Chicago à été très remarquée.

***

Comme pour toutes les choses nouvelles ou d'actualité, un grand nombre de chercheurs, depuis 1885, dirigeaient leur étude vers cette question, et, dans son ouvrage (*Aluminium*, fabrication, emploi, alliages, par Adolphe **Minet**. Bernard **Tignol**, éditeur), Adolphe **Minet** avait pu faire la description de 60 procédés tant électriques que chimiques !

De tous ces procédés, trois se sont maintenus et ont été l'objet d'applications industrielles importantes; ce sont ceux de **Hall**, **Héroult**, Adolphe **Minet** (**Bernard** frères) et se trouvaient représentés à l'Exposition de Chicago.

Chose intéressante à noter, bien que les principes sur lesquels étaient basées ces méthodes soient différents, leur application industrielle est presque identique.

On sait que dans chacun de ces procédés l'aluminium est produit par l'électrolyse.

Le bain sur lequel agira l'électricité est formé de fluorure double d'aluminium et de sodium mélangé à divers autres sels comme le fluorure de lithium (Hall), le chlorure de sodium (Minet) à l'état fondu.

L'alimentation qui s'opère au fur et à mesure de la formation de l'aluminium est constituée par un mélange d'alumine et de fluorure d'aluminium à l'état de sel simple ou de sel double.

Adolphe **Minet** qui a fait une étude très approfondie de son procédé, en même temps qu'il en développait l'application industrielle, démontre que lorsque le bain dont nous venons de donner la composition est traversé par un courant avec une tension suffisante, de tous les électrolytes qui se trouvent en présence c'est le fluorure d'aluminium qui est décomposé le premier. Et plus tard, lorsque la force électromotrice augmentera et que plusieurs électrolytes subiront une décomposition simultanée, le courant électrique agira en majeure partie sur le fluorure d'aluminium.

C'est ainsi que 70 parties du courant se porteront sur le fluorure d'aluminium et 30 parties sur les sels qui accompagnent ce dernier.

En fait, le rendement auquel atteint Adolphe **Minet**, est de 70 0/0. D'après la loi de Faraday, 1.000 ampères-heure doivent déposer 340 grammes d'aluminium. Adolphe **Minet**, avec la même quantité d'électricité, en dépose 240.

MM. **Hall** et **Héroult** ont admis dès le début une autre théorie. Ils supposent que l'alumine se dissout dans le bain et qu'elle est ensuite décomposée par le courant.

La théorie préconisée par Adolphe **Minet** nous paraît plus probante à moins que l'on n'admette notre nouvelle théorie partagée par M. **Ditte**, professeur de la faculté des sciences, sur la réduction directe de l'alumine par le charbon des cathodes dans les arcs voltaïques infinitésimaux; mais sans nous étendre davantage sur ces questions théoriques, nous constatons, très impartialement, que les applications industrielles se sont développées simultanément et ont acquis une importance à peu près égale.

Le procédé Hall, appliqué à Pittsburgh est, arrivé à une production journalière de 300 kilos; il prendra prochainement une grande extension; la compagnie qui l'exploite s'étant rendue aquéreur d'une partie des forces que développent les chutes du Niagara, pourra disposer de 6.000 chevaux.

Le procédé Héroult a été appliqué successivement à Schaffouse, en Suisse; à Froges, en France; une nouvelle usine vient d'être construite à La Praz (Savoie) où l'on disposera de 3.000 chevaux de force.

Les diverses applications industrielles auxquelles a donné lieu le procédé **Minet**, sont au nombre de trois.

La première a été faite à Paris, impasse du Moulin-Joli, elle a duré du mois de mars 1887 au mois de mars 1888; la seconde, installée à Creil, a fonctionné depuis le mois d'avril 1888 au mois d'octobre 1891.

La troisième et de beaucoup la plus importante, la seule du reste qui subsiste est celle de Saint-Michel-de-Maurienne (Savoie) où Adolphe **Minet** dispose de 3.000 chevaux en moyenne, fournis par une chute de la Valoirette, affluent de l'Arc.

Cette chute est de 133 mètres; on projette de la remplacer par une autre de 600 mètres sur le même torrent, ce qui mettrait à la disposition de M. **Minet** une force moyenne de 10.000 chevaux.

Jusqu'à ce jour on n'a utilisé qu'une très faible partie de cette force, 900 chevaux avec lesquels on a atteint une production de 800 kilos.

On voit, par cet aperçu, que la force motrice ne manque pas et que les ingénieurs qui ont déjà fait faire à l'aluminium de grands progrès ont un vaste champ d'étude devant eux.

L'importance de ce métal ne peut qu'augmenter. Sa valeur, qui s'est abaissée à 6 francs, descendra encore certainement. Déjà à volume égal il est meilleur marché que l'étain, qui vaut 2 fr. 60 et qui pèse trois fois plus que l'aluminium.

A 4 francs, sa valeur sera moindre à volume égal que celle du cuivre.

Il est donc destiné à remplacer en partie ces métaux.

La France, qui ne produit ni cuivre, ni étain, consomme annuellement 80.000 tonnes du premier et 6.000 tonnes du second de ces métaux.

On peut admettre que 12.000 tonnes de cuivre et 2.000 d'étain pourront être remplacées par 6.000 tonnes d'aluminium.

A raison d'une production de 20 tonnes par jour, cela nécessitera une force motrice de 60.000 chevaux.

Et je ne parle pas de la surproduction pour fournir l'étranger, car la France se trouve dans des conditions particulières pour produire plus économiquement que tous les autres pays, ni des autres applications dans lesquelles l'aluminium, à l'état laminé, pourrait remplacer l'acier. On construit déjà des bateaux en aluminium.

Ce métal s'applique aussi à l'affinage de l'acier; de ce fait, rien que pour la France, il en faudrait 600 tonnes an.

On a vu enfin dernièrement que le ministère de la guerre projette d'équiper le soldat pour tous les objets destinés à son usage personnel avec un fourniment en aluminium.

Nous sommes donc au début d'une véritable révolution métallurgique. Voilà pourquoi il était nécessaire, faisant la part des mérites de chacun de bien fixer l'étape actuelle de l'aluminium dont la production atteindra déjà, dans le monde, environ un million de kilogrammes par an en 1893.

***

MM. **Bernard** frères, les exposants de Chicago, avaient réuni dans une vitrine élégante, tout ce que l'on peut fabriquer en aluminium, depuis les objets les plus précieux, bijoux, lorgnettes, ornements dorés, fils, jusqu'aux lingots et laminés destinés à la grosse industrie. C'était l'exposition française la plus complète en ce genre. Moralement, MM. **Bernard** frères ont donc obtenu la plus haute récompense à Chicago.

L. BOUDREAUX

Balais pour dynamos. — Galvanoplastie typographique

8, RUE HAUTEFEUILLE, PARIS

M. **Boudreaux** est un chercheur et un oseur. Il avait sa place à l'Exposition américaine.

En effet, les balais feuilletés pour dynamos sont une des rares nouveautés de l'Exposition colombienne, si fertile en perfectionnements de toutes sortes.

Les connaisseurs — et les Américains le sont en électricité —

ont vite été découvrir les balais **Boudreaux** et les visiteurs ne leur ont pas manqué.

Les spécimens étaient là à portée de la main contre une cloison très simple.

Mais voyons ce que c'est que les balais feuilletés pour dynamos.

Ils sont composés de feuilles métalliques laminées à une aussi faible épaisseur que possible, plissées ou pliées et mises sous pression à la dimension des porte-balais.

Le métal employé, à base de cuivre, est très malléable et possède les qualités particulières des métaux dits « antifriction ».

Chaque millimètre de section contient près de 40 feuilles de 2 à 3 centièmes de millimètre d'épaisseur.

Il résulte de cette extrême division du métal une douceur de frottement qui réduit l'usure du collecteur au minimum, tout en assurant une grande durée aux balais.

Ils se présentent sous la forme d'une lame métallique à texture feuilletée, dont la masse est beaucoup plus homogène que celle des balais en fils ou en toile métallique. La surfaces de frottement, sans solution de continuité, polit le collecteur, tandis que le balai de fil, présentant une surface très divisée, l'entame et le détruit promptement.

A dimensions égales, le poids de ces nouveaux récepteurs de courants étant deux fois plus grand que celui des balais de toile, il s'ensuit que leur pouvoir conducteur est de beaucoup plus élevé : ce qui permet de remplacer les balais de fil ou de toile métalliques, par des balais feuilletés d'une épaisseur moitié moindre.

Outre le prix d'achat qui diminue d'autant, le frottement est réduit dans la même proportion, et, ce qui est plus important, la durée du court-circuit, ou contact entre deux lames du collecteur, par l'intermédiaire des balais, est diminuée de moitié.

Il en résulte un abaissement de température du collecteur correspondant à un rendement électrique plus élevé.

La seule condition du bon fonctionnement de ces balais est la remise à neuf du collecteur, s'il est abîmé par l'usage des balais de fil ou de toile métalliques, car il est important que le balai feuilleté prenne contact sur toute sa largeur.

La friction est tellement douce qu'on est assuré de conserver le collecteur en bon état pendant un temps indéfini.

Des essais faits dans les ateliers de M. **Boudreaux** et par diverses sociétés de construction de machines électriques, sur des dynamos marchant depuis 2 volts jusqu'à 3.000, ont prouvé la supériorité de ces balais sur tous les autres systèmes.

Indépendamment de tous les autres avantages, la conservation des collecteurs a trop d'importance, surtout pour le consommateur, pour que son attention ne soit pas mise en éveil par ce qui précède.

Le succès des balais **Boudreaux** est considérable en Europe, où depuis leur apparition, en décembre 1892, jusqu'à la fin de 1893 on en a déjà consommé plus de 20.000.

En Amérique, ce succès ne peut que grandir, car le nombre des dynamos y est infiniment plus grand qu'en Europe.

Clichés en nickel

M. **Boudreaux** a encore une autre spécialité, ce sont les clichés galvanoplastiques durs.

La dureté du nickel galvanique égalant celle de l'acier, il s'ensuit que les clichés fabriqués avec ce métal sont plus parfaits que les clichés de cuivre et que leur durée est beaucoup plus considérable. Ils sont très employés pour les impressions à grand nombre : titres de rente, obligations, actions, billets de banque, billets de loterie, livres classiques, ouvrages de luxe, la chromotypographie, la reproduction des photogravures.

Une remarque importante : Pour les clichés en cuivre nickelé, on dépose le nickel sur les clichés de cuivre, tandis que pour les clichés en nickel *le nickel est déposé directement sur l'empreinte*, et par sa dureté en conserve toutes les finesses.

***

Bref, nous avons été heureux de pouvoir montrer avec les balais **Boudreaux** que notre pays savait rechercher aussi les inventions qui augmentent les rendements électriques encore si défectueux.

BUZELIN FILS

AUX LILAS (SEINE)

Les Pompes à l'Exposition de Chicago

Pour le développement de l'agriculture, le matériel mécanique est devenu l'agent le plus important. Aussi pour l'agriculteur, n'est-il pas de la plus haute importance de se procurer le meilleur outil; le meilleur marché n'est pas toujours le préférable. Aussi combien voyons-nous de ces mauvaises machines, hors d'usage, entassées dans un coin de la ferme, qui n'ont donné qu'un mauvais travail, cela pendant peu de temps.

Loin de la capitale, même d'un grand centre, l'agriculteur qui possède une machine robuste, pouvant se démonter et remonter facilement, pour son entretien et la rechange de pièces usées s'il y a lieu, cela par le premier ouvrier venu, n'a-t-il pa là le meilleur outil.

Parmi le matériel de l'agriculture en général, les pompes tiennent une place importante. Elles rendent les plus grands services pour : l'élévation des eaux, les irrigations, la vidange des fosses à purin et autres, l'arrosage, et en viticulture, l'entonnage et le transvasement des vins, etc.

La maison **Buzelin** fils, aux Lilas (Seine), s'occupe depuis plusieurs années de la construction des pompes ; elle a tenu à présenter à l'Exposition de Chicago quelques-uns de ses nouveaux types perfectionnés, qui n'ont aucun rapport avec ceux qui ont paru jusqu'à ce jour.

Débutant au milieu de grandes maisons, elle s'est immédiatement créé une place respectable et a d'année en année augmenté d'importance, ce que l'on a pu reconnaître dans les concours régionaux agricoles de Paris et de province, qu'elle fréquente assidûment.

Les pompes présentées sont :

La pompe à purin de 9.000 litres à l'heure, qui est l'outil indispensable de la ferme, s'emploie également dans les tanneries, sucreries.

Cette pompe ne craint pas les engorgements. La visite de tous les organes : cylindre, piston, clapets, se fait intantanément sans être obligé de démonter les tuyaux. La visite des clapets qui sont des boules en caoutchouc, se fait en desserrant les deux volants qui fixent le couvercle sur la boîte à clapets. Le démontage du piston et du cylindre s'opère en desserrant les trois boulons à bascule du couvercle du cylindre. L'assemblage de ces organes : piston, cylindre et couvercle du cylindre, est tel qu'il est impossible à la personne, même la moins expérimentée, de ne pas les remonter parfaitement à leur place.

La petite pompe à chapelet, pour l'élévation de l'eau, a son emploi dans la petite exploitation, dans la maison bourgeoise où elle est en même temps un ornement. Les avantages des pompes à chapelet sont trop connus pour qu'il soit nécessaire de les rappeler. Disons cependant que la maison possède de nombreux modèles répondant aux divers besoins.

La petite pompe sur planche est bien le modèle nécessaire, dans les cuisines, laboratoires, etc., elle est en même temps un secours d'incendie. Cette pompe se démonte complètement, instantanément sans le secours d'aucun outil. Il suffit pour démonter, de desserrer les 2 volants des boulons à bascule, pour mettre aussitôt tout le mécanisme ; cylindre, piston, clapets à la vue.

Ce modèle de pompes, s'installe de différentes manières ; sur planche adossé au mur, ou sur un poteau, comme pompe fixe ; sur brouette ou sur tonneau pour l'arrosage des parcs et jardins : Sa force de projection est de 10 à 12 mètres verticalement et 16 mètres environ horizontalement.

La dernière pompe que nous avons sous les yeux est la pompe spéciale pour le transvasement des vins, cidres, bières, alcools etc. Cette pompe est à courant continu. La circulation du liquide y est régulière, non pas comme dans les pompes ordinaires où il reçoit des mouvements saccadés, d'où perte de force vive et rendement inférieur. Cette pompe est toujours prête à marcher même après être restée longtemps sans travailler. Le système de ses pistons permet de transvaser des liquides chauds jusqu'à 80 degrés de température, ce que ne peuvent faire les pompes munies de pistons en cuir qui se dessèchent ou se brûlent au contact des liquides.

Changement de direction du courant. — Cette pompe aspire et refoule dans les deux sens les liquides les plus chargés sans crainte d'engorgement. Pour mettre cette pompe en travail, il n'est point nécessaire de changer les tuyaux ou tourner la pompe à chaque instant, il suffit de placer l'aiguille du distributeur sur *Haut* ou sur *Bas* suivant que l'on aspire par le tuyau *Haut* ou par le tuyau *Bas*.

Siphon. — Cette pompe peut aussi dans divers cas, être employée comme siphon pour le transvasement des liquides. Une différence de niveau de 0 m. 30 à 0 m. 50 suffit pour son fonctionnement. Pour cela l'on place l'aiguille du distributeur sur *Haut* ou sur *Bas* suivant que le tuyau *Haut* ou le tuyau *Bas* se trouve dans le fût à vider. Quelques coups de piston suffisent pour amorcer et aussitôt l'écoulement se produit comme dans un siphon ordinaire. L'arrêt du siphon s'effectue instantanément en plaçant l'aiguille du distributeur sur *Fermé*. La vidange complète de la pompe se fait en desserrant une soupape placée dessous la pompe. Le démontage instantané des cylindres, pitons, s'opère sans qu'il soit nécessaire de démonter les tuyaux.

Ces pompes sont établies en plusieurs numéros, marchant à bras ou au moteur.

Telles sont en quelques lignes les pompes que nous présente la maison **Buzelin fils.**

BRÉHIER

Constructeur

50 ET 52, RUE DE L'OURCQ, PARIS

M. **Bréhier** est un constructeur spécialiste heureux dans le choix de ses modèles. On peut dire que son exposition est une des plus goûtées dans son genre au palais des machines.

Il expose d'abord un appareil très complet pour cuire, distiller et concentrer dans le vide et à l'air libre. C'est un système tout nouveau.

Cet appareil peut être installé pour fonctionner à volonté avec ou sans pompe à air ; cette disposition en permet l'emploi dans les petites installations où l'on ne dispose pas de force motrice ; en expulsant l'air au moyen d'un jet de vapeur au début de l'opération par le simple jeu d'un robinet, on obtient couramment un vide de 70 c/m.

Avec son mode de chauffage à bain-marie, la température peut y être réglée avec précision et maintenue aussi basse que l'exige le produit à traiter. Tandis que dans les appareils ordinaires on est obligé d'élever la température (ce qui est parfois une cause d'altération du produit) pour lutter contre le refroidissement produit par l'air ambiant sur le chapiteau, on utilise au contraire ici la forme surbaissée de la coupole pour la condensation immédiate des vapeurs formées qui ne peuvent retomber dans l'appareil. La partie centrale de la coupole, réservée d'ordinaire au

départ des vapeurs, restant libre, permet d'y établir, au besoin, un mélangeur.

Un laboratoire à vapeur complet, pour la fabrication des liqueurs, sirops, extraits et produits pharmaceutiques, attire également l'attention.

Les perfectionnements apportés dans la construction des laboratoires à vapeur consistent particulièrement dans la simplification de la tuyauterie et du montage qui permet de les installer en quelques heures et rend l'entretien presque nul.

Les entretoises de vidange sont en bronze et le serrage est obtenu par un seul écrou extérieur; il en est de même de l'entrée de vapeur qui porte un répartisseur intérieur.

L'alimentation de la chaudière par le retour en vase clos des vapeurs condensées dans les doubles fonds supprime totalement le tartre et permet de rester plusieurs jours sans mettre d'eau nouvelle au générateur. La chaudière verticale à tubes de circulation et vaporisation rapide est construite de façon à réduire l'entretien par la suppression des joints dispendieux à faire et nécessitant parfois des arrêts en plein travail. Les orifices nécessaires aux appareils de sûreté ne font que deux joints sur la chaudière et forment un groupe qui laisse en plus trois orifices de distribution.

Les laboratoires, spécialement disposés pour pharmacie, comportent, en outre, une étuve et un serpentin spécial à eau distillée.

M. **Bréhier** construit également des appareils pour l'épuisement du bois de teinture et la fabrication des extraits de tannin.

L'emploi des appareils en vase clos pour l'épuisement des bois de teinture donne un rendement plus élevé que le procédé primitif qui consiste à opérer par simple circulation dans une série de cuves ouvertes disposées en batterie. Le système à double effet permet l'épuisement complet des bois sans nécessiter, comme d'ordinaire, l'emploi de plusieurs appareils accouplés opérant successivement : il est employé surtout pour traiter les quinquinas et les bois de teinture qui demandent une ébullition répétée, le déchargement ne s'effectuant que lorsque le produit est entièrement épuisé.

Dans de récentes expériences, il a été apprécié pour l'extraction du tannin du bois de châtaignier; il peut même remplacer avantageusement les presses à tannée pour en retirer des jus renfermant encore une assez grande quantité de tannin et des déchets qui sèchent rapidement et brûlent très bien à la chaudière.

L'exposition est complétée par d'excellentes photographies, un colorateur à absinthe, un appareil pour la fonte des graines oléagineuses, des chauffages divers par la vapeur, etc.

Bref, c'est un tout complet et remarquable.

COMPAGNIE DE FIVES-LILLE

RUE CAUMARTIN, PARIS

La compagnie de Fives-Lilles ne peut s'absteuir de prendre part à un tournoi quelconque où l'art mécanique est en jeu, aussi est-elle largement représentée à Chicago, non par de nombreuses machines, mais par les études de ce qu'elle a fait dans le monde entier. Ce sont pour ainsi dire ses états de services industriels qu'elle expose.

Tout d'abord, dans la galerie des machines, nous voyons une série de plans. Ce sont d'abord les compresseurs d'air de la grande installation faite pour les mines de Jerez-Lanteira.

Vient ensuite une malterie pneumatique système **Galland** et une sucrerie pour le Khédive d'Égypte. Les appareils centrifuges du système **Hepworth**. Les puissants moulins à cannes, si connus et si répandus dans l'Amérique Centrale et du Sud. Voilà pour cette seconde spécialité si remarquable de la compagnie de Fives-Lille.

Les grands travaux publics et autres sont encore largement représentés ici. C'est d'abord une locomotive à grande vitesse pour trains de voyageurs, le fameux pont à soulèvement de la rue de Crimée, la machinerie des formes de radoub du port de Dunkerque, des machines élévatoires pour Barcelone, les fameuses grues à pivot tournant d'une puissance de levée de 180 tonnes pour les usines **Marrel**, aux Etaings, les plus puissantes qui existent, croyons-nous.

E. CHOUANARD

LES FORGES DE VULCAIN

Machines à scier les métaux. — Ramasse-monnaie

3, RUE SAINT-DENIS, PARIS

M. E. **Chouanard** est un industriel avisé qui n'a pas voulu exposer toutes les innombrables machines-outils qu'il fabrique, et qu'il fabrique bien, mais qui s'est contenté d'envoyer en Amérique deux appareils qu'il savait correspondre aux besoins du pays.

Nous voulons parler de sa machine à scier les métaux à froid. En voici la description :

Scierie circulaire pour scier les métaux à froid

La scierie circulaire pour métaux est indispensable à tout constructeur soucieux de travailler rapidement et avec précision.

Elle est employée : par les entrepreneurs de charpentes et de ponts, par les mécaniciens, les serruriers et l'industrie métallurgique en général.

Elle scie rapidement et sans aucune déformation sous n'importe quel angle : **les fers profilés** les plus variés, les tubes, les pièces de forge, etc.

Les scieries circulaires pour métaux fabriquées jusqu'à ce jour sont actionnées par vis sans fin ; le frottement énorme est le défaut capital de ce genre de commande qui, malgré un graissage abondant, absorbe une force importante transformée en chaleur et en usure rapide.

Si l'on compare deux machines exécutant le même travail dans des conditions identiques de fonctionnement, le système **Chouanard** absorbant 27 kilogrammètres, le système par vis sans fin en exigera 35.

Les essais pratiques indiquent donc l'abandon de la vis sans fin, et l'emploi du mode de commande Chouanard.

Le nouveau système de scierie circulaire pour métaux à froid se compose d'un bâti en forme de colonne, portant le mécanisme de commande.

Le mouvement se communique par un arbre vertical placé au centre de la colonne.

Le bras porte-lame est monté à charnière sur deux axes horizontaux, pour obtenir la course nécessaire à la scie ; cette course est réglée par une vis de butée, le bras peut être complètement relevé par un arrêt placé à la portée de la main.

Cette disposition spéciale permet d'obtenir le mouvement rotatif en tous sens du bras radial, tout en conservant l'oscillation dans les plans verticaux du bras porte-scie.

La table peut s'incliner à droite ou à gauche, et est rotative autour de la colonne ; ce double mouvement, joint aux deux mouvements composés du bras porte-lame, forme l'originalité de cette machine, facilite la fixation des pièces à travailler et permet de scier sous n'importe quel angle.

En résumé, voici les avantages de cette machine :

1° **La table tourne et s'incline** pour permettre de faire des coupes sous **un angle quelconque.**

2° **Le levier articulé qui porte la scie tourne autour du bâti,** afin de permettre de scier des pièces encombrantes qui ne **pourraient être placées sur la table.**

3° **La vis sans fin est supprimée,** pour éviter l'échauffement et l'usure par frottements exagérés.

Les dimensions principales sont :

Diamètre des lames	0m400 à 0m450
Epaisseur des lames	0m0035 à 0m0040
Dimension maxima à scier	0m300 × 0m100
Diamètre des poulies	0m330
Largeur de la courroie	0m060
Vitesse des poulies pour fer et acier doux	160 à 180 tours.
Force absorbée	25 à 30 kilogrammètres.
Poids de la machine	650 kilogram.
Prix de la machine seul	**850 fr.**
Lame de 400 millim. en plus	**40 fr.**

M. **Chouanard** a également exposé un ramasse-monnaie très ingénieux et qui devra avoir un vrai succès en Amérique.

Le Ramasse-Monnaie

Time es money (sans calembourg).

Telle est la devise du nouvel appareil.

Il permet de ramasser en une seconde, et sans aucun effort, la monnaie la plus complexe, même si l'on est embarrassé de paquets et ganté.

Le **ramasse-monnaie** se recommande aux maisons soucieuses de plaire à leur clientèle, tout en rendant plus rapide le service de leur caisse.

Le prix n'est que de **30 fr.** emballé, et la fabrication en est irréprochable.

MM. **Chouanard** se chargent du montage de leurs appareils sur les caisses de toutes formes.

Le **ramasse-monnaie** se place également sur des bureaux ou caisses sans montage spécial.

***

Telles sont les deux cartes de visites que le jeune maître de forges a adressées à Chicago.

Historique de la Maison Chouanard

L'historique de la grande maison de la rue Saint-Denis tient un peu du roman. qu'on en juge : En 1807 un modeste marchand de vins, **Perrot Bavoil**, établi sur l'emplacement du tribunal de commerce actuel, vendait en même temps que son vin des tiers-points à ses clients charpentiers. La maison prospéra et son successeur **Youf** fit avec succès la petite quincaillerie. — Puis **M. Chouanard** père vint et illustrer la vieille enseigne du père **Bavoil** : Aux forges de Vulcain, en en faisant un établissement de premier ordre.

Aujourd'hui depuis 1890 c'est M. **Chouanard** fils qui à succédé à son père. La maison est conduite par lui avec une *maëstria* reconnue. Il est ingénieur, et ingénieur de la meilleure origine, pour son industrie, il est en effet élève de l'école des Arts et Métiers. Son frère le seconde.

Bref, c'est une des plus grandes maisons de Paris.

On le voit, le père **Perrot Bavoil** est loin.

COMPAGNIE DES DOCKS ET ENTREPOTS
DE MARSEILLE

La Compagnie des Docks et Entrepôts de Marseille a exposé, à Chicago, aux Comités 36 (Travaux publics) et 37 (Economie sociale).

A la section des Travaux publics son envoi comprenait :

I. — Un grand plan d'ensemble des ports de Marseille, où étaient figurés en couleur les établissements de la Compagnie : 1° la concession du Dock-Entrepôt, d'une surface de 211.048 m. q., constituée par les quais entourant les bassins du Lazaret et d'Arenc et les môles enracinés à ces quais ; 2° la concession des bassins de radoub, consistant en 6 formes de 181 m. à 90 m. de long, permettant la réparation à sec de navires de toutes dimensions, et deux machineries d'une puissance, l'une de 600 chevaux, l'autre de 750 pour l'épuisement rapide des formes ; 3° un domaine privé dont 56.927 m. q. de terrains en bordure sur les quais constituent la principale valeur et où a été édifié notamment le Grand Entrepôt de la Compagnie, couvrant une superficie de 13.515 m. q. et offrant, grâce à ses six étages desservis par des élévateurs, une surface de planchers de 76.000 m. q.

II. *a.* — Des graphiques du mouvement comparé du port de Marseille tout entier et du Dock, de 1882 à 1891, desquels il ressort que la Compagnie a fait face à un trafic d'un tonnage supérieur aux deux cinquièmes du tonnage total du port et a manutentionné, grâce à son outillage perfectionné, environ 650 tonnes par mètre courant de quai pour 450 tonnes manutentionnées en moyenne sur les autres quais du port.

b. — Des vues photographiques de quelques bâtiments et engins : Hôtel de la Direction, grand Entrepôt, pont d'Arenc (pont tournant hydraulique de 95 m. volée 59 m., culasse 36 m., poids 1.300 tonnes), élévateur flottant, grue mobile à plaque tournante, etc...

III. Plans et coupes de diverses constructions : magasins, hangars, etc.

Quelques chiffres feront apercevoir l'importance des Docks et Entrepôts de Marseille et les services qu'ils rendent au commerce.

Tonnage moyen annuel des marchandises manutentionnées dans les établissements de la Compagnie (période considérée : 1888 à 1892) :

Débarquements et embarquements...	1.828.646	tonnes.
Mises en magasin........................	258.301	—
Sorties de magasin........................	257.705	—
Expéditions par chemins de fer.......	533.414	—
Arrivages —	217.608	—

Les instruments de radoub reçoivent annuellement en moyenne 542 navires jaugeant 705.830 tonneaux.

Personnel. — Fonctionnaires et agents de la Compagnie : 480.
Ouvriers employés directement par la Compagnie : 175.

Ouvriers employés par les entrepreneurs de la Compagnie pour la manutention des marchandises : 2.000 en moyenne.

A la section d'Économie sociale, un grand tableau faisait connaître les institutions créées par la Compagnie en faveur de son personnel.

I. — Réserve spéciale pour la constitution des pensions de retraite instituée en 1885, alimentée par une première mise de 120.000 fr., don de la Compagnie, par une retenue de 4 0/0 sur les traitements et par une subvention de la Compagnie égale à la retenue.

Au 1er janvier 1893, 583 agents étaient admis aux versements, les pensions existantes s'élevaient au chiffre de 49, pour une somme de 33.660 fr. et l'avoir de la réserve atteignait 611.292 fr. 16.

II. — Une caisse de prêts et de secours pour venir en aide aux agents de la Compagnie.

III. — Un magasin d'alimentation pour la vente aux agents de la Compagnie en activité et en retraite et aux ouvriers de ses entrepreneurs de manutention de denrées alimentaires de premier choix qu'elle cède au prix coûtant en gardant à sa charge tous les frais du fonctionnement de ce service.

Tel est l'ensemble vraiment imposant et peut-être un peu ignoré des Français que représente la Compagnie des docks et entrepôts de Marseille. Il était bon que la grande Compagnie française fît la démonstration de sa puissance à l'étranger et cela ne lui nuira pas, loin de là, dans notre pays.

ANCIENS ÉTABLISSEMENTS CAIL

BOULEVARD DE GRENELLE, PARIS

On a pu lire quelque part dans un journal suisse, rendant compte de l'exposition française à Chicago, que la Compagnie de Fives-Lille avait installé une presse monétaire frappant des médailles commémoratives de l'exposition colombienne.

Il y a dans ces quelques lignes deux erreurs à signaler. D'abord ce n'est pas la Compagnie de Fives-Lille, mais bien la Société des anciens établissements Cail qui construit les presses monétaires système Thonnelier ; la seconde, c'est que cette presse ne figure à Chicago qu'en photographie. La frappe des médailles commémoratives est donc bien imaginaire.

L'erreur du journaliste suisse s'explique cependant. Dans le catalogue officiel figure en effet la presse en question qui devait frapper devant le public des médailles destinées à être vendues sur place ; mais lorsque le Comité des voies et moyens eut enfin fait connaître les conditions auxquelles l'administration autorisait la fabrication et la vente des médailles, les anciens établissements Cail d'accord en cela avec le commissariat général français, trouvant ces conditions par trop léonines, jugèrent bon de ne pas accepter le traité proposé et retirèrent leur demande de fabrication et de vente de médailles; l'insertion était faite au catalogue et elle y resta malgré tout.

La Société des anciens établissements Cail est représentée à la *World's Columbian exposition* par une série de photographies des machines et appareils de sa fabrication ainsi que par celles des ponts et ouvrages métalliques de sa construction. Ces photographies, au nombre de plus de 150 sont réparties tant dans le palais des machines que dans celui des transports.

Ces photographies suffisent cependant pour se rendre compte de l'importance des usines Cail, dont le nom est connu d'ailleurs dans le monde entier, et particulièrement en Amérique par les fabricants de sucre de cannes. C'est en effet à ces établissements qu'on doit l'introduction à la Havane, aux Antilles, etc., etc., des appareils d'extraction du sucre par les mêmes appareils que ceux qui avaient été créés en France pour les sucreries de betteraves; c'est encore de ces établissements qu'est sortie l'installation des usines centrales qui, en concentrant la fabrication dans des usines sucrières de tout le matériel nécessaire, ont permis un meilleur rendement en sucre et créé par là une source de richesse favorable à la culture de la canne sur de grands espaces que la fabrication primitive ne permettait pas de mettre en valeur. Un tableau de très grandes dimensions donne le détail par pays des sucreries de cannes ainsi installées dans le Nouveau-Monde.

Un tableau semblable donne à côté le détail des sucreries indigènes également montées et installées par les usines Cail, et fait voir que, dans cette industrie du sucre de betteraves, ces usines ne se sont laissé dépasser par aucun autre constructeur.

La sucrerie et la distillerie sont les deux industries qui ont donné naissance à la maison Cail, qui en créant de toutes pièces le matériel de fabrication, a porté au plus haut point la réputation du nom de Cail dans toutes les parties du globe. C'est de cette maison que sont sortis les moulins à cannes, les presses, les râpes à betteraves, les appareils à triple effet, les chaudières à cuire dans le vide, etc., etc.

Peu après sa création, afin de suivre de près les développements de l'industrie en général et de satisfaire aux besoins nouveaux, la maison Cail s'appliquant à adopter les progrès reconnus et s'ingéniant à les perfectionner encore, a entrepris la construction des machines et chaudières à vapeur, des locomotives et autres engins industriels.

Dès 1845, c'est-à-dire à l'origine des chemins de fer en France, les ateliers de Grenelle livrent à la Compagnie du Nord des locomotives du type **Clapeyron**; en 1849, à cette même Compagnie, des locomotives **Crampton**, dont un certain nombre sont encore en service; l'une d'elles figurait à l'Exposition universelle de Paris de 1889, après un parcours de 1.101.425 kilomètres, ayant encore sa chaudière d'origine et les principales parties du mécanisme.

Depuis cette époque, la construction des locomotives a pris dans les établissements Cail un développement tel que ces machines ont été livrées pour toutes les lignes françaises : Nord, Orléans, Est, Ouest, Lyon, Midi et pour les chemins de fer russes, italiens, espagnols, voire même pour les lignes américaines de Neverl et Porto-Rico. Indépendamment des grandes lignes, la maison Cail a également fourni des machines de tous poids et de toutes puissances pour les chemins industriels et d'intérêt local, depuis la petite locomotive de 1.500 kilos jusqu'à la machine de 12 roues couplées, système **Meyer**, du poids de 44 tonnes qui fonctionne sur les lignes de l'Hérault.

En ce moment, l'usine de Grenelle construit pour la Compagnie de Paris-Lyon-Méditerranée des locomotives à 4 cylindres Compound du poids de plus de 50 tonnes à vide, non compris le tender.

En outre des locomotives, la Société Cail établit aussi les accessoire de voie, pont de service, chariots roulants, plaques tournantes, ponts tournants à vapeur, grues, débarcadères à vapeur, etc.

Les anciens établissements Cail se sont rendus concessionnaires de la construction des locomotives à crémaillère, système **Abt**, pour les chemins de fer de montagne: dans les photographies exposées, on peut voir un spécimen de ces machines gravissant la rampe d'essai installée dans une dépendance de ces établissements. La machine qui y figure est destinée au chemin de fer de Diacophto à Kalavryta (Grèce); d'autres analogues sont en service au chemin de fer du Montserrat (Espagne), etc.

Dans l'établissement des chemins de fer et des routes, les ponts métalliques jouent maintenant un grand rôle; la maison Cail construit de ces ponts non seulement en France mais aussi en Espagne, en Russie, en Suisse, en Hongrie, au Venezuela, etc. etc. En France on peut citer comme ouvrages importants le pont de la place de l'Europe, les viaducs de la Cère et de la Creuse, ceux de la Bonble et du Bellon, les ponts sur la Loire à Blois, Thouaré, Mauves, Nantes, Saumur; sur la Seine, les ponts de Grenelle, Passy, Arcole et celui de Juvisy actuellement en construction. En Espagne, le pont de Palma del Rio, les ponts des lignes d'Albacète à Cartagène, de Cordoue, à Séville. En Portugal, le grand pont-aquéduc de Santo Thyrso, les viaducs de Palla, Quebrada, Sermanha, etc. En Hollande, les deux ponts de Rotterdam. En Hongrie, le pont de Pesth, sur le Danube, en quatre travées droites de 100 mètres chacune. En Russie, les ponts de la ligne de Nijni-Novogorod. En Suisse, le pont de Stein, etc., etc.

Comme constructions métalliques se rapprochant des ponts, on trouve encore à l'actif de la Société des wharfs métalliques en Grèce, au Venezuela, au Sénégal, en Chine, etc.

Comme charpentes, partie des bâtiments des Expositions de Paris en 1867, 1878, le pavillon mexicain et la moitié de la grande halle des machines de 1889; les coupoles tournantes des observatoires de Meudon, de Santiago du Chili, de San-Fernando de Cadix, de Buenos-Ayres, de Rio-de-Janeiro, etc.

Un appareil important est l'ascenseur hydraulique des Fontinettes construit par les usines Cail. Cet ascenseur, situé sur le canal de Neuffossé, remplace une échelle de cinq écluses superposées; il est composé de deux sas mobiles dont l'un est en haut de sa course lorsque l'autre est en bas, au niveau du canal inférieur. Ces sas montés sur les têtes de deux pistons hydrauliques, suivent les mouvements de ces pistons et permettent aux bateaux contenus dans lesdits sas de franchir en quelques minutes la hauteur de plus de 13 mètres qui sépare le bief supérieur du bief inférieur. Des photographies exposées montrent l'ensemble du système.

Parallèlement aux machines et appareils dont il est question ci-dessus, la Société des anciens établissements Cail a depuis 1882, ajouté à ses fabrications, celle du matériel de guerre. Sous la direction du colonel de Bange elle a entrepris la construction des canons du système adopté par l'artillerie française, système connu sous le nom d'artillerie de Bange.

Des batteries de campagne et de montagne ont été livrées au Mexique, à la Serbie, à la Suède, aux républiques de Costa-Rica, San-Salvador, Guatémala et des canons de siège au Danemark et au Brésil.

Nous ne rappellerons pas les polémiques qui se sont produites avec tant de vivacité lors des essais de Belgrade, essais dans lesquels la supériorité du système de Bange a été reconnue sur ses concurrents Krupp et Armstrong; disons seulement que le matériel d'artillerie construit par les anciens établissements Cail se perfectionne tous les jours comme celui de ses concurrents et que sous l'impulsion et la direction du colonel de Bange lui-même de nombreux perfectionnements ont été récemment brevetés au nom de de Bange et Piffard. Grâce à ces perfectionnements qui portent sur la suppression du recul et la vitesse du tir, l'artillerie nouvelle peut lutter sans crainte avec l'artillerie allemande.

A. DOMANGE

(Ancienne Maison Scellos de Paris)

75, BOULEVARD VOLTAIRE

Les courroies en cuir

L'exposition de M. A. Domange est intéressante à divers points de vue.

C'est d'abord une des premières maisons françaises, ensuite elle inspire partout, pour les produits qu'elle fournit, une confiance absolue provenant certainement de la qualité des produits employés.

A l'Exposition, elle nous montre des courroies cousues de différentes dimensions, des courroies doubles collées, des cuirs emboutis pour pompes, des courroies doubles vissées, des simples collées, des courroies à talons cousus, des lanières d'une résistance de 4 kilos, des attaches **Scellos** brevetées, des courroies **Galle**, système **Scellos**; des lanières **Scellos** d'une résistance de 4 kilos par millimètre, des attaches **Scellos** à broche.

Sur une table on peut voir également une courroie double collée et cousue de grande dimension, une courroie double et une courroie homogène de grande dimension.

Un mot d'explication sur ces différentes appellations : homogènes, double, etc., est nécessaire.

La maison E. **Scellos** est ancienne ; ses produits sont universellement connus et appréciés. Son chiffre d'affaires, qui dépasse

4,000,000, prouve son importance. Nous avons constaté par nous-même, en visitant ses ateliers, son organisation intelligente, son installation très étendue, son outillage considérable et ses procédés de fabrication remarquables. Nous avons été frappés du choix particulier des cuirs, tous de première qualité et préparés dans ses tanneries et corroieries, exclusivement pour la confection des courroies de transmission.

La maison **Domange** possède à Sens une tannerie des plus importantes. Tous les cuirs qui y sont travaillés proviennent des abattoirs de Paris. Le tannage en est fait exclusivement au moyen de l'écorce de chêne et sans la moindre adjonction d'extrait. Ce procédé de préparation donne au cuir des qualités avantageusee que savent apprécier les principaux manufacturiers, ainsi qus les administrations de l'Etat et les arsenaux, qui exigent dans leurs cahiers des charges que les cuirs qui doivent leur être fournis soient de première qualité et tannés à l'écorce de chêne.

Ces cuirs restent tous de 24 à 26 mois dans les fosses de tannerie.

De la tannerie de Sens, les cuirs sont expédiés à Paris par un service régulier de bateau, ils sont ensuite transportés à l'usine du boulevard Voltaire, où ils sont corroyés.

C'est là que se fabrique également la courroie proprement dite. Des machines mues par la vapeur découpent les croupons en bandes de différentes largeurs, d'une épaisseur régulière et rigoureusement uniforme; ces bandes sont triées, choisies et apprêtées avec soin. Les parties creuses de la peau sont éliminées afin de donner aux courroies une force de résistance égale dans toutes leurs parties. On obtient ce résultat en limitant à 1 m. 50 environ la longueur des bandes à employer.

La courroie étant apprêtée est jonctionnée, soit à la main, soit à la machine; elle passe ensuite au vissage, à la couture ou au collage. On se sert, pour le collage, d'une puissante presse hydraulique dont les plateaux, chauffés à la vapeur, compriment les parties collées entre elles et leur donnent la cohésion nécessaire pour la solidité qu'exigent les machines à grande vitesse.

La courroie ainsi terminée est soumise à l'action de tendeurs mécaniques d'une grande puissance. Ces tendeurs, munis d'une vis sans fin, et à marche très lente, donnent sans secousse un allongement régulier et approprié à la force de résistance des courroies.

Ces tendeurs nouveaux remplacent avec avantage l'ancien système qui consistait à fixer la courroie sur les deux poulies et à l'amener au moyen d'un levier, ce qui énervait le cuir, l'allongement étant trop brusque. Le tendeur nouveau supprime aussi un grave inconvénient de l'ancien système: le resserrage plusieurs fois répété des courroies de commandes ou autres, opération qui occasionnait toujours, dans les manufactures, des temps d'arrêt préjudiciables.

Nous tenons à mentionner un genre de courroie tout particulier que nous avons remarqué dans les ateliers de M. **Domange**. Cette courroie, dite homogène, est composée d'une infinité de bandes de 20 millimètres environ de largeur, mises sur champ, les unes à côté des autres, et réunies transversalement au moyen d'un cordeau câblé, fortement poissé. Nous avons pu apprécier la marche régulière et rectiligne de ces courroies homogènes à l'École Centrale et aux magasins du Printemps, du Bon Marché, où des applications en ont été faites.

Nous signalons particulièrement ce genre de courroies aux manufacturiers et aux constructeurs qui cherchent un moyen de transmission autre que le câble ou l'engrenage.

En terminant, il est utile de faire remarquer qu'en raison des approvisionnements réservés dans les magasins, la maison **Domange** est en mesure de répondre immédiatement aux demandes de courroies qui lui seront adressées, quels que soient le genre et l'importance de la commande.

L'ancienne maison **Scellos** est assez connue et appréciée dans l'industrie pour que nous croyions utile de recommander ses produits. Nous la connaissons depuis assez longtemps pour savoir que sa fabrication a toujours été très recherchée. Nous avons donc cru être agréables à nos lecteurs en leur communiquant les détails que M. **Domange** a eu l'obligeance de nous donner sur cette intéressante industrie de la fabrication des courroies.

DARBLAY PÈRE ET FILS

Machines à papier

C'est avec un vif sentiment de fierté nationale que nous retrouvons, à l'Exposition de Chicago, le nom de MM. **Darblay** père et fils, les propriétaires des grands établissements de papeterie d'Essonnes. — Ces messieurs ont exposé des spécimens de leurs différentes fabrications : bobines de papier pour journaux et pour tentures, rames de papier d'impression et de papier à écrire, roulettes télégraphiques, pâtes de paille et de cellulose écrues et blanchies, et enfin un plan en relief du principal groupe des usines d'Essones qui donne une idée des proportions colossales de ces établissements où plus de 2,500 ouvriers, 21 machines à papier de grandes dimensions, livrent chaque jour à la consommation française plus de cent mille kilos de papier.

Cette production, qui n'est guère égalée nulle part, est produite avec 1,000 chevaux hydrauliques, 6,750 à vapeur, 85 chaudières produisant 10,680 chevaux, 2,578 ouvriers. Il y a 120,326 mètres carrés couverts et 21 kilomètres de chemin de fer.

Tout cela se passe de commentaires.

Les papeteries d'Essonnes ne se contentent pas de fabriquer les pâtes nécessaires à leurs besoins : pâte de paille, pâte d'alfa, pâte de chiffon, pâtes de bois mécanique et chimique, elles construisent elles-mêmes leurs machines à vapeur et leurs machines à papier.

Ceux des visiteurs de l'Exposition de Chicago qui sont venus à notre Exposition internationale de 1889 se souviennent encore de la machine à papier de MM. **Darblay** père et fils qui fonctionnait dans la grande galerie des machines.

Cette machine à papier ainsi que sa machine à vapeur sortaient des ateliers des papeteries d'Essonnes.

Un grand prix fut la récompense de cette remarquable manifestation industrielle.

A Chicago, MM. **Darblay** père et fils ont envoyé fort intelligemment les objets qui pouvaient le mieux s'approprier à la consommation américaine. Mais ils ont surtout obéi à ce sentiment de devoir national qui les entraîne toutes les fois qu'il y a, dans leur industrie, à mettre drapeau au vent et à faire les frais de cette manifestation patriotique. On ne peut que remercier MM. **Darblay** père et fils de cette satisfaction donnée à notre pays, car ils sont les seuls à Chicago pour représenter l'industrie du papier, et tout le monde est d'avis que cela suffit.

DECOUFLÉ

Machine à cigarettes

PARIS — 6 ET 8, RUE ROGER, 6 ET 8 — PARIS

Un jour, un de mes amis, un Français, le plus grand fabricant de cigarettes de l'Amérique centrale, M. **Puglhet**, de Mexico, vint à l'Exposition de 1889 pour acheter quelques machines à fabriquer les cigarettes sans colle.

Il possédait d'énormes machines américaines qui passaient pour des merveilles d'ingéniosité et défiant de nous-mêmes, comme le sont tous les Français, il était disposé à croire qu'il possédait le *nec plus ultra* du genre.

Quand il vit la petite machine **Decouflé**, vraie fée d'acier prenant le tabac, le roulant, coupant le petit rouleau à la longueur voulue, l'introduisant délicatement ensuite dans le fourreau de papier (aux bords réunis par un fin gaufrage), puis rejettant la cigarette toute faite en un clin d'œil jusqu'à un petit magasin où elle s'entasse; quand il vit ce petit chef-d'œuvre de précison tenant dans un mètre carré et fabricant 25.000 cigarettes par 10 heures, M. **Puglhet** comprit qu'il n'avait encore jamais eu jusqu'à ce jour de machines à faire des cigarettes vraiment dignes de ce nom. Il acheta d'un bloc vingt machines **Decouflé** et les transporta à Mexico où elles furent mises en fonctions dans les trois mois.

Trois mois après il achetait encore vingt autres machines. Et ces quarante fées travaillent aujourd'hui avec un léger murmure de filature dans une des plus jolies fabriques du monde.

Nous avons revu à l'Exposition de Chicago la petite machine **Decouflé**, plus finie et plus coquette que jamais et nous avons pensé que c'était une victoire pour nous de voir ce petit mécanisme français triomphant dans sa délicatesse au milieu des énormes conceptions mécaniques du genre américain.

Les différents organes de cette machine sont faciles à énumérer. Les voici :

A. Bobine de papier sans fin.
B. Timbreur de la cigarette.
C. Broche servant à former le tube.
D. Cylindre molleté pour l'emmenage du tube.
E. Descente des tubes.
F. Arrivée du tube pour l'emplissage.
G. Appareil remplissant le tube en le poussant sur l'entonnoir.
H. Chute conduisant la cigarette dans le coffret K.
I. Distributeur automatique préparant et conduisant la quantité de tabac nécessaire à la formation de la cigarette.
J. Boite servant à déposer le tabac pour l'alimentation du distributeur automatique.
K. Coffret servant à emmagasiner les cigarettes par quantités de mille.
L. Levier de débrayage servant à mettre en marche et à arrêter la machine.
M. Chariot vertical de distribution.

Un peu plus loin, comme complément, il y avait l'exposition de la maison **Abadie** qui fournit les fines bobines de papier à cigarettes contenant des kilomètres de papier taillé juste à la dimension nécessaire aux machines **Decouflé**, c'est-à-dire donnant le minimum de largeur indispensable pour faire un tube en papier, simplement soudé suivant une génératrice, par un fin gaufrage à sec d'un millimètre de largeur.

C'est donc avec la cigarette **Decouflé** que l'on fume le moins de cellulose possible et pas de colle du tout.

Ainsi s'explique le succès très vif et très persistant de ces machines si artistiques, pourrait-on presque dire, et si françaises par leur élégance et leur précision.

DESROZIERS

Electricien

PARIS. — 74, RUE CONDORCET 74. — PARIS

Nous sommes là en présence d'un initiateur, d'un oseur, qui depuis près de dix ans se consacre presque exclusivement à la machine électrique, à la dynamo.

Sa place était marquée à Chicago et elle l'a été supérieurement. Mais avant de décrire l'Exposition, disons un mot des principes mêmes sur lesquels s'appuie **M. Desroziers** pour la construction de ses machines.

Le but de l'invention est la construction d'une armature pour les machines dynamo-électriques multipolaires, soit en forme de disque, soit en forme de tambour.

L'invention en elle-même consiste en :

1° Une armature composée de deux parties coaxiales, semblables de forme, ayant leurs parties contiguës parallèles l'une à l'autre, ces deux parties coaxiales étant munies d'éléments semblables disposés et classés symétriquement et formées de conducteurs courts qui ne s'entrecoupent pas, les conducteurs d'une de ces parties étant placés côte à côte avec ceux de l'autre partie, les extrémités de chacun de ces conducteurs ou des éléments de chacune de ces parties étant respectivement réunies aux extrémités d'un élément précédent et d'un élément suivant placé sur l'autre de ces parties de façon à former un circuit continu.

2° Une armature formée de deux demi-armatures disques juxtaposées, chacune des deux demi-armatures disques étant constituée par trois couronnes, l'une extérieure, la seconde intermédiaire, et la troisième intérieure, et munies, sur l'une des surfaces communes des trois couronnes, de conducteurs courts allant de la couronne extérieure à la couronne intérieure et placés l'un à côté de l'autre en groupes occupant par conséquent une certaine largeur et mettant en communication d'autres conducteurs placés en formes d'anneau ou cercle, sur l'autre surface commune aux trois couronnes, mais seulement sur les parties de cette surface qui appartiennent aux couronnes intérieures et extérieures, l'ensemble formé par ces groupes de conducteurs courts ainsi réunis formant des éléments semblables symétriquement disposés et ne s'entrecoupant pas, laissant libre sur un côté ou face, chaque couronne intermédiaire, qui peut être enlevée après l'enroulement des éléments, et les extrémités de chaque élément ci-dessus mentionné d'un disque étant réunies aux extrémités d'un élément précédent et d'un élément suivant placés sur l'autre demi-armature disque de façon à former un circuit continu comme ci-dessus décrit.

3° Une armature disque formée de deux armatures disques montées sur un seul disque formé de trois couronnes, l'une extérieure, la seconde intermédiaire, et la troisième intérieure, chaque demi-armature étant formée de conducteurs courts allant de la couronne extérieure à la couronne intérieure, disposés l'un à côté de l'autre en groupes sur une des surfaces communes aux trois anneaux, lesdits groupes appartenant alternativement à une demi-armature et ensuite à l'autre demi-armature, les groupes de même parité, c'est-à-dire de la même demi-armature, n'occupant qu'une partie de la largeur disponible, les groupes de l'autre parité, c'est-à-dire de l'autre demi-armature, occupant une fraction analogue de la largeur disponible, les conducteurs courts qui forment ces groupes juxtaposés mettant en communication d'autres conducteurs placés en forme d'anneaux ou cercles sur l'autre surface commune aux trois couronnes, mais seulement sur les parties de cette surface qui appartiennent aux couronnes extérieures et intérieures et l'ensemble de chaque groupe de conducteurs courts ainsi réunis formant des éléments semblables symétriquement arrangés et ne s'entrecoupant pas, laissant libre sur un côté ou face la couronne intermédiaire, qui peut être enlevée après l'enroulement des éléments, les extrémités de chaque élément ci-dessus mentionné de même parité, c'est-à-dire de la même demi-armature, étant réunies aux extrémités d'un élément et d'un élément précédent suivant de l'autre parité, c'est-à-dire de l'autre demi-armature, de façon à former un circuit continu comme ci-dessus décrit.

Description de l'exposition

Maintenant décrivons la trèsbelle Exposition de **M. Desroziers** dans la section française d'électricité.

Il y a d'abord une dynamo type multipolaire intensive donnant pour :

150 révolutions	335 volts	275 ampères
215 —	500 —	320 —
300 —	730 —	350 —

M. Desroziers nous montre ensuite le plan des remarquables, nous allions dire mémorables, installations qu'il a faites à la station des Filles-Dieu à Paris pour laquelle il a construit 4 dynamos M $\frac{1.410}{250}$ donnant 100.000 watts à 160 révolutions. — A la station de la Villette 2 dynamos, mêmes données. — A la station du boulevard Richard-Lenoir, pour la Société de l'air comprimé, 8 dynamos, mêmes données. — A la station de la rue de Bondy, pour la Société de transport de la force par l'électricité, quatre dynamos T $\frac{1.370}{285}$ donnant 100.000 watts à 225 révolutions.

Citons encore des dynamos à six pôles donnant 55.000 watts à 600 révolutions ou 180.000 watts à 225 révolutions ou 250.000 à 320 révolutions.

D'autres dynamos $\frac{1.600}{220}$ à dix pôles donnant 180.000 watts à 150 révolutions et 370.000 watts à 250 révolutions.

On le voit, ces résultats sont tout simplement superbes.

Disons enfin que c'est **M. Desroziers** qui a fait les dynamos du grand navire *la Touraine*, de la Compagnie transatlantique, 3 dynamos M $\frac{550}{200}$ 22.000 watts à 350 tours; sans compter bien d'autres installations pour moteurs à vapeur et gaz, une dynamo **Desroziers** pour installations, type Crossley, 6 chevaux et 250 révolutions.

Le grand type Breguet 100.000 watts et 100 révolutions est de **M. Desroziers.**

Une steam dynamo, type marine, donne 35 000 watts à 500 révolutions. — Autre steam dynamo, type marine, 22.000 watts et 360 révolutions; une autre 35.000 watts et 300 tours; une autre M $\frac{550}{200}$ à 22.000 watts et 350 révolutions.

On le voit, le génie de **M. Desroziers** s'est exercé presque exclusivement sur la machine électrique. Il a cependant exposé le plan d'un pont électrique, d'une locomotive type **Desroziers** qui est en construction à Fives-Lille.

L'attrait historique consistait, après avoir constaté tous les succès de **M. Desroziers** dans ses installations, à voir la première dynamos construite par lui qui témoignait par sa présence et de l'originalité d'invention de son auteur et des perfectionnements apportés successivement à son œuvre.

La dynamo **Desroziers** a été, pour les Américains connaisseurs, presque une révélation. Elle a mérité une grande récompense à Chicago, de l'aveu de tous les gens compétents.

DESCHAMPS FRÈRES

Outremers et bleus égyptiens

VIEUX-JEAND'HEURS, PAR ROBERT-ESPAGNE (MEUSE)

ET A MOSCOU (RUSSIE)

MM. **Deschamps** frères appartiennent à cette génération d'industriels patriotes qui ne séparent jamais la France de leurs intérêts professionnels.

Ils ont exposé à Chicago par pur patriotisme.

Ils ont réussi au delà de leur espérance et leur exposition a été très remarquée.

Tous les outremers étaient représentés dans leur remarquable vitrine depuis les bleus profonds que tout le monde connait, jusqu'aux violets, aux rouges et aux verts d'outremer.

On sait que cette industrie de l'outremer est vraiment une industrie française et intéressant surtout l'industrie minérale. Chacun se souvient en effet que ce produit est obtenu en prenant pour base la combinaison naturelle de silice et d'alumine, le kaolin et en alliant ce corps par des opérations délicates, à la soude et au soufre ou au sulfure de sodium selon les hypothèses.

C'est par une série de tours de main que l'outremer blanc, la véritable matière première, est alliée à l'alcali et au soufre par la voie sèche et chaque fabricant rivalise pour cela d'ingéniosité, la coloration de l'outremer final, sa beauté et sa profondeur en dépendant ainsi que sa forme et sa régularité moléculaire.

MM. **Deschamps** sont passés maîtres dans cette série de manipulations. Il faut leur rendre cet hommage. En effet jusqu'en 1852, aucun outremer ne possédait une résistance suffisante qui permit de l'employer en papeterie sans avoir à redouter l'action destructive de l'alun employé pour le collage du papier.

A cette époque, pour faire du papier azuré, il n'y avait d'autre alternative que de ne pas bien coller son papier en évitant d'employer suffisamment d'alun.

Pour arriver à cette résistance qui rend la fabrication de l'Outremer très délicate, il y avait de grandes difficultés que, seuls, MM. **Deschamps** frères ont vaincues complètement.

Aussi les sortes BP, AP, PFN, spéciales pour l'emploi en papeterie, sont-elles presque universellement employées.

Outre la résistance, l'Outremer, de sa nature insoluble, avait également besoin d'une grande finesse et d'une belle nuance.

Cette finesse, obtenue jusqu'alors seulement au détriment de l'éclat, le fut, dans la fabrication **Deschamps** frères, par des procédés spéciaux, à la fois chimiques et mécaniques.

Ces procédés mécaniques aboutissant à une trituration impalpable des différents produits expliquent l'emploi de la grande force motrice dont ils disposent.

Les procédés chimiques qui rendent l'Outremer résistant permettent aussi de lui donner la finesse voulue sans altérer son éclat.

Enfin, la régularité des molécules, indispensable pour l'obtention d'une belle nuance facilite l'emploi de l'Outremer en papeterie, impression et azurage.

Les Violets et Rouges d'Outremer Deschamps

La fabrication des violets et rouges d'outremer brevetés a donné le dernier élan à cette maison si prospère.

En effet, depuis longtemps déjà, plusieurs Usines s'efforçaient de transformer le Bleu d'Outremer en d'autres couleurs. Après de patientes et longues recherches, MM. **Deschamps** frères étaient parvenus à régulariser la fabrication du Violet et du Rouge d'Outremer, qui n'avaient été jusqu'alors obtenus qu'accidentellement. Lorsqu'ils voulurent breveter leurs procédés, ils constatèrent que la fabrique de Nuremberg avait pris depuis quelques mois des brevets pour des Violets et Rouges d'Outremer obtenus par des procédés différents des leurs. Afin d'éviter tout conflit entre les deux Usines, dont la concurrence avait toujours été loyale, de part et d'autre, une entente eut lieu. Il en résulta que ces deux fabricants se partagèrent l'Europe pour l'Exploitation des Violets et Rouges d'Outremer. Les Violets et Rouges d'Outremer résistent bien à la lumière, au savon, aux alcalis, aux acides étendus et à l'alun. Ils ne coagulent pas l'albumine et s'impriment facilement. Ils sont principalement employés en impression sur tissus, en papeterie, en droguerie, papiers peints ou de fantaisie.

Le Bleu égyptien

Enfin, MM. **Deschamps** ont été les premiers et les seuls à entrer dans la voie du progrès en créant de toutes pièces un nouvel outremer. Voici comment s'est exprimé à ce sujet M. F. **Fouqué** de l'Institut devant l'Académie des sciences.

Les Romains possédaient, pendant les premiers siècles de l'ère chrétienne, sous le nom de *bleu égyptien*, une très belle matière colorante bleue qui, à l'époque de l'invasion des Barbares, a cessé d'être fabriquée. Elle est actuellement inconnue dans l'industrie.

Elle a été employée dans quelques-unes des plus belles fresques qui figurent au musée du Vatican ; on l'a trouvée fréquemment à Pompéi ; enfin, à plusieurs reprises, on en a recueilli des spécimens en France, dans des tombeaux gallo-romains.

Sur l'invitation de l'Impératrice **Marie-Louise**, elle a été étudiée en 1809 par **Chaptal**. Elle a fait l'objet d'un travail de **Darcet** en 1810, de Humphry **Davy** en 1815, **Girardin** en 1846, M. de **Fontenay** en 1874, ont tenté de la reproduire. M. **Pisani** en a récemment analysé un spécimen, et M **Bertrand** a montré que c'était une substance cristalline à un axe négatif.

Ces recherches nombreuses n'ayant pu amener ni la connaissance exacte de la composition chimique de la matière en question, ni la notion complète de ses propriétés optiques, et surtout sa reproduction étant demeurée incertaine, j'ai cru devoir en reprendre l'étude.

Ce bleu est un silicate double de cuivre et de chaux ayant pour formule $CaO, CuO, 4SiO^2$, comme le montrent les résultats suivants fournis par l'analyse :

		Oxygène.
Silice	63,7	33,9
Chaux	14,3	4 1
Oxyde de cuivre	21,3	4,3
Fe^2O^3	0,6	
	99,9	

Le fer trouvé doit être considéré comme une matière étrangère provenant de l'impureté des matières employées. Je ne pense pas qu'il doive figurer dans la formule.

Il n'entre aucune trace d'alcalis dans ce produit. On peut l'obtenir en employant comme matières premières des substances rigoureusement exemptes de soude et de potasse.

Le poids spécifique est égal à 3,04.

C'est une substance cristallisée, appartenant au système quadratique. Elle se présente sous forme de lamelles aplaties parallèlement à la base du prisme, souvent déchiquetées sur les bords, quelquefois cependant terminées par des contours rectangulaires très nets. Le diamètre de ces lamelles peut atteindre 2mm, leur épaisseur dépasse rarement 0mm,5. Elles sont d'un beau bleu d'azur. Vues en lumière parallèle entre les nicols croisés, elles demeurent éteintes dans toutes les orientations. En lumière polarisée convergente, elles présentent la croix et les anneaux caractéristiques des minéraux à un axe. Avec un mica quart d'onde, on s'assure aisément du signe négatif du minéral. Ces lamelles, observées au microscope sur leur tranche, avec interposition d'un nicol, offrent un polychroïsme très remarquable. Avec des rayons vibrant suivant l'axe, elles sont d'un rose pâle; quand les vibrations se font dans la direction perpendiculaire, elles sont d'un bleu intense.

La biréfringence est égale à 0,031.

La plupart des agents chimiques sont sans action sur cette matière, ce qui explique le parfait état de conservation des peintures dans lesquelles elle a été employée il y a dix-neuf cents ans. On peut la faire bouillir sans l'altérer dans l'acide sulfurique. Le sulfhydrate d'ammoniaque ne la noircit pas, malgré sa teneur en cuivre. La chaux ne l'attaque qu'à haute température. L'acide fluorhydrique seul la dissout aisément.

Elle résiste à l'action d'une température assez élevée; elle ne se produit qu'au rouge vif, mais elle s'altère si l'on dépasse notablement la température à laquelle elle prend naissance. C'est le maintien de la température optima qui constitue toute la difficulté de sa fabrication.

Quand on la soumet à une chaleur trop forte, elle se décompose. Il se forme de l'oxydule de cuivre en petits cristaux dendritiques, de la wollastonite en longs prismes incolores (cette wollastonite possède deux axes optiques écartés d'environ 15°, la bissectrice est négative, le plan des axes est perpendiculaire à l'allongement, la biréfringence est égale à 0,014, la macle suivant *p* est fréquente. Quand on emploie des matériaux impurs, on absorbe aussi la formation d'anorthite) et un verre vert clair. La proportion du verre augmente quand la température devient plus élevée et enfin, au rouge blanc, la wollastonite disparaît et il ne reste plus qu'une sorte d'aventurine formée par le verre vert chargé de petits cristaux d'oxydule de cuivre.

Vitruve a décrit la fabrication du bleu égyptien et en a raconté l'histoire :

« La préparation fut, dit-il, inventée à Alexandrie et Vestorius en a
» depuis établi une fabrique à Pouzzoles. L'invention en est admi-
» rable : on broie ensemble du sable avec de la fleur de natron aussi
» menu que de la farine; on la met avec de la limaille de cuivre et on
» arrose le tout avec un peu d'eau, de manière à en faire une pâte. On

« fait ensuite avec cette pâte plusieurs boules que l'on fait sécher. « Enfin on les chauffe dans un pot de terre placé sur un fourneau, de « manière que par la violence du feu la masse entre en fusion et « donne naissance à une couleur bleue. »

J'ai constaté que le procédé décrit par **Vitruve** réussissait, mais que le carbonate de soude employé par **Vesterius** comme fondant n'était pas nécessaire et qu'il pouvait, d'ailleurs, être remplacé avantageusement par d'autres sels. Le fondant dont j'ai tiré le meilleur parti est le sulfate de potasse.

Les anciens employaient dans leur fabrication un grand excès de silice; la matière bleue, en se formant, se moulait sur les grains du sable employé. J'ai trouvé plus avantageux d'opérer avec des mélanges bien plus basiques, quitte à nettoyer ensuite à l'aide de l'acide chlorhydrique les produits obtenus. La purification complète s'achève au moyen de la liqueur dense de Daniel **Klein**.

C'est vainement que j'ai cherché à remplacer dans le bleu égyptien la chaux par la magnésie.

La beauté et la solidité de cette matière colorante, qui ne redoute ni l'air, ni l'humidité, ni la lumière, ni la plupart des agents chimiques.

Historique

Tels sont les états de services de MM. **Deschamps**. Un mot d'historique sur la maison est donc nécessaire pour terminer cette courte monographie.

La Maison a été fondée en 1856 par :

M. Jules **Deschamps**, ingénieur des arts et manufactures, décédé en 1888,

M. Louis-Narcisse **Deschamps**,

M. Paul **Deschamps**.

Elle avait pour objet la fabrication de l'Outremer et ne comprenait alors que l'usine de Vieux-Jeand'heurs.

A cette époque, l'emploi de l'Outremer était très restreint. Il lui manquait les qualités essentielles pour son emploi en industrie: la finesse et la résistance.

Comme leurs confrères, MM. **Deschamps** frères commencèrent par une fabrication qui n'avait pas ces propriétés.

Jusqu'en 1862, l'Usine n'occupait environ que 25 ouvriers, avec une force motrice de 40 chevaux, pour une production annuelle de 95.000 kilos.

A ce moment, après des recherches laborieuses, ils arrivèrent à la solution du problème qu'ils s'étaient imposé, c'est-à-dire, de donner de la résistance et de la finesse à l'Outremer, tout en lui conservant ses autres qualités.

Ces qualités obtenues et reconnues, ils furent amenés à augmenter considérablement l'importance de leur fabrication, à tel point qu'en 1867, c'est-à-dire cinq ans après, ils durent acquérir une seconde usine située à Renesson, à deux kilomètres de la première, pour suppléer à l'insuffisance de celle-ci.

Ils employèrent alors une centaine d'ouvriers, avec une force motrice de 135 chevaux environ, pour une production annuelle de 400.000 kilos.

A partir de ce moment, les qualités de leurs produits, chaque jour plus appréciés, leur permirent de donner à leurs usines une nouvelle extension; et en 1872, ils employaient 120 ouvriers, avec une force motrice de 210 chevaux, pour une production annuelle de 600.000 kilos (dont 1/3 environ pour l'exportation).

Actuellement ils emploient 250 ouvriers, 350 chevaux de force hydraulique, et 50 chevaux de force empruntée à la vapeur !

La maison **Deschamps** frères a pour chefs actuels :

Cela se passe de commentaire.

M. Louis-Narcisse **Deschamps**, Chevalier de la Légion d'honneur, l'un des fondateurs, et M. Charles **Freund-Deschamps**, son gendre.

Les bâtiments de leurs deux Usines réunies couvrent une superficie de 35.000 mètres carrés.

La production atteint le chiffre de 1.000.000 kilos environ, pour une valeur de 1.800.000 francs.

600.000 kilos sont vendus en France.
400.000 kilos directement à l'Etranger.

Les sortes vendues à l'Etranger sont principalement employées en industrie (papeterie, sucrerie, impression sur étoffe, etc., etc.)

Récompenses

Aux Expositions universelles, MM. **Deschamps** frères ont obtenu d'innombrables récompenses à Bordeaux en 1859, à Saint-Dizier en 1860, à Troyes en 1861, à Metz en 1881 et le Prize Medal à l'Exposition de Londres en 1862, avec la mention :

« Les Outremers **Deschamps** ont été reconnus supérieurs à « tous les produits similaires exposés ». (Rapport de M. **Balard.**)

Sans compter des médailles à l'Exposition de Paris en 1867, à Vienne (Autriche) en 1873, à Melbourne en 1880, à Bar-le-Duc en 1880, à Bordeaux en 1882, à Caen en 1883, à Rouen en 1884, à Londres en 1885, à Marseille en 1886, à Toulouse en 1887, à Varsovie en 1888, à l'Exposition de 1878 la médaille d'or et croix de la Légion d'honneur, la médaille d'or à l'Exposition universelle de Barcelone en 1888, la médaille d'or à l'Exposition universelle de Paris 1889 pour leurs usines françaises, et médaille d'or à l'Exposition universelle de Paris 1889 pour leur usine de Siétonne près Moscou (Russie).

A la suite de l'Exposition de Vienne en 1873, le rapport fait par M. R. **Hoffmann** sur le développement de la fabrication de l'Outremer constatait que des six fabriques existant en France, celle de MM. **Deschamps** frères, *seulement*, exportait des quantités très relativement importantes.

Au moment de l'Exposition de Philadelphie, leur production était engagée, ils avaient les plus grandes difficultés pour satisfaire leur clientèle. C'est la crainte seule de demandes pour l'Amérique, auxquelles ils n'auraient pu satisfaire, qui a motivé leur abstention.

Hygiène et Institutions ouvrières

En dehors de leurs recherches sur les procédés particuliers de fabrication, MM. **Deschamps** frères se sont occupés d'améliorer la situation de leur personnel.

Pour la facilité du travail, les cours et ateliers sont traversés par des chemins de fer pour le transport des matières premières et en fabrication, d'un atelier dans un autre.

Bien que leur fabrication ne donne lieu à aucun inconvénient pour la santé des ouvriers, ils ont installé pour leur commodité une ventilation produite par différents appareils, et notamment par un ventilateur Howorth.

Les transmissions, poulies et engrenages sont disposés de façon à éviter tout danger. Depuis la création des Usines, il n'y a eu à déplorer aucun accident de ce chef.

Enfin, bien que le salaire moyen de leurs ouvriers (hommes, femmes et enfants) soit déjà rémunérateur, ils leur ont assuré gratuitement les bienfaits d'une Société de Secours mutuels, qui les met à l'abri du besoin en cas de maladies, d'infirmités ou de vieillesse.

Il ont, de plus, assuré contre les accidents du travail, et à leurs frais, à la Compagnie *la Prévoyance*, tous leurs employés et ouvriers.

L'Usine de Moscou

MM. **Deschamps** frères viennent d'installer à Moscou (Russie) une importante fabrique d'Outremer, à l'établissement de laquelle tous les perfectionnements appliqués à cette industrie jusqu'à l'époque actuelle, ont été apportés. Elle occupe plus de deux cents ouvriers et produit des quantités et des qualités analogues à celles des Usines-mères de France.

MM. **Deschamps** frères ont une maison de vente à Paris, 30, rue des Vosges, et des dépôts à Barcelone (Espagne), Vienne (Autriche), Prague (Bohême), Londres (Angleterre), Le Caire (Egypte), Glascow (Ecosse), New-York (Etats-Unis d'Amérique), Boston (Etats-Unis d'Amérique), San Francisco (Etats-Unis d'Amérique), Montréal (Canada), Santiago (Chili).

Ils ont, de plus, des Dépôts et des Représentants dans les principales villes de France et en Algérie.

***

A Chicago, MM. **Deschamps** n'avaient dès lors pour ainsi dire aucun concurrent pour la plus haute récompense possible.

Ils l'ont moralement obtenue.

E. DUCRETET & LEJEUNE

RUE CLAUDE-BERNARD, 75 — PARIS

Une des expositions les plus remarquable dans la section qui nous occupe a été celle de MM. **Ducretet** et **Lejeune**. Ces ingénieurs se tiennent en effet au courant au jour le jour de tous les progrès de la science, et leurs modèles sont ou des classiques, où ils sont passés maîtres, ou des nouveautés dont les applications sont scientifiques ou industrielles.

Tout ce que l'Amérique compte de professeurs et d'amis de la physique et de l'électricité a défilé devant la vitrine de MM. **Ducretet et Lejeune.** L'élégance des instruments, leur fini, leur *bon marché* relativement aux similaires américains, étaient autant d'attractions pour le public savant. Nous tenons de M. **Mascart** lui-même l'opinion que cette section de l'Exposition française avait beaucoup contribué à conserver intact notre prestige scientifique.

Mais entrons dans le détail des objets exposés ; nous ne pouvons dire qu'un mot de chacun, mais nous sommes à la disposition de nos lecteurs pour tous renseignements complémentaires.

Creusets électriques de laboratoire (fig. 1.) — Ces appareils ont été créés en vue des recherches et des essais de laboratoire. L'ensemble forme une espace clos à parois réfractaires re-

Figure 1

cevant le creuset mobile au-dessus du quel se présentent les charbons mobiles entre lesquels l'arc jaillit. Des conduits servent à la circulation des gaz ; il est ainsi facile d'opérer *en vase clos en présence de gaz convenables.* A volonté, s'il est nécessaire, on peut éloigner l'arc ou le diriger au-dessus de la matière contenue dans le creuset CR., au moyen de *l'aimant directeur* AI placé à distance, (*C. R. Académie des sciences, mars, mai, 1893.*)

Les travaux récents de MM. **Atcheson, Moissan, Violle**

Joly, Vèzes, Troost, ont montré aux physiciens, aux chimistes et aux industriels le parti qu'ils peuvent tirer de l'utilisation des températures élevées que donne l'arc électrique avec les courants de grande intensité.

Figure 2

Lunette pyrométrique de MM. Mesuré et Nouel (fig. 2). — Cet appareil, très répandu dans les usines françaises: *aciéries*,

Figure 3

fonderies, *usines à gaz*, *verreries*, etc., est destiné à l'évaluation rapide de la température des corps incandescents, fours, etc.

Exploseurs pour le tirage des mines par l'électricité,

fig. 3 et 4. — Ces modèles, avec armatures feuilletées E. D. assurent un meilleur rendement, ils sont en usage courant dans les mines de la Belgique. M. l'ingénieur Macquet, directeur de l'École des mines de Mons, dans ses mémoires, fait ressortir les avantages de ces appareils sur ceux similaires. Celui rotatif de la fig. 4 peut

Figure 4

servir pour les *annonces de tension* ou *celles de quantité*. Un dispositif, en isolant les étincelles de rupture, permet l'emploi de ces exploseurs dans les *milieux poussiéreux ou grisouteux*.

Appareil pour l'essai rapide des paratonnerres des édifices et des magasins à poudre. — L'efficacité d'un paratonnerre dépend de la continuité et de la conductibilité parfaite de son conducteur, de la pointe au sol; cette résistance doit être comprise entre 5 à 10 ohms qui est un maximum au delà duquel il y a danger. L'appareil de E. Ducretet et L. Lejeune, qu'ils exposent, permet de procéder rapidement à cette détermination.

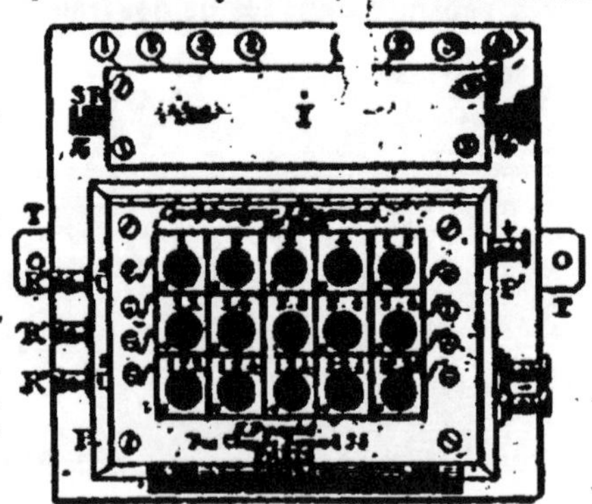

Figure 5

Combinateur E. Ducretet pour les signaux électriques, fig. 5. — Le combinateur Ducretet, très employé dans la marine français pour les signaux de nuit, permet l'allumage à distance en nombre variable, des fanaux placés dans la mâture du bâtiment.

Appareil portatif pour la mesure rapide des isolements, fig. 6. — Cet appareil réunit sous un petit volume tous les éléments nécessaires pour la mesure rapide et exacte de toutes

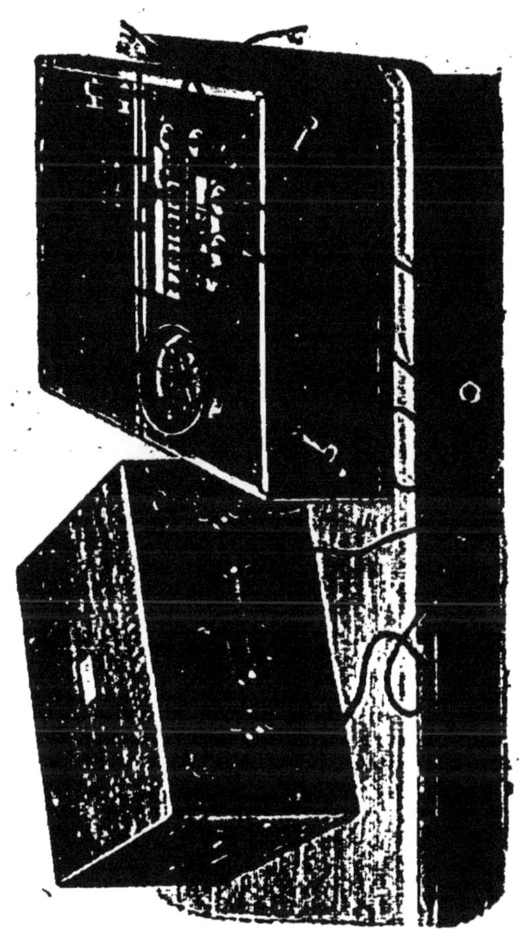

Figure 6.

les résistances d'isolement en général : entre l'âme et le sol pour les lignes aériennes et souterraines, entre l'âme et le liquide environnant pour les conducteurs immergés, entre l'âme d'un fil isolé et la masse conductrice sur laquelle il est enroulé, dans le cas des dynamos et des machines électriques en général. La sensibilité du galvanomètre est suffisante pour permettre de mesurer plus de 80 mégohms de résistance d'isolement.

Conjoncteur-disjoncteur, automatique, de M. Ch. Féry, fig. 7. Cet appareil industriel, destiné à la charge des accumulateurs avec une dynamo en dérivation, prévient tout accident dû à un arrêt de la dynamo ou à un ralentissement de sa vitesse par suite du glissement ou de la chute d'une courroie de trans-

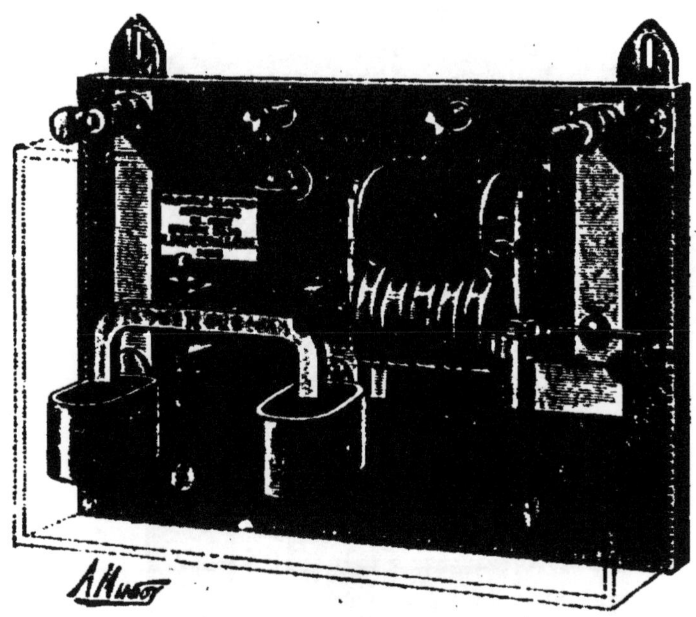

Figure 7

mission. Il empêche toute conséquence fâcheuse que pourrait entraîner une fausse manœuvre au tableau de distribution. La dimension de l'appareil dépend du courant de la batterie d'accumulateurs, celui exposé peut servir pour des courants de 500 ampères. Un certain nombre de ces appareils sont en service courant dans l'industrie et ils donnent satisfaction.

Les appareils de mesures électriques tenaient une large place dans la série exposée par la maison E. Ducretet et L. Lejeune. La figure 8 est celle de leur modèle de *galvanomètre à circuit mobile*; la disposition horizontale des aimants assure une bonne répartition du magnétisme; les armatures en fer, de forme épanouie donnent des déviations proportionnelles sur une certaine étendue de la course du circuit mobile. Le principe des galvanomètres à circuit mobile dans un champ magnétique intense, est décrit, ainsi que tous les organes qui les caractérisent, dans le traité de *J. C. Maxwell de 1873* et il l'indique comme pouvant constituer *un galvanomètre extrêmement sensible*. D'ici peu, nous pourrons décrire, dans notre journal, des applications nouvelles (créées par MM. E. Ducretet et L. Lejeune) du cadre mobile suivant ci-dessus.

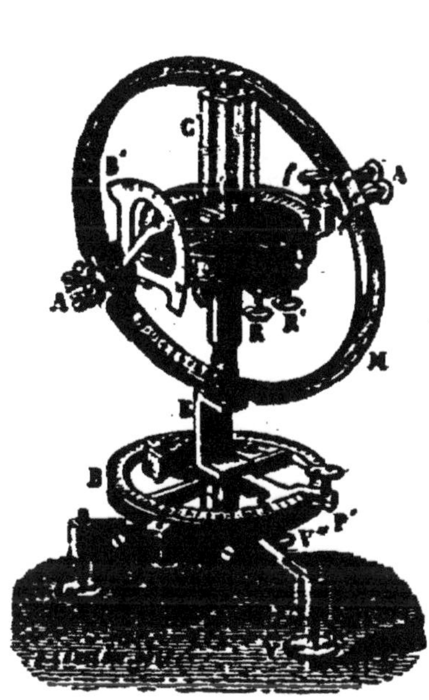

Figure 8

Figure 9

La figure 9 est celle d'une *grande boussole des sinus et des tangentes de Pouillet*, avec cercle inclinant de E. D. (1878). Elle sert à la mesure précises de courants variant entre 1/20 et 100 ampères. Elle peut servir de boussole *Gaugain*.

Un galvanomètre différentiel de Wiedemann modifié par M. le docteur **d'Arsonval**, une *boussole des tangentes de Kempe, deux galvanomètres de sir W. Thomson* à long fil de suspension et avec amortisseur, un *électro-dynamomètre de Weber*, une *échelle divisée* (transparente ou opaque, à volonté) *un rhéostat de Wheatstone* à deux cylindres filetés, un *Wattmètre* de MM. **Blondlot et Curie**, une *boussole de déclination* d'un grand modèle classique, formaient une belle collection d'une construction absolument parfaite.

Les appareils de démonstration comprenaient : Une *bobine de Rahmkorff* donnant des étincelles de 20 centim. de longueur, deux appareils classiques permettant de réaliser, dans un cours, les *expériences de Tesla* sur les courants à haute tension et à grande fréquence, ainsi que celles de E. **Thomson** sur les *répulsions et les rotations électro-dynamiques* avec une petite magnéto à courants alternatifs. Un *électro-aimant* de **Faraday** pour le diamagnétisme et celui de **Foucault** pour la transformation du travail en chaleur, terminent cette série intéressante.

MM. E. **Ducretet** et L. **Lejeune** exposaient un *appareil de* M. **Cailletet** pour la démonstration générale de la compression et de la *liquéfaction des gaz*; il permet de suivre, soit à l'œil nu, soit en projection, toutes les phases du phénomène. Cet appareil classique est maintenant répandu dans les laboratoires des Universités de tous les pays. Les pressions peuvent atteindre 1.000 atm.

Nous terminons l'énumération de cette collection remarquable, elle justifie la réputation acquise par cette maison de 1er ordre et les premières récompenses qui lui ont toujours été décernées aux Expositions Universelles (Grand Prix à Paris en 1889; croix de la Légion d'honneur en 1885.)

FERNAND DEHAITRE

Constructeur-Mécanicien

PARIS — 6, RUE D'ORAN 6, — PARIS

M. Fernand **Dehaitre** n'a exposé que des machines absolument originales, au nombre de cinq. Deux tableaux représentent aussi des appareils; notamment dans l'un on voit une machine à apprêter à feutre sans fin, avec élargisseur **Palmer**, qui est le dernier mot du genre.

Un métier à sécher à trois cylindres, une machine à imprimer à 4 couleurs avec sa course de séchage, une essoreuse, une machine à dérompre, sont les échantillons curieux et remarqués des industries spéciales auxquelles M. Fernand **Dehaitre** se consacre depuis de longues années et a attaché son nom à juste titre.

Nous ne pouvons que lui savoir gré d'être venu montrer à Chicago que notre pays sait rester toujours sur la brèche au point de vue mécanique et surtout au point de vue des mécanismes spéciaux. Donnons quelques détails.

***

La maison Fernand **Dehaitre** s'est fait, en effet, une spécialité des machines pour le traitement de tous tissus: blanchiment, teinture impression, apprêts, et du matériel sanitaire pour établissements publics et hospitaliers : blanchissage, désinfection, bains, etc.

Les conditions d'éloignement de l'Exposition de Chicago n'ont permis à cette importante maison que l'envoi de quelques machines spéciales qui ne peuvent donner qu'une faible idée de la place qu'elle occupe dans les branches spéciales d'industrie que nous venons de citer. Les machines exposées permettent néanmoins de se rendre compte de la perfection apportée par la maison Fernand Dehaitre dans cette construction spéciale, et quelques tableaux font connaître aux industriels les machines qui n'ont pu être expédiées à Chicago en raison de leur importance.

Nous citerons parmi les machines exposées une *presse à chaud continue* à pression hydraulique (1) et à feutre sans fin (système breveté s. g. d. g.) pour l'apprêt en continu des lainages légers, draps de coton, articles de bonneterie, etc.; une curieuse *machine à dérompre* (brevetée s. g. d. g.) pour l'assouplissage des tissus de soie, articles de Lyon, etc., une *machine à apprêter* à deux feutres (brevetée s. g. d. g.) pour apprêter sans en écraser le relief tous les tissus à dessins en relief, damas, poult de soie, guipures, etc., et deux petites machines de laboratoire : une *essoreuse* centrifuge, véritable bijou, et une *machine à imprimer* à une couleur.

Deux grands tableaux nous montrent : l'un une disposition d'ensemble d'apprêt en continu comprenant *foulard* gommeur, *course de séchage* pour ressuyer le tissu une fois gommé, *machine à élargir* pour redresser le tissu et le remettre à sa largeur normale et *machine à apprêter* à feutre sans fin constituée par un grand tambour sécheur en acier de 2 m. 600 de diamètre avec enveloppe annulaire de vapeur. C'est une superbe machine très appréciée des spécialistes et que la maison Fernand **Dehaitre** a fournie dans le monde entier.

***

L'autre tableau représente une *machine à imprimer les tissus* à quatre couleurs avec course de séchage à la suite. C'est là une machine que nous regrettons de ne voir pas représen[illegible] en nature par la maison Fernand Dehaitre, car elle aurait perm[illegible] aux visiteurs de l'Exposition d'apprécier l'habileté et le fini du travail de cette maison dans cette machine toute de précision.

Le matériel sanitaire est bien représenté par des tableaux montrant une installation de buanderie et de décatissage dans un établissement militaire, et l'autre une installation de buanderie et de désinfection dans un hôpital.

Nous regretterons encore ici de ne pas voir figurer en nature la laveuse-désinfecteuse (système breveté s. g. d. g. de la maison Fernand Dehaitre), qui constitue actuellement l'appareil de désinfection le plus complet et le mieux approprié au service des hôpitaux.

***

En outre M. Fernand **Dehaitre** s'occupe également du matériel de papeterie et dans cette branche a exposé une très intéressante *machine à rogner* le papier avec serrage automatique du presse-papier.

Nous rappellerons que la maison Dehaitre fait enfin tout le matériel pour teinturiers-dégraisseurs et le nettoyage par la

(1) Cette presse se fait également avec pression par leviers.

benzine et qu'elle comprend aussi une importante section s'occupant spécialement de toutes les questions de *séchage*, *chauffage*, *ventilation* par appareils brevetés.

La maison Dehaître, après avoir remporté les plus hautes récompenses dans les grandes expositions, a vu son chef nommé membre du jury à l'Exposition de 1889, et depuis l'année dernière élevé à la dignité de chevalier de la Légion d'honneur. Il suffit du reste de voir ce chef de maison française pour se convaincre qu'on est en présence d'une des plus hautes personnalités industrielles de notre pays.

DESMARAIS ET Cie, SUC^rs^ DE MORANE AINÉ

Machine à stéarine

PARIS — 10, RUE DU BANQUIER — PARIS

MM. **Desmarais** et Cie exposent un très intéressant matériel pour fabriquer la stéarine, les bougies, les chandelles et les cierges.

A côté figurent un autoclave à saponifier, des appareils à distiller les corps gras, une presse hydraulique à chaud et à froid pour stéarinerie, une machine à mouler les bougies, cierges et chandelles. En un mot, tous les matériels pour fabriquer le savon.

La spécialité de cette très sérieuse maison, ce sont les cylindres pour presses hydrauliques en fer forgé et acier; elle fait la presse hydraulique et articulée de toutes forces et pour tous usages, ainsi que les machines lithographiques et typographiques à pédales.

Bref, MM. **Desmarais** et Cie se sont signalés dans le Palais des machines de Chicago par de remarquables spécialités, et il faut leur savoir gré de les avoir apportées dans un pays où l'emploi de la stéarine, notamment, n'est pas encore très répandu à cause du pétrole.

SOCIÉTÉ FRANCO-BELGE

10, AVENUE DE L'OPÉRA — PARIS

Cette Société, dont la vitalité s'est affirmée depuis plusieurs années avec une grande vigueur a conquis de haute lutte une grande place dans la construction de machines et de matériels de chemins de fer en France.

Au palais des transports, à Chicago, elle s'est montrée en effet au premier rang. Deux machines étaient là, sortant de ses ateliers et appartenant aux compagnies de l'Ouest et de Paris à Orléans. Nous disons à la fin de cet article comment elles avaient été amenées et nous terminerons par une rapide étude sur la Société. Commençons par la locomotive du type de Paris-Orléans.

Locomotive-tender à six roues accouplées n° 2191 appartenant à la compagnie de chemin de fer de Paris-Orléans.

Cette locomotive a été prise dans un lot de 10 machines construites spécialement par la *Société Franco-Belge* pour faire le service des voyageurs entre Paris-Luxembourg et Limours.

Elle peut remorquer, en rampe de 20 m/m par mètre, des trains de 225 tonnes à la vitesse de 30 kilomètres à l'heure. Tous les ressorts de suspension sont placés au-dessus des boîtes à graisse; ceux du milieu et d'arrière sont reliés par des leviers compensateurs avec tiges et bielles de connexion; ceux de l'essieu d'avant sont conjugés par un balancier transversal fixé sous les cylindres.

La chaudière est en acier et timbrée à 13 kilog. Le foyer tout en cuivre rouge, est à bouilleur Ten-Brinck et voûte en arc-en-ciel du système Ernest Polonceau. Le corps de chaudière est surmonté de deux dômes de prise de vapeur reliés par un tuyau de communication en fer. Le dôme d'avant renferme le régulateur à manœuvre extérieure et porte deux soupapes de sûreté à balances; sur le dôme d'arrière se trouve fixée une boîte centrale de prise de vapeur des appareils avec une soupape de sûreté à charge directe.

Les tubes sont en acier doux à recouvrement, et raboutés en cuivre rouge.

L'échappement est variable. Une disposition spéciale permet, quand on se trouve en souterrain, d'envoyer la vapeur dans les caisses à eau, où elle se condense.

Les cylindres, intérieurs, sont inclinés pour le passage des bielles motrices au-dessus de l'essieu d'avant. Les boîtes à tiroirs sont en-dessus et du côté de l'axe de la machine.

Les pistons et leurs tiges sont en acier. L'arbre de changement de marche est en acier coulé avec coulisses rapportées pour la distribution Joy appliquée intérieurement à cette machine.

Le relevage est à vis. L'essieu coudé est fretté. Les bielles motrices et d'accouplement sont en acier; ces dernières sont à têtes rondes; leurs manivelles sont calées du côté opposé à celles de l'essieu moteur. Les boîtes à graisse d'avant ont des plans inclinés et un jeu latéral dans leurs guides pour permettre le déplacement de l'essieu d'avant dans le passage des courbes.

L'assemblage d'avant des bielles d'accouplement est à genouillère. Le graissage des cylindres se fait manuellement au moyen d'un robinet spécial à piston qui permet d'injecter l'huile par l'intermédiaire d'une petite boîte à clapet de retenue.

Les soutes à eau sont placées latéralement, ainsi que la caisse à combustible qui se trouve à l'arrière du côté gauche.

Les coffres à agrès sont placés en avant de chaque côté de la machine, et dans le prolongement des caisses à eau.

La plate-forme du mécanicien et du chauffeur est en partie recouverte par un abri portant deux écrans à lunettes sur la face avant.

L'alimentation se fait au moyen de deux injecteurs du système Ernest Polonceau, installés sous le tablier.

Le frein, du système Wenger, a sa pompe de compression placée dans l'angle de côté droit de la rampe d'arrière, et deux cylindres fixés au-dessous du châssis qui agissent directement sur les deux sabots des roues d'arrière. La sablière est à vapeur, du système Gresham et Craven.

Les boudins des roues d'avant sont graissés afin de diminuer leur usure et celle des rails.

Dimensions principales de la machine n° 2191 (Série 2191-2200 de la Compagnie Paris-Orléans)

Effort de traction (0,65 de l'effort théorique)		7,415 kil.
Diamètre des cylindres		0,450
Course des pistons		0,650
Timbre de la chaudière		13 k.
Longueur extérieure de la boîte à feu		2m,120
Largeur extérieure de la boîte à feu		1,332
Longueur intérieure du foyer	en haut	1,685
	en bas	1,700
Largeur intérieure du foyer		1,000
Haut. du foyer au-dessus de la grille	à l'avant	1m,983
	à l'arrière	1m,223
Longueur des tubes entre les plaques tubulaires		3m,800
Diamètre extérieur des tubes		0m,043
Nombre de tubes		202
Surface de grille		1m²,84
Surface de chauffe	du foyer	12m²,17
	des tubes	105,88
	totale	117,05
Volume	de l'eau de la chaudière	4m³,320
	de la vapeur dans la chaudière	1m³,911
Poids du combustible dans le foyer		200 k.
Volume des caisses à eau		4m³,000
Id. de caisse à combustible		0m³,900
Poids de la machine vide		30,800 k.
Poids sous les roues	d'avant	15,395 k.
	du milieu	15,930 k.
	d'arrière	15,725 k.
Poids total de la machine en moyenne d'approvt		47,050 k.
Écartement des essieux extrêmes		4m,550
Écartement des axes des tiges de tiroir		0m,980

Locomotive-tender à six roues accouplées n° 3560 Compagnie de l'Ouest (Français) *Série 3541-3560*

Cette locomotive fait partie d'une série de vingt machines affectées à la traction des trains de la banlieue de Paris, sur les lignes à profil accidenté. Elle a trois essieux accouplés, le foyer, profond, plonge entre les deux essieux arrière en vue d'assurer de bonnes conditions de combustion. Les longerons, en acier doux, sont intérieurs. La traverse d'avant est à charnière et peut se relever pour faciliter la visite des cylindres. Les ressorts sont placés au-dessus des boites à graisse, sauf pour l'essieu d'arrière; toutefois, même pour ceux-ci, les tiges de suspension travaillent par traction. La machine possède, de chaque côté, un balancier longitudinal reliant les ressorts des deux essieux d'avant.

La boite à feu est de forme renflée. La grille, munie d'un jette-feu à vis, est légèrement inclinée. Une voûte en briques est placée dans le foyer dont la porte est munie d'un volet formant déflecteur. Un dôme placé vers le milieu de la chaudière renferme le régulateur à manœuvre et à tuyaux intérieurs. Les tubes sont en acier étiré sans soudure et raboutés en cuivre rouge; la plaque tubulaire de boite à fumée est en fer. La porte de la boite à fumée est à battant unique, circulaire et bombée; la cheminée est tronconique et se prolonge à l'intérieur de la boite à fumée. Les prises de vapeur sont groupées sur une colonnette spéciale. Des soupapes Webb sont placées au-dessus du foyer. L'échappement est fixe. L'alimentation est assurée par deux injecteurs non aspirants.

Les cylindres placés à l'intérieur sont légèrement inclinés pour passer au-dessus de l'essieu d'avant; les boites à tiroirs sont placées en-dessous. Les pistons et leurs tiges sont en acier. Ces dernières ne comportent qu'une glissière par piston. Le mécanisme de distribution, à coulisses de Stephenson avec relevage à vis, est intérieur. Les bielles d'accouplement sont en acier et à têtes rondes; les manivelles sont calées du même côté que celles de l'essieu moteur. Tous les graisseurs du mouvement et des boites d'essieu sont du modèle dit *sans mèche;* dans les graisseurs de ce modèle, montés sur les boites d'essieu, l'huile se trouve projetée par le mouvement même de la pièce, dans une petite cuvette qui se prolonge par un canal présentant, sur une longueur de 5 m/m, un diamètre de 3/4 de millimètre et débouchant dans les orifices ménagés dans le coussinet. Les graisseurs des tiroirs et des cylindres sont à mèche et clapet et à fonctionnement automatique.

La soute à combustible est à l'arrière de la plate-forme. Le personnel est protégé par un abri très complet portant des écrans à lunettes sur ses faces AV et AR et muni à sa partie supérieure d'un lanterneau mobile. Les caisses à eau sont disposées latéralement et s'arrêtent un peu en arrière du premier essieu afin de ménager entre la chaudière et le tablier un intervalle par lequel on puisse visiter et graisser le mécanisme. Le frein Westinghouse placé sur la machine agit sur toutes les roues.

Mise en service le 24 juin 1892, la machine 3.560 a effectué, avant son départ pour Chicago, un parcours de 29.300 kilomètres.

Dimensions principales des machines série 3541-3560 de la compagnie des chemins de fer de l'Ouest (Français)

Effort de traction $\frac{(P.1.5)d^2 l}{D.}$		6.245 kgs.
Diamètre des cylindres	D =	0m,430
Courses des pistons	l	0m,600
Timbre de la chaudière	P =	10 k

Longueur extérieure de la boîte à feu		$1^{m},440$
Largeur extérieure de la boîte à feu		$1^{m},200$
Longueur intérieure du foyer, en haut		$1^{m},190$
Longueur intérieure du foyer, en bas		$1^{m},260$
Largeur intérieure du foyer, en haut		$1^{m},060$
Largeur intérieure du foyer, en bas		$1^{m},024$
Hauteur du foyer au-dessus de la grille, à l'avant		$1^{m},050$
Hauteur du foyer au-dessus de la grille, à l'arrière		$1^{m},450$
Longueur des tubes entre les plaques tubulaires		$3^{m},200$
Diamètre extérieur des tubes		$0^{m},043$
Nombre de tubes		205
Surface de chauffe, du foyer		$7^{m2},00$
Surface de chauffe, des tubes		$88^{m2},60$
Surface de chauffe, totale		$96^{m2},20$
	3541 à 3550	3551 à 3560
Surface de la grille	$1^{m2},28$	
Volume de l'eau dans la chaudière	$2^{m3},700$	
Volume de la vapeur dans la chaudière	$1^{m3},430$	
Poids du combustible dans le foyer	200 k	
Volume de l'eau dans les caisses	$4^{m3},000$	$4^{m3},500$
Poids du combustible dans les caisses	1,200 k	
Poids de la machine vide	33,100 k	33,300 k
Poids de la machine en état de service	41,200 k	41,600 k
Poids sous les roues d'avant	13,200 k	13,800 k
Poids sous les roues du milieu	13,700 k	14,000 k
Poids sous les roues d'arrière	14,300 k	14,300 k
Poids sous les roues motrices	41,200 k	41,600 k
Poids du tender, vide		
Poids du tender, plein		
Écartement des essieux extrêmes	$4^{m},350$	
Écartement des axes des tiges des tiroirs	$0^{m},330$	

Ferro-Carril de San-Salvador à Santa-Tecla (Amérique centrale)

La Société Franco-Belge a construit récemment le matériel roulant du Ferro-Carril de San-Salvador à Santa-Técla (République de San-Salvador) et elle en a fourni les places à Chicago.

Ce chemin de fer est établi à la voie d,un yard ou $0^{m}914$ — il est en rampe sur toute sa longueur — les rampes sont de $0^{m}035$ par mètre — le plus petit rayon des courbes est de 150 mètres. — Mais, vu l'extension probable de la ligne, le matériel est construit pour passer dans des courbes de 75 mètres de rayon et gravir des rampes de $0^{m}045$.

LOCOMOTIVES. — Les locomotives pèsent 32 tonnes en ordre de marche. — Elles ont 3 essieux accouplés et un essieu porteur, à boîtes rayonnantes, placé en arrière de la machine.

Les foyers sont disposés pour brûler du bois.

Les machines portent leur approvisionnement d'eau dans des soutes placées le long de la chaudière; elles ont un tender séparé pour le transport du bois de chauffage.

Les machines, tenders et voitures sont munis du frein Westinghouse à action rapide.

Les dimensions principales des machines sont les suivantes :

Diamètre des cylindres...	0^m400	Surface de chauffe du foyer	$8^{m2}64$
Course de piston..........	0^m600	Surf. de chauffe des tubes	$91^{m2}36$
Nombre de roues accoup.	6	Surface de chauffe totale.	$100^{m2}00$
Diamèt. des roues accoup.	1^m200	Timbre de pression.......	11 kil.
Diamèt. des roues porteus.	0^m765	Contenance des bacs à eau	$3^{m3}00$
Ecart. des essieux accoup.	2^m600	Poids à vide..............	28 ton.
Ecartement total.........	5^m300	Poids en ordre de marche.	33 ton.
Surface de grille..........	$1^{m2}72$	Puiss. de traction $0.65 \frac{d^2 l p}{D}$ =	5.720 k

Les voitures de première classe à bogies permettent de transporter 34 voyageurs assis à l'intérieur :

Les deux plates-formes extrêmes pour l'entrée et la sortie des voyageurs peuvent contenir 24 voyageurs debout.

La voiture est à couloir central. Les sièges sont garnis en tissu de rotin.

L'aérage est assuré par un lanterneau avec petits châssis mobiles, et par les châssis à glaces et vénitiennes sur les côtés de la voiture.

Les boiseries intérieures sont en teack poli avec panneaux en érable.

Les frises extérieures en teack verni.

Le matériel comprend en outre une voiture de luxe. — **Elle est analogue aux voitures de première classe, mais elle a en plus un cabinet de toilette et un W.-C. à chaque extrémité, près des plates-formes. — L'entrée des W.-C. a lieu par les plates-formes.**

Les voitures de deuxième classe à bogies peuvent contenir 16 voyageurs assis et 24 voyageurs debout. — Les sièges sont en bois de noyer perforé, poli au tampon. La disposition est identique à celle des voitures de première classe.

Les boiseries intérieures sont en teack verni avec panneaux en pitchpin. Les frises extérieures en teack verni.

Il y a également :

Des wagons fermés à bogies;
— à bestiaux à bogies;
— plates-formes à bogies;

Tous ces wagons ont 8 mètres de longueur.

Leur limite de chargement est 10.000 kilogrammes.

Les wagons fermés et les wagons à bestiaux ont des portes roulantes sur les côtés.

Les wagons plates-formes sont à bouts tombants, hauteur des bords 200 m/m.

L'ossature des caisses de wagons est tout en fer, les panneaux en frises de pitchpin.

***

On le voit, la Franco-Belge peut rivaliser avec les plus grands ateliers de construction de matériels de chemins de fer, et M. de Schryver, son directeur, élargit chaque jour son rayon d'action à l'étranger.

En quelques lignes nous devons dans notre prochain numéro

dire comment les locomotives ont été amenées à Chicago et ce qu'est la Société.

Transport des Locomotives

Les machines n'ont pas été démontées, on s'est contenté d'enlever les bielles et autres pièces du mouvement, comme cela se fait d'habitude pour les machines roulant à froid, car de Raismes au port d'embarquement ainsi que de New-York à Chicago ces machines ont été remorquées sur leurs roues.

Le transport maritime s'est fait par les bateaux de la Nouvelle Compagnie bordelaise de navigation. Une de ces locomotives a été chargée à Saint-Nazaire, l'autre à Bordeaux. Le mode d'embarquement a été le même des deux côtés : arrivée à quai, la locomotive a été calée par ses roues sur deux rails fixés à la façon ordinaire sur un fort cadre en bois. La machine sur son cadre a été ensuite ripée jusque sur le chaland qui devait la conduire le long du bord au navire transporteur; elle a été ensuite soulevée par la grue flottante du port au moyen de ce cadre et descendue à fond de cale. Il a fallu faire des travaux spéciaux pour parvenir à loger les locomotives dans la cale.

A l'arrivée à New-York, on a fait l'opération inverse, et les machines ont de nouveau été mises sur rails.

Le retour s'est fait par les mêmes bateaux que l'aller; la mise à bord et le déchargement se sont effectués par les mêmes procédés qu'au voyage d'aller.

La Société se prépare actuellement à envoyer à l'Exposition d'Anvers sa millième locomotive, sortant des ateliers de la Croyère (Belgique). Elle exposera également des voitures de chemin de fer.

La Société anonyme franco-belge pour la construction de machines et de matériels de chemins de fer a son siège social à Paris, 10, avenue de l'Opéra. La direction générale est à Raismes (Nord) près Valenciennes, où se trouvent également ses ateliers les plus importants.

Elle occupe en marche normale 2,000 ouvriers et peut fournir chaque année 120 locomotives, 500 voitures à voyageurs, 3.000 wagons à marchandises, etc.

En dehors du matériel roulant et fixe pour les grandes lignes à voie normale, les ateliers de la Société ont construit beaucoup de matériel pour les lignes secondaires et les tramways tant en France qu'à l'étranger.

En somme, la Société franco-belge a bien fait d'exposer à Chicago, sans elle notre exposition eût été absolument incolore.

GROSSELIN PÈRE & FILS

Machine à apprêter les tissus

SEDAN

La spécialité de la maison **Grosselin** père et fils, ce sont les machines pour les apprêts des tissus. Les tondeuses à deux cylindres pour draps et nouveautés, pour mérinos, cachemires, satins et tissus en tous genres, les tondeuses à trois et à quatre cylindres travaillant à contre-poil avec débourreur automatique, les machines à velouter, à lainer, à fouler, les compteurs d'étoffes, les essoreuses, les machines à épeutir, à aiguiser les cardes, etc., etc., tout cela est construit à Sedan par cette maison, la première dans son genre.

La machine lameuse exposée était particulièrement remarquable par le fini de sa fabrication et l'heureuse disposition de ces mécanismes en apparence compliqués, mais fonctionnant avec une admirable précision.

L. GASNE

Maître de forges

PARIS — 83, FAUBOURG DU TEMPLE, 83 — PARIS

Hauts fourneaux, fonderies et ateliers de construction à Tusey (Meuse)

M. L. **Gasne** expose à Chicago, après son grand succès de 1889. Il a fort bien fait, car son exposition a été très appréciée par tous les connaisseurs.

Elle consiste essentiellement en fontes d'art, fontes d'ornement, fontes religieuses et funéraires traitées avec le goût français.

***

La fabrication de M. L. **Gasne** consiste, comme chacun sait, en une Collection très importante de Statues profanes et religieuses, Groupes décoratifs, Fontaines monumentales, Vasques, Lampadaires, etc., pour les Villes et monuments.

***

Pour l'industrie :

Balcons, Appuis, Ballustrades montées ou non, Garde-Corps de ponts, Panneaux de portes, Escaliers montés, Rampes, Grilles de clôtur, Lances, Tuyaux unis et cannelés, Fontaines, Chasse-Roues, Châssis, Gargouilles, Regards, etc.

***

Pour les églises :

Croix, Calvaires, Christs de 15 centimètres à 3 mètres, Appuis de communion montés ou non, Chaires, Bénitiers, Grilles de chœur, Entourages de tombes, Corbeilles funéraires, Chaînes, Flambeaux, Statues et Groupes religieux, etc.

***

Pour l'architecture ce sont des :

Appareils de tous systèmes, Cloches et Cylindres avec ou sans lames, Plaques unies, Plaques ornées de tous styles, Devantures d'intérieurs de cheminées, Fourneaux, Barreaux pour grilles, Poêles, Cheminées, etc.

Candélabres de villes et de vestibules, Statues lampadaires, Consoles, Lustres, Bras à gaz, Tuyaux de tous systèmes.

Bancs montés, Rouleaux de jardin, Entourages de corbeilles, Pieds de bancs et de tables, Vases, Coupes, Pompes, Chenets, Chaufferettes, Grilles à houille, Porte-Chapeaux, Porte-Parapluies, Poterie, Buanderie, etc.

***

Pour la mécanique :

Volants, Engrenages et Poulies tournées ou non, Paliers, Arbres de transmission, Colonnes, Escaliers, Roues de wagonnets, Plaques tournantes, Chemins de fer portatifs, Matériel roulant, Grues de chargement, Treuils, Marbres rabotés, etc., etc.

Bref, tout ce qui peut se faire en fonte d'art ou fonte soignée d'ornement et d'usages courants est fait chez M. L. **Gasne.**

HISTORIQUE

Fondées par M. **Muel**, développées plus tard par MM. **Wahl** et **Zégut**, les usines de Tusey ont été, en France, les créatrices de l'Industrie des Fontes d'art et d'ornement, qu'elles ont ensuite contribué à perfectionner et à répandre.

Par la collection très importante de modèles en tous genres qu'elles possèdent, par leur étendue, leur organisation, leur outillage, elles sont à même de satisfaire à toutes les commandes qui leur seraient faites, de préparer et d'exécuter tous les projets qui leur seraient demandés.

Parmi les ouvrages et travaux exécutés par Tusey, figurent :

Les *Fontaines monumentales*, *Colonnes rostrales* et *Candélabres* de la *Place de la Concorde à Paris*; les *Fontaines monumentales des Villes de Reims, Chaumont, Aix, Vitry-le-François, Poligny*, etc.; les *Grands Groupes décoratifs des Halles et de la Gare du Midi à Bruxelles*, de la *Résidence royale de Laeken* (Belgique), etc.; le *Monument de John Cockerill* à Seraing; la *Vierge de sept mètres de haut*, placée à Sion (Meurthe-et-Moselle); la *Vierge-Mère de huit mètres*, placée à Velars (Côte-d'Or); les *Grandes Statues : Génie de la Métallurgie* et de la *Rubanerie* à Saint-Etienne; le *Groupe du général Margueritte blessé*, à Fresnes-en-Woëvre; la *Colonne commémorative de Laon*; la *Statue de Vercingétorix* (*de quatre mètres de haut*) à Oien; des *Monuments commémoratifs du Centenaire de 1879, d'un grand nombre de Villes*, etc., etc.

***

Cette simple nomenclature se passe de commentaires, et il faut savoir gré à M. **Gasne** d'avoir seul porté au bâtiment des mines le drapeau de la fonte moulée d'art.

M. **Gasne** était naturellement hors concours pour les récompenses à Chicago.

HURTU, HAUTIN ET DILIGEON

55, RUE SAINT-MARTIN — PARIS

La maison **Hurtu, Hautin** et **Diligeon** a fait grandement les choses à l'Exposition de Chicago, et les nombreux produits qu'elle a exposés dans quatre classes différentes prouvent combien son esprit mécanique continue à progresser grâce à une impulsion toujours intelligente et à une direction laborieuse et sûre. Les nombreuses machines de tous genres sortant des ateliers **Hurtu, Hautin** et **Diligeon** sont très appréciées, notamment au point de vue du soin exceptionnel apporté aux pièces mécaniques de précision qui a fait la réputation de ces constructeurs.

Machines à coudre

Au premier rang de ses produits, il nous faut placer la machine à coudre. Bien que son invention soit d'origine française, nos constructeurs furent distancés tout d'abord par leurs concurrents anglais et surtout américains. Aujourd'hui, ils ont largement pris leur revanche et ont à leur tête la maison **Hurtu, Hautin** et **Diligeon**, connue dans le monde entier pour la supériorité de ses produits.

Occupant près de 500 ouvriers et plus de 325 machines-outils fonctionnant dans leurs ateliers de Paris et d'Albert (Somme), ils produisent des machines appropriées à toutes les branches de l'industrie de la couture, dotant en un mot chaque spécialité d'un outil qui lui convient, et cela sans perdre de vue le côté économique de la production. Cette maison fabrique elle-même la majeure partie de son outillage, et cette situation l'a tout naturellement amenée à offrir au commerce ses propres machines-outils, qui possèdent ainsi tous les soins et perfectionnements que pouvaits uggérer un usage constant dans ses ateliers.

Cet outillage exceptionnel, créé tout d'abord pour la fabrication des machines à coudre, a depuis quelque temps un nouvel emploi dans la construction des vélocipèdes, et en ce moment même l'exploitation d'un nouveau compteur d'eau très remarquable en reçoit l'heureuse application.

Comme perfectionnements, cette maison a toujours suivi les progrès réalisés dans cette branche d'industrie des machines à coudre. Partie avec les modèles de machines plates, dites à pied de biche à entraînement au-dessus, elle a été amenée à créer divers autres modèles répondant aux besoins du moment et permettant aux industries spéciales de pouvoir les utiliser à la couture mécanique de leurs produits.

Au premier rang les machines A et B, qui, grâce à leurs dispositions spéciales, ont permis de marcher à des vitesses inconnues avant leur création. Ces machines possèdent une navette circulaire de grande capacité et sont surtout destinées aux ateliers et manufactures. Le modèle A a substitué dans les ateliers de lingerie d'exportation le point de navette au point de chaînette, ce qui a permis à nos manufactures de Saint-Omer, Argenton, Verdun, Paris, Nancy, etc., de lutter avec avantage contre la concurrence étrangère. Cela n'empêche pas cette machine de faire la lingerie fine et pour hommes, et son point est plus beau que celui de n'importe quelle autre machine, tout en produisant davantage. Ce modèle A est universellement utilisé par les fabricants de lingerie, jerseys, parapluies, etc., et le modèle B (identique, mais plus fort) est appliqué presque exclusivement à la fabrication si importante des corsets et de la confection.

Machines à coudre la chaussure

Les fabricants de chaussures emploient la machine dite n° 8 à griffe ou à roue, la machine n° 10 et la machine à champignon.

La machine n° 10, qui coud à volonté au fil poissé ou à la soie, convient surtout aux carrossiers, fabricants d'articles de voyage, équipements militaires, bâches, etc.

La machine à champignon permet de border la chaussure montée pour dames sans avoir besoin de bâtir le galon.

Des milliers de ces machines fonctionnent dans différentes manufactures; beaucoup marchent au moteur; d'ailleurs la réputation de MM. **Hurtu, Hautin** et **Diligeon** nous dispense d'insister sur cette industrie.

Machines à fil poissé

Nous appuierons cependant sur une création qui est leur œuvre et marque les commencements de leur entreprise, nous voulons parler de la machine à fil poissé, étudiée en vue de la couture des pièces de sellerie et de harnachement. Deux modèles sont fabriqués, et le plus grand permet de réunir ensemble des feuilles de cuir atteignant 27 m/m. Deux principes nouveaux marquèrent l'apparition de cette machine: 1° Le mouvement hélicoïdal de l'alène et de l'aiguille, permettant à l'alène de percer d'avance les gros cuirs, ne donnant ainsi à l'aiguille que la mission de passer le fil; 2° Le mouvement circulaire alternatif du crochet sur lequel s'enroule le fil poissé; la navette n'est jamais en contact avec ce fil et ne saurait s'encrasser, etc. Ce système est le seul autorisé par M. le ministre de la Guerre dans les directions d'artillerie, par elle la sellerie et la bourrellerie sont aujourd'hui en possession de la couture mécanique.

La fabrique de vélocipèdes

Cette importante maison devait profiter de son outillage pour fabriquer le vélocipède, qui doit être considéré, ainsi que la machine à coudre, comme un instrument de mécanique de haute précision.

MM. **Hurtu, Hautin** et **Diligeon** construisent des machines légères et solides, fabriquées avec le soin dont ils sont coutumiers et qui leur assure la faveur des connaisseurs. Comme remarquables, nous citerons une bicyclette de course sur piste et sur route, une bicyclette de 1/2 course ; de route et de dames, etc.

Toutes les pièces sont interchangeables, susceptibles de se déplacer par suite d'une graduation raisonnée qui permet aux cavaliers de les disposer pour leur taille.

Un système de tension de chaîne qui leur est propre se trouve à l'arrière, enfermé complètement dans l'intérieur des tubes, aucune pièce n'est susceptible d'être perdue, et elle est entièrement soustraite à l'action de la poussière et de l'eau. Enfin sa manœuvre très simple s'opère sans que l'on ait besoin de dérégler le serrage des billes de la roue d'arrière. Cette tension est accompagnée d'un système de *blocs* intercalés sur l'axe de la roue et permettant de démonter ces roues sans dérégler les roulements, perfectionnement d'une très grande importance, en raison de l'extension prise par les caoutchoucs pneumatiques, qui occasionnent souvent, par suite de leur réparation, des démontages fréquents.

Les compteurs d'eau anti-bélier

Enfin, depuis peu de temps cette maison exploite un nouveau compteur d'eau volumétrique dit anti-bélier, dont les principaux avantages sont les suivants :

1° L'exactitude à 1 0/0 près, obtenue par le moyen d'une différence sensible dans le diamètre des pistons qui se distribuent réciproquement le liquide, ce qui oblige le plus grand, qui a pour fonction de mesurer l'eau, de faire des courses complètes dans son cylindre. Cet avantage n'existe pas dans les autres systèmes, où les courses des pistons sont variables suivant les débits et les pressions auxquelles on soumet ces appareils.

2° L'atténuation à peu près complète des coups de bélier ou variation de pression, obtenue par l'effet de la distribution rapide effectuée par le petit piston mentionné ci-dessus et par l'emploi dans l'intérieur de l'appareil de balles élastiques amortissant les variations de pression.

3° La simplicité de l'appareil constitué seulement par deux pièces de fonte sans aucune pièce de distribution intermédiaire que l'on rencontre généralement dans tous les autres systèmes.

4° L'emploi d'un piston à développement télescopique, permettant une cylindrée plus considérable dans le même volume de cylindre.

La disposition complètement hors du liquide du mouvement enregistreur assure à leur appareil une plus longue durée et la possibilité d'une réparation simple, facile et peu coûteuse.

Fabrications diverses

A côté de ces trois branches importantes de leur fabrication et surtout pour l'occupation de leurs fonderies et ateliers d'Albert (Somme), MM. **Hurtu, Hautin et Diligeon** font encore les machines-outils, presses à copier, bouche-bouteilles, capsulateurs, fers à repasser, fraises à chaussures, fraises mécaniques, pinces à boucher les bouteilles, à capsuler, etc.

Toute cette fabrication répond bien à l'idée que l'on se fait de cette entreprise réputée et justifie son renom universel. De telles maisons jouent un rôle considérable dans l'avenir d'un pays, car elles soutiennent la lutte économique que se livrent toutes les nations. Notre cadre des plus restreints nous empêche d'écrire plus longuement sur l'importance de semblable entreprise, d'ailleurs les récompenses accordées à cette maison française sont nombreuses, et à l'Exposition universelle de 1889 les directeurs étaient nommés membres du jury et leurs produits classés hors concours. A Chicago, ces Messieurs étaient également et tout naturellement hors concours.

HENRI LEPAUTE FILS

Constructeur-Opticien

PARIS — 6, RUE DE LAFAYETTE, 6 — PARIS

L'Exposition de M. **Lepaute est** remarquable par le fini des objets exposés.

C'est d'abord un feu éclair à l'huile minérale, appareil d'éclairage de cinquième ordre portant lentille unique avec réflecteur sphérique. Voici la description de cet appareil et de ses principaux avantages :

Cette exposition a lieu sous les auspices de MM. **Bernard**, directeur du service des phares ; **Bourdelles**, ingénieur en chef, et **Tricero**, conducteur.

Les ateliers de la maison H. **Lepaute** sont situés à Paris, rue Desnouettes, 11 à 25. Ils comprennent un outillage des plus complets.

Le nombre des ouvriers employés est élevé.

Les spécialités de la maison **Lepaute** sont multiples, mais toutes dans la même direction : les appareils de précision pour phares et fanaux lenticulaires, les feux de ports et les feux flottants, les phares électriques, les signaux sonores, forment pour ainsi dire leur grand département.

M. Henri **Lepaute** est l'ami de l'Association des Phares de l'empire ottoman, qui a à sa tête MM. **Collas** et **Michel**, dont le nom est connu de tous.

Comme horlogerie, la maison Henri **Lepaute** est l'une de nos premières. C'est elle qui a construit les horloges de l'Hôtel des postes, de l'Hôtel-de-Ville, des palais nationaux, des chemins de fer, etc. Une foule d'horloges publiques sortent de ses ateliers.

Tous les mécanismes de précision, d'unification de l'heure, de réglage automatique par l'électricité, sont des travaux courants dans cette maison. Il n'y a pas jusqu'aux constructions de précision pour moulins à vent qui n'aient été abordés par M. Henri **Lepaute**.

Bref, à Chicago la place de cet industriel hors pair était toute marquée, et il a bien fait d'accepter le bon combat *pro patria*.

Vve Sre LEVENT ET Cie

Boulons, Tirefonds, Rivets, Chevillettes, Clous, Chaines, etc

Ateliers de galvanisation.

A BAVAY (NORD)

La Société Vve **Sre Levent et Cie** a des spécialités qui sont très appréciées des grandes administrations, des chemins de fer et de l'État, nous voulons parler des rivets, tirefonds, etc., qui sont comme la monnaie courante de la mécanique et de la construction.

La maison Levent a tenu à honneur d'envoyer à Chicago une immense et magnifique panoplie montrant les échantillons de toutes les pièces fabriquées à Bavay :

En haut, nous remarquons toute la série des tirefonds en gammes croissantes et décroissantes de longueur et de largeur. Que de machines-outils cette simple échelle d'objets représente ! Puis vient l'armée des boulons, puis celle innombrable de toutes les vis, de tous les rivets, de tous les clous et jusqu'à des chaînes.

L'arrangement de ce tableau gigantesque d'objets est vraiment merveilleux et tout cela est présenté avec un goût et une symétrie parfaits.

Un mot sur les diverses fabrications ne sera pas de trop ici.

On sait que dans le principe les rivets se fabriquaient à la main; depuis l'application du fer aux constructions de tout genre, on a été forcé de chercher des moyens mécaniques pour opérer rapidement et économiquement cette fabrication. Les appareils employés sont de divers systèmes, mais ils reposent tous sur les mêmes principes et ne diffèrent que par la plus ou moins grande rapidité de leur fonctionnement. Ce mode de fabrication comprend trois opérations distinctes : le découpage, le chauffage, et la formation de la tête. La première se fait au moyen d'un découpoir qui a pour objet de couper à froid, à la longueur voulue, la tige de fer d'une longueur déterminée que l'on soumet à son action ; la seconde a lieu dans un fourneau particulier, enfin la troisième s'opère au moyen d'un refouloir qui fait la tête après que le corps a été chauffé au rouge dans le four précédent.

La maison Sre Levent et Cie, qui a poussé dans ses derniers perfectionnements cette fabrication, a été fondée à Bavay, en 1853, par M. Silvère Levent, qui avait alors pour associé son propre frère, M. Louis Levent. Modeste au début, cette usine s'est peu à peu développée et a subi des transformations complètes, entièrement à son avantage.

Disons tout d'abord que M. Silvère Levent, homme généreux et dévoué, s'était acquis dans le pays une légitime popularité, puisqu'il était devenu maire de Bavay et conseiller général du canton.

Après sa mort, la maison prit la raison sociale de Veuve Sre Levent et Cie, Mme **Levent** ayant pour associés : MM. Ernest et Léon **Levent**, ses fils, et M. Darch-Levent, son gendre. Celui-ci est aussi devenu conseiller général du canton, s'occupe de la partie commerciale ; mais on peut dire que l'habile et énergique direction de M. Léon **Levent** a réellement métamorphosé cette usine qui, par un progrès incessant, par le perfectionnement des procédés et de l'outillage, est devenue, en ce genre, un établissement de premier ordre, et a acquis une importance considérable.

Le matériel des chemins de fer, boulons, tirefonds, crampons, chevillettes, constitue la base de la fabrication. L'usine de Bavay livre ses produits spécialement aux grandes compagnies de chemins de fer français, aux chemins de fer d'intérêt local, et aussi à l'exportation. Une mention toute particulière est due à ses tirefonds qui, de l'aveu des ingénieurs réceptionnaires, ont acquis un tel degré de perfectionnement qu'il est difficile de trouver ailleurs une fabrication aussi soignée.

La fabrication des rivets pour les principaux établissements de construction y occupe également une très large place ; d'un aspect et d'un fini irréprochables, ils sont justement appréciés partout. Ajoutons que les marchands de fers, les entrepreneurs, les quincailliers, peuvent toujours trouver à l'usine de Bavay un assortiment complet de boulons de toutes sortes, de tiges à souder, d'écrous, de dents de herses, etc., un immense magasin, récemment construit, contient toujours un tonnage important de boulons pour mécaniciens, de toutes dimensions, soigneusement empaquetés, et que l'on peut expédier à la première demande.

L'usine possède en outre un atelier de goudronnage et un atelier de galvanisation ; des procédés spéciaux rendent parfaites ces deux opérations.

Si la fabrication des articles est irréprochable, cet établissement se recommande encore par l'excellente qualité des fers qui y sont employés, et la promptitude apportée à l'exécution des commandes

Enfin, nous ne saurions terminer cette rapide monographie sans dire quelques mots du personnel des bureaux, toujours le même, et sans citer l'exemple de M. **Moreau**, chef de comptabilité, qui compte plus de quarante années de services dans l'établissement et a reçu du gouvernement une médaille, légitime récompense de sa longue et laborieuse carrière. On pourrait, d'ailleurs, en dire autant au sujet du personnel des ateliers d'ajustage, auquel un ingénieur réceptionnaire rendit un jour hommage, en disant : « On voit toujours ici les mêmes figures ! »

Les mœurs, encore patriarcales, de cette laborieuse population sont dues, sans doute, avant tout, au caractère des employés et des ouvriers, peut-être un peu à la bienveillance des patrons, mais beaucoup, certainement, à l'air qu'on respire en ce pays, privé encore des... bienfaits (?) de l'industrie, et aussi au voisinage de la petite rivière de l'Hogneau qui, tout en actionnant une turbine, pour aider les machines à vapeur, donne par son murmure et par sa fraîcheur cette sensation de bien-être si salutaire et qui contribue d'une façon si efficace à maintenir l'harmonie entre les divers membres du personnel.

L'Exposition de Madame Veuve Sᵗʳ. Levent est en somme une de celles qui ont contribué le plus à maintenir le bon renom de l'industrie française à Chicago, et une grande récompense lui a été décernée par l'opinion unanime des visiteurs.

JULES LE BLANC

Ingénieur

PARIS — 52, RUE DU RENDEZ-VOUS, 52 — PARIS

M. Jules **Le Blanc** est toujours en avant pour le progrès.

Il devait naturellement être à Chicago. Il expose :

1° *Une machine* nouvelle toute spéciale *pour fileter à chaud les tirefonds de chemins de fer*, sans altération du métal et à très grande production;

2° *Une machine à vapeur Compound*, commandant directement *une pompe double*, à clapets métalliques à très grands orifices. Cette machine, de grande puissance, très ramassée et robuste, permet un refoulement à grandes pressions, avec grande économie de vapeur;

3° *Une étuve locomobile à vapeur sous pression, destinée à combattre les épidémies*, en détruisant les insectes, microbes, germes pathogènes, spores, etc., dans les objets de literie, linge, vêtements et objets mobiliers ayant été en contact avec les malades atteints d'affections contagieuses.

Ces machines et appareils sont d'une construction parfaite et sont intéressants par leur originalité et l'importance des services qu'ils sont appelés à rendre dans l'industrie et dans leur application à l'hygiène publique.

Une grande récompense est méritée par M. Jules **Le Blanc**.

MULLER ET ROGER

Fonderie de Bronze et de Cuivre — Fabrique de Robinets

PARIS — 108, AVENUE PHILIPPE-AUGUSTE

La maison **Muller** et **Roger**, qui est une des premières de notre pays dans ses spécialités, a tenu à honneur de figurer à l'Exposition de Chicago.

Elle occupe une énorme vitrine verticale à étagères avec plancher en avant pour recevoir les grands appareils.

Au centre nous pouvons examiner tous les systèmes de soupapes, de sifflets, de purgeurs, de valves, de prises de vapeur, le clapet-robinet de retenue de vapeur L. **Pasquier**, le robinet Peet-valve, les purgeurs automatiques système **Legat**, le robinet à section directe système **Pile**, la soupage de sûreté à échappement progressif système **Dulac**, le robinet **Bremulger** à action directe pour fortes pressions, le robinet détendeur régulateur de pression, le purgeur automatique **Richard**, etc.

Bref, tout ce que l'on peut imaginer dans la meilleure robinetterie à vapeur est là.

Dans le troisième compartiment de la vitrine, on voit toute la robinetterie ordinaire domestique, le flotteur à soupape équilibrée, le robinet pneumatique, etc.

Sur le tapis du plancher nous voyons un robinet à tige brisée de grande dimension, un colossal robinet détendeur, un robinet bivalve.

Toutes ces pièces sont admirablement traitées et on peut les manœuvrer.

Deux tableaux tournants représentent les ateliers énormes et modèles de MM. **Muller** et **Roger**.

Donnons quelques détails sur ces appareils intéressants.

Prises de vapeur

Robinets à boisseau et à soupape

Les robinets employés pour prises de vapeur peuvent présenter différentes formes. On les construit soit tout en bronze, soit en fonte et bronze, soit en acier, soit en métal spécial résistant aux acides, à boisseau ordinaire, à boisseau foncé, à soupape ou à valves.

Les robinets à boisseau ordinaire ne présentent pas de particularités et sont connus, se construisent en *série forte*, *série légère* ou en *série extra-légère*. Ils se font également tout en bronze, bruts ou polis, en fonte et bronze ou entièrement en fonte.

Les robinets à boisseau foncé offrent l'avantage de ne présenter *aucune fuite apparente* de vapeur. La garniture de ces robinets se fait comme celle des presse-étoupes ordinaires.

Les robinets à soupape peuvent être établis tout en bronze ou fonte et bronze. MM. **Muller** et **Roger** ont récemment refait toute la série de leurs modèles de robinets à soupape tout bronze, en modifiant le mode d'attache du clapet à la tige, renforçant les épaisseurs, augmentant les dimensions de la chambre du presse-étoupes afin de faciliter la confection de la garniture.

La série des robinets à soupape se construit aussi en remplaçant la fermeture bronze sur bronze du clapet par une garniture en métal spécial résistant à la vapeur et aux acides, dit **métal Romul.**

La durée de ce métal est considérable.

Robinet Peet-Valve

La Peet-valve. — Un appareil fréquemment employé comme prise de vapeur est le robinet dit **Peet-valve**, que l'on exécute soit entièrement en bronze jusqu'à 200 m/m d'orifice, soit fonte et bronze de 50 jusqu'à 650 m/m d'orifice.

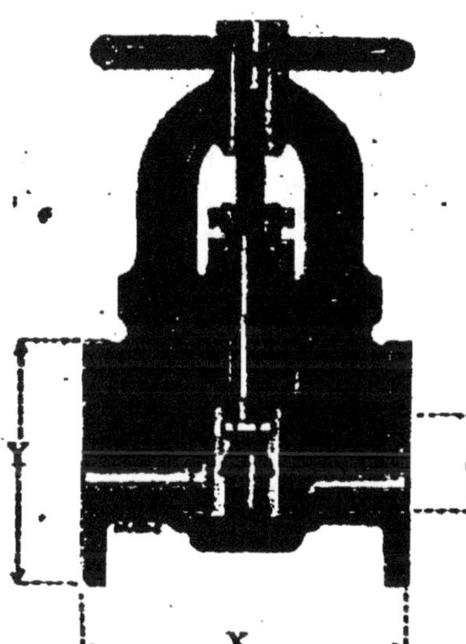

Dans ce robinet, la fermeture s'opère au moyen de deux disques plans et parallèles et d'un coin qui se trouve entre eux, les obligeant toujours à s'appliquer sur les deux faces tournées, leur servant de sièges. Les disques sont guidés par des rainures latérales disposées de façon à éviter tout frottement pendant la manœuvre du robinet entre ces disques et leurs sièges.

En outre de l'étanchéité parfaite que la dilatation produite par la température de la vapeur ne peut altérer, ce système offre l'avantage de fournir à la vapeur un passage droit et de section constante. Ces robinets présentent en outre le grand avantage d'être d'un *poids très faible* et d'occuper un *espace restreint*, ce qui permet de les employer avantageusement pour les chaudières et les machines marines.

En cas de fuite, la réparation est des plus faciles; il suffit de dresser les disques sur un marbre à l'aide d'un grattoir, ce qui peut se faire partout et sans le secours d'outils spéciaux.

Les nombreuses applications de ce système faites en Angleterre, en Amérique et en France sont les meilleures preuves de ses avantages et la meilleure garantie de son bon fonctionnement.

Robinet Bromulger

Le robinet Bromulger breveté s. g. d. g. — On se plaint généralement et avec quelque raison de ce fait que les robinets pour vapeur employés jusqu'à cejour, quel que soit le soin apporté à leur construction, présentent toujours certaines défectuosités, soit dans leur manœuvre, soit dans leur étanchéité.

Le robinet **Bromulger**, qui a été étudié avec soin dans tous ses détails, résout le difficile problème d'une obturation parfaite, d'une manœuvre aisée, d'un volume d'encombrement restreint et d'une solidité à toute épreuve.

Dans ce robinet, le passage de la vapeur est *direct*, sans étranglement, la clef est munie de fortes nervures, le guidage, au lieu d'être obtenu par des guide-tiges sujets à se casser, est absolument assuré grâce aux épaisses nervures de la clef et aux talons renforcés de la tige. La *garde* est *considérable*, par suite les chances de fuite sont réduites à leur minimum. Ce robinet se manœuvre facilement et peut fonctionner à haute pression, les épaisseurs des parois étant très fortes, les brides peuvent être établies sur demande avec drageoirs ou emboîtages pour joints prisonniers; il peut donc être employé pour résister à une pression de 12 à 15 kilos par centimètre carré. Le volant montant avec la tige, on peut voir aisément l'ouverture et la fermeture du robinet. La garniture du presse-étoupes et la vis sont absolument soustraites à l'action de la vapeur, il ne peut donc se produire aucun encrassage ni aucune fuite. La liaison de la clef à la tige filetée ayant lieu bien au-dessous du centre de gravité, la fermeture est hermétique.

En résumé ce robinet se distingue par les avantages suivants:

1° Fermeture hermétique; 2° Passage direct; 3° Résistance à 15 kilos de pression; 4° Presse-étoupes et vis de manœuvre à l'abri du contact de la vapeur; 5° Fonctionnement très doux; 6° Démontage et réparations faciles.

Robinet valve à garniture étanche et à tige brisée

Comme robinet de prise de vapeur on peut recommander encore le robinet valve à garniture étanche et à tige brisée. Il se compose d'un corps cylindrique en fonte ou en bronze dans lequel est emmanché un coin qui force le disque à s'appliquer sur son siège. La vis est actionnée par une tige terminée par un carré et portant un cône qui fait *garniture étanche* sur une bague en

métal antifriction. Un volant actionne cette tige. Une glissière sert à guider le disque dans sa montée.

Une plaque émaillée, portant des divisions et les mots *ouvert* et *fermé*, permet de se rendre compte exactement de l'ouverture ou de la fermeture du robinet. Un bouchon de vidange à la partie inférieure peut servir au nettoyage du robinet.

Ce robinet présente les avantages suivants :

1° Passage direct;

2° Suppression de toute garniture ;

3° Fonctionnement très doux;

4° Indication de l'ouverture et de la fermeture ;

5° Résistance à 15 kilos de pression ;

6° Démontage et réparations faciles.

Robinet bi-valve à corps cylindrique ou elliptique

Robinets bi-valves à corps cylindrique ou elliptique, système breveté s. g. d. g. — Comme dernier appareil breveté de prise de vapeur, il y a le robinet bi-valve que MM. **Muller** et **Roger** construisent, soit à corps cylindrique, soit à corps elliptique, et qui figurait à Chicago.

Cette dernière forme est plus particulièrement applicable aux usages industriels, la forme cylindrique ne s'exécutant que pour les établissements de la marine et ne se construisant qu'entièrement en bronze.

En effet, à la suite des essais qui ont été faits à l'Etablissement National d'Indret, le ministre de la Marine, par circulaire en date du 4 juin 1891, a autorisé l'emploi des robinets bi-valves à corps cylindrique et elliptique sur les navires de l'Etat.

MM. **Muller** et **Roger** fournissent couramment ce robinet aux Etablissements d'Indret et aux cinq ports militaires.

Ces robinets se composent d'un corps cylindrique ou elliptique présentant deux plans inclinés parfaitement dressés sur lesquels viennent s'appliquer deux disques indépendants guidés dans toute leur course par des rainures venues de fonte. Un écrou mobile encastré dans les deux disques permet, au moyen d'une vis, d'opérer l'ouverture ou la fermeture du robinet.

Dans cet appareil on voit que les organes de fermeture se composent uniquement d'une vis, de deux disques et d'un écrou.

Ces robinets, quelle que soit la position qu'ils occupent : droite, horizontale ou inclinée, se comportent parfaitement sous des pressions variant de 12 à 20 kilos.

Le corps elliptique offre l'avantage de présenter un faible volume d'encombrement.

Tous les robinets, quelle que soit leur forme ou leur disposition, peuvent être munis d'un indicateur d'ouverture et de fermeture breveté s. g. d. g.

Détendeur de vapeur

Détendeur de vapeur, système **Legat**, breveté s. g. d. g. — Ce système figure à l'Exposition ; voici son principe :

Lorsque l'on veut obtenir, dans une conduite de vapeur, soit pour un moteur, soit pour un chauffage, une pression fixe et régulière, il est indispensable de faire usage d'un robinet *détendeur*.

Il en existe de différentes sortes. Celui que construisent MM. **Muller** et **Roger** réunit tous les avantages et offre toutes les garanties :

1° Il fonctionne *sans presse-étoupes* et par conséquent *sans frottement ;*

2° Il est d'une sensibilité parfaite ; il agit indépendamment de la pression avec la plus grande régularité et maintient la vapeur détendue constamment à la pression pour laquelle il a été réglé ;

3° Sa disposition permet de le placer indistinctement sur la tuyauterie ou sur les appareils ou moteurs appelés à le recevoir.

Légende explicative

O, Corps du robinet détendeur.

E, Tubulure d'entrée du fluide à détendre (vapeur ou autre).

S, Tubulure de sortie du fluide détendu.

M, Membrane métallique extensible jouant le rôle de *piston sensibilisateur de la pression* et aussi le rôle de presse-étoupes dont elle évite le frottement et les fuites.

D, Obturateur-soupape équilibré relié à la membrane qui lui communique le mouvement par l'effet de la pression de la vapeur détendue.

F, Tige centrale reliant l'obturateur à la membrane.

H, Chapeau recouvrant la membrane et servant à la fixer par joint prisonnier au corps du robinet.

GG' Ressorts-balances équilibrant l'action de la pression intérieure sur la membrane.

BB' Leviers-entretoises à l'extrémité desquels agissent des ressorts.

A' Volant servant à régler la tension des ressorts suivant la pression à laquelle on veut obtenir la vapeur détendue.

J, Tige filetée recevant le volant et fixée au centre du bouchon-couvercle terminant l'appareil.

Fonctionnement

La vapeur ou le fluide à détendre arrive par l'orifice E, pénètre dans le corps du robinet O, où il se détend, et, agissant alors sur la membrane M, tend à faire fermer la soupape équilibrée maintenue ouverte par la tension des ressorts GG'.

Si la pression augmente, ou si le débit de la vapeur diminue, ce qui entraîne par suite une augmentation de pression, l'action sur la membrane augmente, la tension des ressorts est vaincue et la soupape tend à se fermer, diminuant ainsi l'arrivée de vapeur et rétablissant l'équilibre. Il se produit donc une série de mouvements analogues à ceux d'une balance et la vapeur détendue se maintient constamment à la pression pour laquelle les ressorts ont été réglés au moyen du volant A'. Le même effet se produit d'une façon inverse si la pression diminue ou si le débit augmente, dans ce cas la soupape tend à s'ouvrir pour rétablir l'équilibre.

En résumé, avec ce robinet détendeur on obtient à la sortie de l'appareil de la vapeur à la pression *absolument fixe et régulière* pour laquelle les ressorts ont été réglés, alors que la pression de la vapeur venant des générateurs présente des *variations considérables*.

Applications

Cet appareil est avantageusement employé dans tous les cas où un fluide quelconque (*vapeur ou autre*) doit être pris à une *pression fixe ou variable* pour être détendu et utilisé à une *pression régulière*.

Il est donc indispensable dans les applications de la vapeur comme chauffage et force motrice. Dans ce dernier cas, il rend de signalés services pour l'emploi des moteurs de machines *magneto ou dynamo-électriques* appliquées à la production de la lumière électrique. Il est aussi le complément indispensable des générateurs qui produisent la vapeur à haute pression comme ceux du système **Belleville**, **de Nayer**, **Collet**, **Lagosse**, **Charles et Babillot**, **Dulac** et autres.

Il peut être employé avec grand avantage dans les installations hydrauliques, pour régler la pression de l'eau dans les conduites et éviter ainsi les coups de bélier qui occasionnent la rupture des tuyaux.

Le robinet détendeur ne fermant pas hermétiquement, il est utile de placer avant cet appareil un robinet d'arrêt sur la conduite.

Pour le réglage facile de l'appareil, il est indispensable de munir le robinet détendeur d'un manomètre indiquant à la sortie du robinet la pression de la vapeur détendue.

Avis important. — D'après la description même du robinet détendeur, on comprend que l'appareil ne fonctionnerait pas s'il n'y avait pas un débit de vapeur à la sortie, la pression s'équilibrerait bientôt des deux côtés de l'appareil.

Appareils de graissage

Les appareils de graissage forment aussi une section importante de la maison **Muller** et **Roger**. Ils peuvent se diviser en deux classes.

Les *graisseurs ordinaires*, dans lesquels le graissage s'effectue à la main d'une façon intermittente.

Les *graisseurs automatiques*, qui fonctionnent mécaniquement et d'une manière continue.

Il n'y a rien à dire du *graisseur ordinaire* que chacun connaît.

Les graisseurs avec vase en verre et goutte visible permettent de voir la dépense d'huile et de régler le débit du graissage à un certain nombre de gouttes à la minute.

Les graisseurs à graisse consistante sont depuis quelque temps d'un usage fréquent depuis que l'on se sert de graisse solide, dite graisse consistante, pour remplacer les huiles de graissage.

La maison construit trois graisseurs à graisse consistante.

Les graisseurs automatiques que MM. **Muller** et **Roger** construisent sont les graisseurs système **Pick**, le graisseur **Pearson**, le graisseur à cadran, le graisseur **Meyer** et les graisseurs automatiques à *débit visible.*

Graisseur automatique à débit visible. — MM. **Muller** et **Roger** ont même inventé un graissage réglé à volonté, automatique et à débit visible.

Condensation de la vapeur

Les purgeurs automatiques

La maison construit trois systèmes de purgeurs automatiques :

1° Purgeur automatique à flotteur et aiguille indicatrice;

2° Purgeur à soupape équilibrée. Ces deux appareils sont du système D. **Legat**;

3° Purgeur à dilatation, système **Richard**.

Le premier convient pour les grands débits, pour les chauffages à vapeur, les appareils à cuire. Le second, pour les quantités moindres d'eau de condensation : étuves, séchoirs. Le troisième, pour les plus faibles débits : conduites de vapeur, cylindres de machines, etc.

L'extracteur à flotteur et aiguille indicatrice est très connu.

Le purgeur automatique à soupape, système D. **Legat**, est aussi très employé, mais c'est surtout le *purgeur automatique* à fonctionnement continu, sans organe mobile, système Ch. **Richard**, ingénieur des arts et manufactures, qui est le plus employé. Il figure à l'Exposition de Chicago.

Cet appareil se recommande par la simplicité de sa construction, l'absence de mécanisme et la facilité du réglage qui, une fois fait, reste immuable. Il se construit en deux modèles : modèle simple pour petits débits et modèle avec bouteille pour débits un peu plus importants.

L'orifice de sortie de l'eau est de 10 m/m.

Description et réglage

Cet appareil se compose d'un tronc de cône cannelé en *métal dilatable spécial*, descendant dans une boîte en fonte de même forme conique. Ce tronc de cône peut monter ou descendre sous l'action d'une vis. Une clé de manœuvre s'adapte au carré de la vis.

L'orifice I est en communication avec la conduite à purger, l'orifice E permet à l'eau évacuée de s'échapper à l'extérieur.

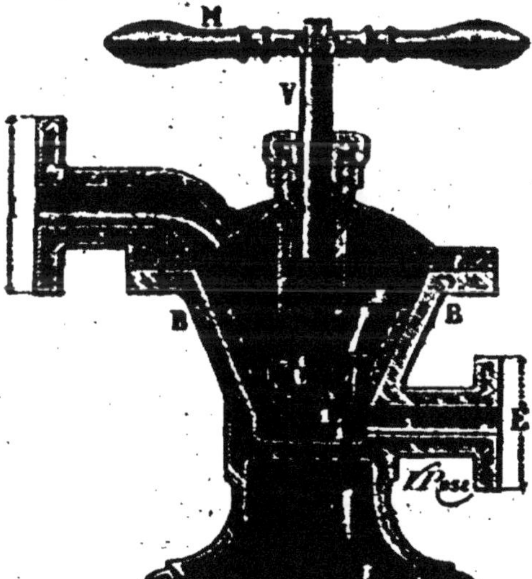

On descend le tronc de cône au moyen de la vis jusqu'à ce qu'il soit en contact avec les parois de la boîte, *sans serrer*, on place l'appareil sur la conduite à purger. Puis on remonte très lentement le tronc de cône jusqu'à ce qu'on aperçoive une buée s'échapper sans jets de vapeur par l'orifice.

Fonctionnement

L'eau de condensation arrive par l'orifice I : sa température étant inférieure à celle de la vapeur, le tronc de cône se contracte et, en se contractant, laisse un passage annulaire suffisant pour l'évacuation de l'eau. La conduite se purge : quand il n'y a plus d'eau, la vapeur arrivant en contact avec le tronc de cône le dilate et barre le passage annulaire par lequel l'eau avait pu s'échapper.

Quand une nouvelle eau de condensation se présente, le tronc de cône se contracte de nouveau, et ainsi de suite, les mouvements de contraction et de dilatation se produisant alternativement.

Les cannelures du tronc de cône, en retenant une partie de l'eau condensée, ralentissent son écoulement et empêchent les pertes de vapeur.

(*Pour les nombreuses références, voir l'album des appareils spéciaux brevetés.*)

Appareils de sûreté et de contrôle

Les appareils de sûreté et de contrôle sont :

Les indicateurs de niveau d'eau, les purgeurs, les sifflets d'alarme, les bouchons fusibles, les soupapes, les manomètres, le clapet de retenue de vapeur, système **Lucien Pasquier**, dont nous avons déjà parlé.

Les indicateurs de niveau d'eau sont bien connus, tous ces appareils sont admirablement construits et en séries immenses à la maison **Muller et Roger**.

La soupape à grand débit et à échappement progressif système **S. L. Dulac** est intéressante à plus d'un titre.

Les soupapes ordinaires ne sont que de simples avertisseurs. Leur levée n'excède pas 1 à 2 m/m ; elles ne débitent pas la vapeur produite en excès et la pression s'élève rapidement dans le générateur. Pour obvier à cet inconvénient on a imaginé des soupapes perfectionnées à grand débit. La soupape système **S. L. Dulac** que MM. **Muller et Roger** construisent résout le problème d'une façon complète. Cette soupape est caractérisée par son compensateur, le mode d'articulation du levier et le guidage du clapet.

Le compensateur est formé d'un tronc de cône métallique léger qui surmonte le clapet et d'un ajutage qui prolonge le siège en enveloppant le tronc de cône sur une partie de sa hauteur et formant entre les deux organes un espace annulaire suffisant pour l'écoulement de la vapeur.

Le levier oscille sur un couteau en acier, mais cette disposition, considérée à bon droit comme dangereuse, offre une sécurité absolue grâce aux soins qu'a pris l'inventeur de faire traverser le levier par le cylindre en acier dans l'encoche duquel oscille le couteau. Grâce à ce dispositif aussi simple que rationnel, l'articulation conserve une extrême sensibilité, elle résiste victorieusement aux chocs et à l'arrachement. Le guidage précis du clapet est obtenu par les longues ailettes inférieures dont le poids place le centre de gravité du mobile au-dessous du portage.

Le clapet et son cône sont en *bronze phosphoreux très dur*, l'articulation, le pointeau et ses contacts et le levier sont en acier.

Quand la pression de la vapeur est supérieure à la charge, le clapet se soulève, la veine fluide en s'écoulant dans l'atmosphère éprouve une perte de pression dont l'influence se fait sentir sous le clapet de la soupape; mais cette vapeur en s'échappant par l'espace annulaire compris entre l'ajutage et le tronc de cône produit une action mécanique qui aide au soulèvement du clapet en compensant exactement la perte de charge qu'éprouve la vapeur brusquement détendue. L'action de cette vapeur est divergente, elle n'agit pas *par chocs*, mais bien *par pression*, sur des surfaces de plus en plus développées.

C'est l'unique moyen d'obtenir l'équilibre constant des forces, de limiter le soulèvement du clapet à la hauteur rigoureusement nécessaire pour éviter toute surpression dangereuse et toute perte inutile de vapeur.

Avis important. — Nous croyons devoir appeler tout particulièrement l'attention des constructeurs et des industriels sur le *grand débit* des soupapes **Dulac**, comparées aux soupapes ordinaires, même les mieux construites. En effet la soupape **Dulac** donne un *débit de* 100 *kilogrammes de vapeur par centimètre carré et par heure*. La soupape ordinaire construite avec articulation sur couteau, comme la soupape **Dulac**, ne donne que 20 kilogr. de vapeur par centimètre et par heure. Enfin la soupape du commerce à articulation sur axe cylindrique, même la mieux construite, ne donne que 6 kilogr. par centimètre carré et par heure. Ces chiffres dispensent de tout commentaire.

Appareils et robinets spéciaux

pour fabriques et produits chimiques, sucreries, raffineries, distilleries, papeteries, teintureries, lavoirs, etc.

Le cadre restreint de cette note ne nous permet pas de détailler et de classer méthodiquement par genre d'industrie tous les appareils accessoires qui sont construits avenue Philippe-Auguste, mais on peut dire que pas une sucrerie, pas une raffinerie, pas une industrie n'est ignorée, et que chacune d'elles, chez MM. **Muller** et **Roger**, trouve ses modèles spéciaux.

Appareils en usage dans la marine et les Chemins de fer

Fournisseurs de la Marine et de l'Etat, de la Guerre, de la Compagnie générale transatlantique, de la Société des Chantiers de la Loire et de toutes les Compagnies des chemins de fer français, MM. **Muller** et **Roger** ont un choix considérable de modèles spéciaux et la pratique des travaux les plus importants. C'est ainsi que les hélices du plus grand navire de la flotte de la Compagnie transatlantique : *la Touraine*, ont été fondues dans leurs ateliers, et que les hublots de *la Normandie*, de *la Touraine*, de *la Bretagne* et de *la Champagne* ont été fondus et rachevés par eux.

Appareils pour canalisation et distribution d'eau

Une des branches importantes de la fabrication, qui a été considérablement augmentée depuis dix ans, est la construction de toute la robinetterie pour l'eau.

Plutôt que de chercher le bon marché en établissant des modèles légers et communs, ce qui se fait généralement pour ces articles, on a pensé qu'il était préférable d'étudier soigneusement cette robinetterie dans tous ses détails, de lui donner des épaisseurs suffisantes, des formes rationnelles, et de la construire avec les mêmes soins que la maison apporte à l'établissement de la robinetterie pour vapeur.

Bronzes phosphoreux et mangano-phosphor

MM. **Muller** et **Roger** sont producteurs de bronzes.

On sait que le phosphore introduit dans les alliages de cuivre et d'étain, par suite de son affinité pour l'oxygène, réduit les oxydes, donnant au métal plus d'homogénéité et de résistance.

Le bronze phosphoreux n° 3 est *spécial pour les articles*.

Le bronze mangano-phosphor est au bronze phosphoreux ce que le bronze phosphoreux est au bronze ordinaire.

Un grain fin et serré, une texture compacte, une très grande dureté, une homogénéité parfaite, sont les principales qualités du *bronze mangano-phosphor*.

Les bronzes d'aluminium, *les métaux antifriction*, *le plomb durci*, sont aussi des produits de la maison **Muller et Roger**.

Telles sont très rapidement les importantes spécialités de cette grande maison. Un mot d'historique pour terminer.

Historique

La maison **Muller** et **Roger** est formée de la réunion des deux anciennes maisons **Brequin** et **Lainé** et **Thiébaut** et fils.

La première a été fondée en 1830 par M. **Detourbet**, qui s'adjoignit, en 1847, M. **Brequin**, son gendre. La maison s'occupait alors exclusivement de la fonderie de bronze brut pour la mécanique et la statuaire. La création des chemins de fer vint donner une plus grande extension à cette industrie. Un atelier de robinetterie fut créé et MM. **Detourbet** et **Brequin** devinrent fournisseurs de toutes les compagnies. En 1862, M. **Brequin** resté seul s'adjoignit M. **Lainé**, et l'exploitation de l'usine se continua sous la raison sociale **Brequin** et **Lainé** jusqu'en 1878, où M. **Muller** entra comme associé. En 1883, M. **Roger**, ingénieur civil, ancien élève de l'École centrale, entra dans la Société, qui, par suite du départ de M. **Lainé**, devint **Brequin**, **Muller** et **Roger**. M. **Brequin** s'étant retiré en 1888, la raison sociale est aujourd'hui **Muller** et **Roger**.

La maison **Thiébaut** fut fondée en 1790; elle devint successivement **Thiébaut** et fils, dont les ateliers étaient situés, 156, faubourg Saint-Denis, puis **Bergès** et fils, par suite de la cession faite par MM. **Thiébaut** à M. **Bergès** de la partie de leur industrie autre que le bronze d'art. En 1885 elle cessa d'être Société en nom collectif pour devenir Société anonyme sous le titre de *Société de Fonderie industrielle de bronze et de cuivre*. Au 1er avril 1889, cette Société a été réunie à la maison **Muller et Roger**.

Les ateliers de la maison **Thiébaut et fils**, situés alors, 150, rue Oberkampf, et ceux de la maison **Broquin, Muller et Roger**, 59, faubourg du Temple, ont été réunis, 108, avenue Philippe-Auguste, dans une nouvelle usine construite par MM. **Muller et Roger** en 1888.

Importance. — L'usine occupe une superficie de 5.000 mètres. Si l'on tient compte des sous-sols et des galeries, la surface totale couverte utilisée est d'environ 9.000 mètres.

Toute la construction principale est en fer et briques.

L'usine occupe de 350 à 400 ouvriers et environ 40 ingénieurs, contremaîtres et employés.

L'outillage des ateliers de robinetterie et celui de la fonderie comprend environ 300 machines-outils.

Les machines-outils sont actionnées par une machine « Corliss » de 100 chevaux (Lecouteux et Garnier).

La machine motrice est alimentée par 3 générateurs (Dulac).

Débouchés. — La maison **Muller et Roger**, en outre de ses voyageurs, a des représentants dans les principales villes de France (Bordeaux, Nantes, Rouen, le Havre, Nancy, Angers, Saint-Quentin, Marseille, Valenciennes, Reims, etc.), ainsi qu'en Algérie, Tunisie, Égypte et Amérique. Le nombre des clients, qui, en 1878, ne dépassait pas 3.000, est de près de 8.000 aujourd'hui. Parmi ceux-ci, il faut citer : l'État, la Marine, la Guerre, les Finances, la Ville de Paris, les principales villes de France, les Compagnies de chemin de fer et de navigation, les principaux établissements métallurgiques, les grands ateliers de construction, etc.

Les catalogues et albums de la maison forment trois grands volumes (album vapeur — album plomberie — album des appareils spéciaux brevetés) contenant les types construits, avec les cotes principales, de manière à permettre l'étude facile des projets de construction.

Institutions de prévoyance. — En 1891, MM. **Muller et Roger** ont créé dans leurs ateliers trois institutions de prévoyance :

1° Caisse de secours aux malades et blessés ;
2° Caisse de retraite à la vieillesse ;
3° Participation aux bénéfices.

1° *Caisse de secours aux malades et blessés*. — Chaque ouvrier verse à cette caisse une somme d'un franc par quinzaine et les patrons une somme égale au total des versements effectués par tous les ouvriers jusqu'à ce que le fonds de caisse atteigne 2.000 francs.

Tous les ouvriers de l'usine font partie de cette Société de secours mutuels.

En cas de maladie ou de blessure légère, chaque sociétaire reçoit une indemnité de 3 francs par jour pendant les trois premiers mois et de 2 francs pendant les trois mois suivants. En cas de décès, une somme de 100 francs est remise à la veuve.

2° *Caisse de retraite.* — Chaque ouvrier ou employé qui consent à verser 20 francs par an reçoit de MM. **Muller** et **Roger** une somme égale de 20 francs dite participation fixe aux bénéfices de la maison, qui lui est donnée *sans condition ni réserve*, et qui est déposée à la caisse de retraite pour la vieillesse, à capital réservé ou aliéné à son choix, afin de lui assurer, à cinquante ou soixante ans, une retraite qui pourra atteindre, en moyenne, pour les ouvriers inscrits déjà, la somme de 5 à 600 francs.

150 ouvriers et employés environ profitent de cette disposition.

3° *Participation aux bénéfices.* — Enfin, à dater du 1er janvier 1892, les ouvriers et employés ayant plus de trois années de présence à l'usine, et qui ont donné des preuves d'aptitude et de dévouement dans leurs fonctions, sont admis à participer, dans une certaine mesure, aux bénéfices de la maison.

Les parts leur revenant ne leur sont distribuées qu'après vingt ans de participation ou 60 ans d'âge, de manière à leur créer pour leurs vieux jours un capital d'épargne.

Grâce à ces trois institutions, tout ouvrier entrant dans la maison au sortir de son service militaire, c'est-à-dire à 23 ans, est à l'abri du besoin en cas de maladie et est assuré d'avoir, à 60 ans, un capital d'épargne d'environ 2.000 à 2.500 francs et une rente viagère qui peut atteindre 5 à 600 francs.

Récompenses

Récompenses. — La maison **Muller** et **Roger** a obtenu de nombreuses récompenses aux expositions : Médailles de bronze et d'argent, Paris 1855 ; — Médailles de bronze et d'argent, Metz 1861 ; — Médaille d'argent, Nantes 1861, Londres 1862 ; — Médailles de bronze et d'argent, Paris 1867 ; — Hors concours, membre du jury, Paris 1875 ; — Médailles de bronze et d'argent, Paris 1878 ; — Diplôme d'honneur, Nevers 1887 ; — Médaille de vermeil, Paris 1887 ; — Hors concours, membre du Jury, Paris 1888 ; — enfin, en 1889, la maison **Muller** et **Roger**, qui avait exposé dans deux classes (*classe 41, Fonderie ; classe 52, Robinetterie*), s'est vu décerner deux médailles d'or.

Fonderie

Fonderie. — La fonderie peut occuper 70 mouleurs à la caisse (petites pièces), 20 mouleurs à la grue (grosses pièces), 30 noyauteurs, 35 fondeurs et garnisseurs et environ 40 ébarbeurs, nettoyeurs et meuleurs.

Elle peut produire par jour 15.000 kilos de bronze fondu (pièces courantes) et peut faire des pièces de grandes dimensions de 15 à 20.000 kilos (ailes d'hélice, tubes lance-torpilles, canons, etc.). Les grosses pièces sont fondues au four à réverbère. Six fours *système Piat* servent à la fabrication des pièces moyennes. Les petites pièces en bronze ou en laiton sont fondues dans des bas foyers ou fours à creuset au nombre de 16 ; chaque creuset contient environ 40 kilos.

Un pont roulant de 15 tonnes, construit par MM. **Bon et Lustremant**, dessert toute la halle centrale ; un chemin de fer *De-*

couvile, des monte-charges et des grues légères rendent la manutention très économique.

Le travail suit une marche méthodique : les modèles entrent en fabrication à l'une des extrémités de la fonderie et les pièces sortent à l'autre extrémité ; les opérations se succèdent, sans fausses manœuvres, du moulage aux étuves, à la fonderie, au cassage des moules, à l'ébarbage et à la livraison ou au rachevage.

Toute une installation de brosses, de tours à déboucher, de meules, permet le nettoyage mécanique des pièces de fonderie.

L'installation de la sablerie, ainsi que celle du cassage des moules, a été étudiée de façon à éviter les poussières nuisibles à l'hygiène de l'atelier. Les moules sont cassés sur des claies au-dessus des sous-sols où le sable est immédiatement arrosé et éteint.

Un vaste lanternon, placé au-dessus des fours, assure la ventilation de la fonderie et permet aux gaz et aux vapeurs de s'échapper facilement.

Un atelier de lavage mécanique système *Jacomety et Lenicque*, composé de broyeurs, pilons, trommel, caisses de classification, machines à laver, permet l'utilisation des résidus de fonderie.

Ateliers de robinetterie

Ateliers de robinetterie. — Les ateliers de robinetterie sont divisés en trois parties, placées chacune sous la direction d'un chef d'atelier spécial :

1° Grosse robinetterie en fonte et fonte et bronze ;

2° Robinetterie en bronze et cuivre (pièces spéciales en dehors des albums) ;

3° Robinetterie courante des catalogues.

Il existe en outre un atelier spécial de modeleurs, comprenant : tours à bois, scie circulaire, scie alternative, etc., et de vastes magasins renfermant les modèles classés dans le plus grand ordre et dont le nombre atteint presque 200.000 pièces.

Les ateliers de robinetterie renferment plus de 250 machines-outils : tours parallèles, tours à engrenages, tours simples, machines à raboter, fraiseuses, machines à percer, étaux limeurs, machines à mortaiser, machines à aléser, machines à tarauder, etc.

Ces ateliers fabriquent toute la robinetterie générale pour vapeur, eau et gaz ; tous les appareils accessoires pour chaudières et machines à vapeur, tels que : graisseurs, niveaux, soupapes, purgeurs, etc. ; toutes les pièces spéciales en bronze, laiton, fonte, fonte et bronze, telles que : vannes, bouches d'eau, bornes-fontaines, pompes, flotteurs, etc. ; les pièces détachées pour navires et chemins de fer, telles que : hublots, hélices, caisses à poudre, canons, affûts, moyeux d'artillerie, coussinets, rotules, etc., et un grand nombre d'appareils brevetés.

Conclusions

Grâce aux nombreux modèles qui ont été établis depuis 1878, à l'outillage perfectionné qui a été créé, aux albums qui comprennent plus de mille types divers de robinetterie, aux vastes magasins d'approvisionnement qui ont été construits et où l'on est assuré de trouver tous les articles courants des catalogues, **MM. Muller** et **Roger** sont parvenus non seulement à soutenir efficacement la concurrence étrangère, mais encore à la faire disparaître de la plus grande partie de nos centres industriels.

C'est une œuvre patriotique qu'ils ont poursuivie avec énergie. En allant encore à Chicago, ils ont voulu montrer qu'ils pouvaient cependant faire plus et mieux, c'est-à-dire aller à l'étranger même combattre le bon combat, pour le plus grand renom de notre pays.

MM. **Muller** et **Roger** ont moralement obtenu à Chicago la plus grande récompense dans leur genre.

HENRI MARTIN

Chaudière à Vapeur

SOTTEVILLE-LES-ROUEN

M. Henri **Martin**, de Sotteville, expose une chaudière à vapeur de 150 mètres carrés de surface de chauffe qu'il a établie chez un industriel de Deville-les-Rouen en 1890. Les qualités de cette chaudière sont la fumivorité absolue pour ses deux foyers, une production de 9 k. 500 de vapeur par kilog. de houille et le remplacement facultatif d'un bouilleur en 48 heure .

Ces résultats constants sont assurément remarquables et nous félicitons M. Henri **Martin** de son initiative.

EUG. MARTINE FILS AINÉ

Marchand de Sable à Mouler

16, RUE CHANTENAY, 16, A FONTAINE-AUX-ROSES (SEINE)

Qui dirait que l'on envoie de Fontenay-aux-Roses des sables dans le monde entier?

C'est cependant ce que fait M. **Martine**.

Son exposition est très suggestive sous se rapport. En effet l'énorme statue en argent massif qui est une des beautés de l'exposition du Montana a été fondue dans un moule fait en sable Martine de Fontenay-aux-Roses.

Des échantillons de divers moules ayant servi à des œuvres artistiques sont là, attestant la finesse du grain et le moelleux de ces sables où la proportion de silice et d'argile est obtenue par la nature, mieux que n'aurait pu le faire le mélange le plus savant.

A côté, modestement, sont les échantillons de ces sables d'où sont sortis tant d'œuvres d'art qui font l'orgueil des villes et des capitales de tous les mondes, les bronzes, les motifs en argent si recherchés et les applications lithographiques.

M. Eugène **Martine** fils aîné occupe, en effet, un personnel considérable et vingt chevaux sont employés journellement à livrer, dans Paris ou dans la banlieue, les sables nécessités par les fonderies. Ajoutons que de grandes quantités de sables sont expédiées de Fontenay dans tous les pays de l'Europe, ainsi qu'en Amérique et dans les colonies, partout, en un mot, où l'industrie métallurgique a quelque développement.

Au nombre des principales maisons que fournit M. E. **Martine**, il convient de citer les ateliers de l'artillerie à Puteaux, les usines **Cail**, les maisons **Thiébault** frères, **Barbedienne**, **Christofle**, et toutes les fonderies de Paris les plus importantes qui font des statues ou des monuments, ainsi que les fonderies d'argent et fonderies d'acier.

Mentionnons encore les Forges et Chantiers de la Méditerranée, les ateliers du Havre et les aciéries de Saint-Jacques, à Montluçon.

L'extraction du sable et le transport sont facilités par un chemin de fer **Decauville** avec wagonnets; l'extraction peut être évaluée à 36 mètres cubes environ par jour.

M. Eug. **Martine**, qui exposait déjà à Paris en 1867, en 1878 et en 1889 (mention honorable), expose actuellement à Chicago.

Cette ville est d'ailleurs, avec New-York, l'une de celles dont la consommation est la plus considérable, et qui donne à ses produits un de leurs plus importants débouchés.

Nous décernerions volontiers à M. **Martine** une haute récompense pour cette éloquente et suggestive démonstration.

P. NAVARRE ET Cie

Machines à écosser les petits pois. — Machines à conserves.

59, BOULEVARD DE LA VILLETTE — PARIS

La spécialité de la maison P. **Navarre et Cie** est la construction des machines appliquées à la préparation des légumes verts pour la fabrication des conserves alimentaires.

En premier lieu, la maison **Navarre** expose deux machines à écosser les petits pois verts, dont l'une a été construite de plus grande dimension, spécialement en vue de l'Exposition de Chicago, cette maison s'étant inspirée du goût des Américains pour les machines produisant une grande quantité de travail.

Cette machine, pour laquelle la maison **Navarre** a obtenu divers brevets d'invention tant en France qu'à l'étranger, est très étudiée et très pratique; elle peut écosser de 500 à 1.000 kilos de pois à l'heure et les diverses modifications dont elle a été l'objet depuis plusieurs années l'ont amené et au dernier degré de perfectionnement, ce qui a valu à cette maison de nombreuses récompenses aux diverses expositions auxquelles elle a participé. Les grands services qu'elle rend à la fabrication des conserves alimentaires sont très appréciés et plus de 80 de ces machines ont été vendues depuis quelques années.

Elle se compose essentiellement d'un batteur en forme hélicoïdale et d'un contre-batteur muni de tôles perforées embouties à l'intérieur et rebordées à l'extérieur en forme d'œillet, de façon à n'offrir aucune partie aiguë qui puisse blesser les pois. Ces tôles sont faites exclusivement par la maison **Navarre** avec un outillage spécial qui est sa propriété. Le batteur tourne dans le même axe que le contre-batteur et dans le même sens que lui ou dans le sens contraire, suivant les conditions du travail.

Les pois en cosses sont introduits dans une extrémité du cylindre et aussitôt projetés à la circonférence entre le batteur et le contre-batteur, dont l'écartement, qui se règle à volonté, est progressif afin que toutes les cosses soient ouvertes quelle que soit leur grosseur. Les pois, mis en liberté, traversent la tôle perforée et tombent sur une toile sans fin inclinée qui tourne dans le sens de la hauteur; les pois entraînés par leur pesanteur descendent en suivant l'inclinaison de la toile et sont ensuite classés mécaniquement par ordre de grosseur, après avoir été nettoyés et séparés des déchets et débris de cosses qui ont pu traverser la tôle et que leur légèreté et leur humidité fait adhérer à la toile sans fin de laquelle ils sont détachés par des brosses cylindriques tournant automatiquement. Les cosses vides s'écoulent par l'autre extrémité de la machine.

La maison **Navarre** expose en outre un grand crible-diviseur pour le classement par grosseur des pois, haricots, fèves, etc.; ce crible est muni d'un distributeur automatique très ingénieux qui règle d'une façon régulière la quantité de marchandises que l'on veut laisser pénétrer dans le cylindre.

Cette maison nous montre également des machines à couper les légumes pour la macédoine et pour la julienne, à tourner les fonds d'artichauts, à couper les fruits et légumes en tranches, et une machine à boucher les flacons, système Petit, avec laquelle on peut boucher très hermétiquement 7 à 800 flacons à l'heure. Bref, l'exposition de MM. P. **Navarre et Cie** a été très remarquée, et les Américains qui ont l'obsession du machinisme ont visité en foule ces intéressantes machines qui étaient même vendues avant la fin de l'Exposition.

AUGUSTIN NORMAND

LE HAVRE

M. Augustin **Normand** expose un désincrusteur pour chaudières et un réchauffeur d'alimentation.

PIAT ET SES FILS

85, RUE SAINT-MAUR, 85

La maison **Piat** expose son four oscillant à fondre le bronze ou la fonte malléable, des roues à chevrons, des fontes spéciales, des paliers et, dans une autre partie de l'Exposition, une riveuse portative électrique.

Cette maison met toujours un grand soin à tout ce qu'elle fait, et les quelques échantillons qu'elle a envoyés sont naturellement remarqués.

MAISON RICHARD FRÈRES

Jules RICHARD Successeur

Instruments de précision enregistreurs

8, IMPASSE FESSART, PARIS

Dans toutes les branches de l'industrie, si nombreuses et si vastes qu'elles soient, la nécessité s'impose de plus en plus, pour tenir la fabrication au niveau qu'exige la concurrence, de suivre toutes les opérations qu'elle comporte par des mesures précises et continuelles, tant au point de vue des économies à faire dans cette fabrication que de la perfection à obtenir des produits. L'art et la science des ingénieurs sont venus au secours de l'industrie en mettant à sa disposition des appareils dont l'efficacité lui apporte un concours précieux et lui permet d'agir avec méthode, économie et sécurité.

C'est dans ce genre d'appareils que la maison créée par M. Jules Richard, sous le nom de Richard frères, a acquis une renommée méritée.

La maison **Richard** frères a exposé magnifiquement à Chicago à la section d'électricité et à celle des instruments de précision. On peut dire qu'un succès très vif en a été la récompense. Les vitrines étaient toujours entourées de savants visiteurs. Mais avant toute description parlons de l'auteur.

La maison **Richard**, fondée en 1845, par M. **Richard** père, fut reprise en 1876, par M. Jules **Richard**, qui prit avec lui son jeune frère, qu'il chargea de la partie commerciale; ce n'est qu'en 1882 que la maison prit le nom définitif de **Richard** frères.

En 1848, à l'origine des machines à vapeur, et surtout des chemins de fer, le gouvernement d'alors, en présence des nombreux accidents causés par les manomètres à l'air comprimé, rendait une ordonnance faisant défense expresse d'employer d'autres manomètres que ceux à air libre. M. **Richard** père inventa le manomètre à air libre, à tubes multiples, qui remplissait complètement le but désiré puisque sous une hauteur de 0m50 il donnait des indications proportionnelles pour des pressions variant de 0 à 6 atmosphères, le maximum employé.

M. **Bourdon** qui venait d'inventer son manomètre, lequel a eu le succès que l'on sait, offrit alors à M. **Richard** père, en échange de la promesse de renoncer à la fabrication du manomètre à colonne multiple, la partie du brevet concernant le baromètre métallique. M. **Richard** père construisit les baromètres métalliques et acquit une véritable réputation de constructeur intègre et sérieux. Une quantité considérable d'instruments ont servi aux nivellements pour l'établissement des premiers chemins de fer. En 1876, après le décès de M. Richard, sous la nouvelle direction de MM. Richard frères, la fabrication accomplit alors une évolution complète. Ils s'adonnèrent spécialement à la construction des instruments de précision et surtout des enregistreurs inventés par M. Jules Richard, qui n'ont pas tardé, en raison de leur solidité, de leur bon fonctionnement, à devenir, à cause des économies notables qu'ils réalisent par le contrôle constant qu'ils assurent, *indispensables* aussi bien pour les sciences que pour l'industrie.

16.000 enregistreurs livrés en 10 années sont les meilleurs éloges que l'on puisse faire de ces appareils.

Notons en passant que ces appareils sont adoptés par le Bureau Central météorologique de France, et que le ministre de la marine les a rendus réglementaires à bord de la marine de l'Etat, par décision ministérielle du 3 juin 1887, et qu'en général ils sont adoptés par les ministères, laboratoires et observatoires du monde entier, ainsi que par tous les grands industriels.

Mais que sont au point de vue technique les enregistreurs en général. Tout le monde doit savoir que l'emploi des enregistreurs tend à se généraliser pour le contrôle de la fabrication; ces appareils ne sont pas à pointage mais ils tracent d'un trait continu leurs indications en fonction du temps et sans aucun frottement appréciable. La plume, qui est formée d'une petite pyramide fendue, laisse par sa pointe couler son encre qui ne sèche jamais que sur le papier.

Cette plume doit toucher et non frotter sur le papier, elle ne peut donc nullement altérer les indications.

Quelle est la science ou l'industrie qui pourrait se passer aujourd'hui des appareils enregistreurs? L'utilité en est tellement incontestable que quelques ingénieurs ou directeurs d'usines reçoivent tous les matins les diagrammes permettant de contrôler toutes les opérations qui ont pu se faire pendant leur absence; le moindre accident étant enregistré, il nécessite une explication.

Par exemple, prenons le manomètre enregistreur. Les chauffeurs à qui on confie une chaudière d'une valeur souvent considérable, se sentant contrôlés, font leur service avec beaucoup plus de soin et d'attention. Il en résulte que le prix de l'appareil est récupéré en quelques mois par les économies qu'il permet de réaliser, non seulement sur le chauffage, mais par les soins que les ouvriers sont obligés d'apporter dans leur travail; de plus, en cas d'explosion, d'accident, il permet de ne pas faire retomber la responsabilité sur l'usinier : cette vérité s'applique à tous les appareils de contrôle.

Puis le besoin de bons appareils de mesure et de contrôle pour l'électricité s'étant fait sentir, M. **Richard** appliqua son système d'enregistreur aux appareils existants et en construisit de nouveaux qui sont universellement employés dans les grandes usines d'électricité. Aujourd'hui non seulement les ampèremètres, voltmètres et wattmètres enregistreurs sont très connus en raison de leur utilité, mais les modèles à cadran signés ou non **Richard** frères se voient partout sur les tableaux d'électricité montés d'une façon élégante et pratique. Cet appareil est à l'électricité ce que le manomètre Bourdon est à la machine à vapeur: solide, pratique, à division très lisible et sensiblement proportionnelle, sans cause de dérangement, ils sont toujours comparables à eux-mêmes. Ces mêmes appareils se font aussi avec écran magnétique.

M. J. Richard possède 35 brevets pour des appareils de son invention. Les ateliers situés, 8, impasse Fessart, occupent une superficie de 2.600 mètres carrés.

Cela dit, jetons un coup d'œil rapide sur les objets exposés au palais des instruments de précision et à l'électricité par M. Jules **Richard**.

CHAPITRE Ier

LES INSTRUMENTS DE MESURE

La fabrication de M. Jules **Richard** comprend dans une première partie: les instruments de mesure applicables à la météorologie et à la mécanique générale, les appareils enregistreurs pour contrôle des opérations diverses et les transmetteurs électriques à distance qui obtinrent le premier prix au concours ouvert par la Société d'encouragement pour l'industrie nationale.

Passons successivement en revue les appareils en nous arrêtant à ceux qui nous sembleront les plus intéressants.

Anémomètres, Anémoscopes, Chronographes, Baromètres, Anémomètres simples portatifs

Ces anémomètres servent à mesurer les déplacements de l'air,

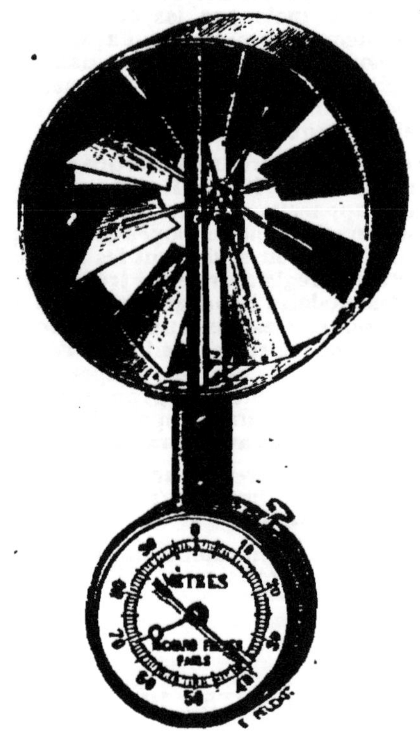

Fig. 1.

le tirage des fours, le débit des bouches de chauffage et de ventilateurs, etc.

Cet anémomètre (fig. 1) se compose d'un moulinet en aluminium extrêmement léger et d'une très grande solidité ; il indique les vitesses les plus faibles de l'air. L'arbre vis sans fin engrène avec une petite roue dont l'axe est assez long pour aller ransmettre ses rotations dans un boîtier de montre où se trouve e compteur; c'est ce boîtier qu'on tient dans la main.

Cette disposition a, sur celle des anémomètres qui ont leur compteur placé au centre du moulinet, l'avantage de ne produire aucun remous et de laisser à l'air la liberté complète de passer à travers le moulinet.

Dans le boîtier se trouve un compteur qui totalise le nombre de tours du moulinet. Pour faire un essai, on place l'anémomètre déclanché bien orienté dans le sens du courant d'air à mesurer après avoir eu soin de remettre les aiguilles à zéro, ou simplement de noter leurs indications; puis regardant une montre à seconde ou à trotteuse, on enclanche l'anémomètre au moment où l'aiguille passe sur un chiffre, en poussant avec le doigt le levier; on laisse tourner pendant 10, 20 ou 30 secondes ou même une minute, et on lit directement sur le cadran le nombre de mètres. Une table de correction est nécessaire pour les vitesses inférieures à 0,50 cm. par seconde; au dessus, la vitesse est proportionnelle au nombre de tours du moulinet et les indications permettent d'obtenir rigoureusement la vitesse.

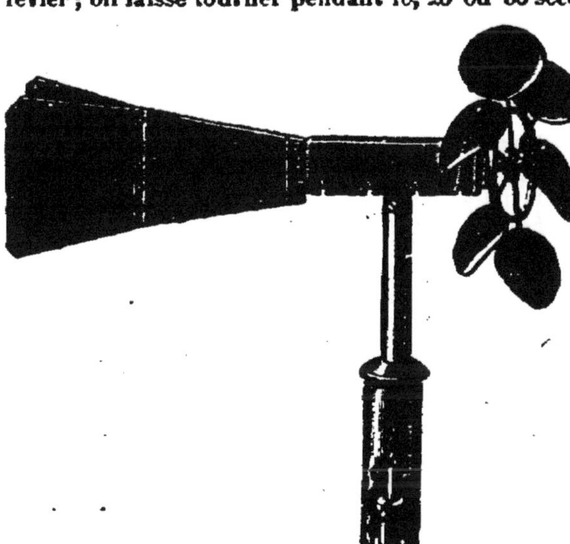

Fig. 2.

Anémomètres fixes et anémoscopes pour la météorologie et l'industrie

Les anémomètres pour la météorologie sont nombreux. Il y a l'anémomètre à moulinet Robinson à compteur ou à contact, l'anémomètre à moulinet Richard (fig. 2) monté sur un tube de fer de 1 mètre 50 et comprenant un ou plusieurs contacts électriques par 1, 25, 100, 1.000 ou 5.000 mètres.

Anémoscope enregistreur

L'anémoscope enregistreur (girouette) à transmission mécanique est un instrument très curieux. La transmission a lieu par une tige verticale. Dans le premier modèle l'enregistreur doit être placé sinon exactement au-dessous de la partie exposée au vent, du moins à une faible distance, 2 mètres environ.

M. Jules **Richard** fait le même modèle avec moulinet et contact électrique par 5.000 mètres, la vitesse (espace parcouru en fonction du temps) s'inscrit sur une bande parallèle au cylindre.

Il fait également le même avec contact par kilomètre, la vitesse s'inscrit sur un Chronographe Totalisateur.

Anémomètre Girouette enregistreur électrique à plusieurs directions

La direction et la vitesse peuvent être enregistrées électriquement sur un même cylindre au moyen de 5 fils, l'enregistreur de

Fig. 3.

la vitesse est semblable au Chronographe Totalisateur. C'est un premier modèle, mais on peut avoir un Anémomètre Girouette enregistreur électrique à 16 directions (fig. 3). La direction et la vitesse sont transmises électriquement au moyen de 17 fils, la vitesse est enregistrée par kilomètres sur un Chronographe Totalisateur.

Il y a aussi une girouette électrique à 128 directions. Ce modèle, établi sur la Tour Eiffel, transmet la direction du vent

1/128 près au moyen de 1, 2 ou 3 fils. L'orientation se produit au moyen de Moulinets système Piazzi Smith.

Ce modèle peut donner la vitesse en le combinant avec les divers Anémomètres.

Enregistreur pour Anémomètres

Un appareil intéressant est l'enregistreur Anémométrique. (Modèle de Montsouris.) Fig. 4.

Le diagramme s'inscrit sur un cylindre qui tourne en 24 heures;

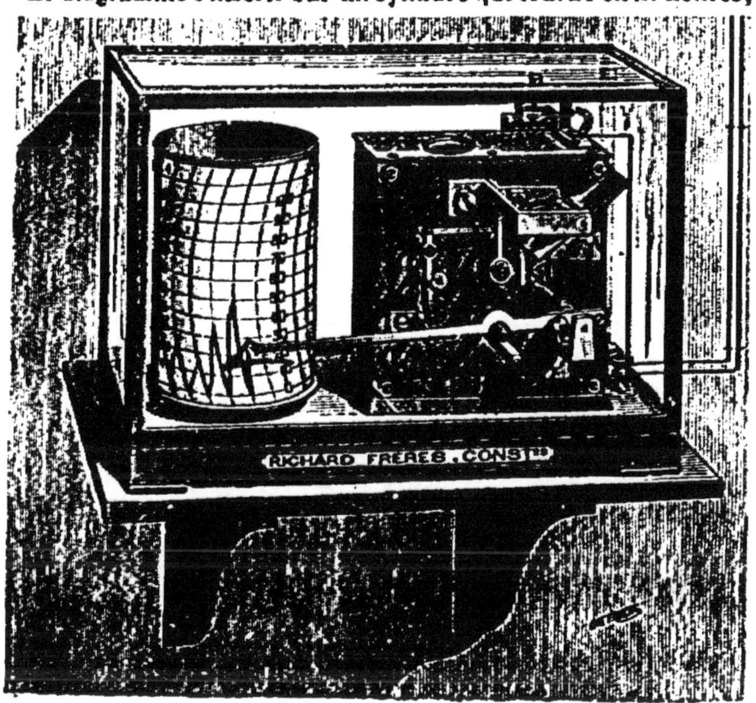

Fig. 4.

la plume monte de 1/10 de millimètre par hectomètre de vent et revient à zéro toutes les heures. La hauteur de l'ordonnée est la totalisation à l'heure; la tangente de la courbe permet de calculer la vitesse instantanée.

On peut faire le même avec papier sans fin défilant 30 m/m à l'heure et marchant 8 jours.

Il y a aussi l'Enregistreur Anémométrique (Chronographe Totalisateur). Le diagramme s'inscrit sur un cylindre tournant en 8 jours ou 24 heures, la plume monte de 1 m/m par kilomètre de vent et revient à zéro à chaque centaine de kilomètres.

Notons encore l'Enregistreur Anémométrique (Chronographe

Universel). Le diagramme s'inscrit sur un cylindre au moyen d'une plume portée par un petit électro-aimant monté sur une vis en traçant un petit trait pour chaque 5.000 mètres.

Avec un électro descendant automatiquement on peut mettre des contacts par hectomètre ou kilomètre.

Les Anémo-Cinémographes ou Enregistreurs de la vitesse absolue du vent en mètres par seconde forment une autre section intéressante. En effet, les Enregistreurs cités plus haut n'enregistrent que le chemin parcouru, les Cinémographes au contraire enregistrent directement la vitesse en mètres par seconde ; ils donnent continuellement le résultat de l'équation $\text{Vitesse} = \frac{\text{Nombre de mètres de vent}}{\text{Temps}}$. Ils donnent directement l'intensité du vent en ordonnées proportionnelles.

Chose intéressante, presque tous les Anémomètres peuvent se disposer de telle façon qu'ils puissent donner à la fois la direction et la vitesse.

Appareils transmettant électriquement à distance leurs indications

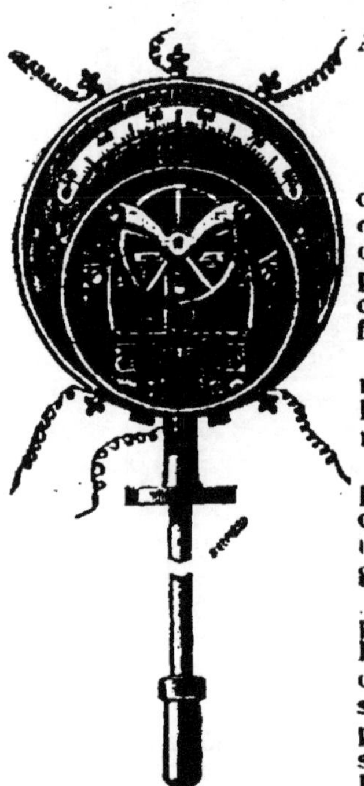

Fig. 5.

Ces appareils ont été récompensés d'un prix de mille francs au premier concours international de la Société d'Encouragement en 1887, et ont remporté définitivement au deuxième concours, en 1890, le prix unique de 2.000 francs.

Ces appareils sont destinés à transmettre à n'importe quelle distance les indications des divers instruments munis d'aiguilles.

Ils se composent de deux postes, le premier formant le poste percepteur des indications et transmetteur, l'autre étant le poste récepteur et enregistreur.

Le poste *transmetteur* (fig. 5) comprend un appareil indicateur, généralement à cadran. L'aiguille se meut dans une fourche dont les deux côtés sont isolés l'un de l'autre et dont la position normale est d'être à cheval sur une goupille fixée sur l'aiguille. Dès que cette aiguille se meut à droite ou à gauche, la goupille établit un contact sur un des côtés de la fourche, et envoie un courant électrique d'un côté ou de l'autre. Ce courant passe par les fils électriques et dans un électro-aimant placé au deuxième poste, au *poste enregistreur*. L'armature mobile de cet électro-aimant est donc attirée et déclanche un mouvement d'horlogerie qui déplace le style de l'enregistreur d'une quantité égale au déplacement de l'aiguille placée au premier poste sur l'appareil qui perçoit les indications.

En même temps le mouvement d'horlogerie établit un nouveau courant qui, en passant dans un électro placé au poste transmetteur, déplace la fourche qui se retrouve dans sa position normale qui est de ne point toucher la goupille de l'aiguille.

Si l'aiguille du premier poste continue à se mouvoir dans le même sens, la goupille de l'aiguille vient encore buter sur la fourche, envoie un deuxième courant et l'aiguille du récepteur avance encore d'une division. Si au contraire l'aiguille du premier poste rebrousse chemin, elle vient toucher l'autre côté de la fourche, ferme ainsi un circuit passant par un second électro-aimant placé au deuxième poste, lequel accomplit une fonction semblable à celle déjà décrite pour le premier, mais en sens contraire; l'aiguille ou style du deuxième poste se déplace donc d'une division dans l'autre sens.

On voit que l'aiguille ou style du deuxième poste prend toutes les positions que prend l'aiguille du premier poste. Les deux appareils marchent donc absolument synchroniquement.

Une disposition intéressante, c'est que, si la pile est insuffisante ou si un accident vient à se produire, positif, il est impossible à l'appareil de se dérégler, on s'aperçoit que l'appareil est arrêté lorsqu'il écrit une ligne droite et surtout lorsqu'en appuyant le doigt sur l'armature d'un des électro-aimants l'autre répond automatiquement par un contact pareil qu'il est au point. Mais s'il ne répond rien, c'est qu'il y a fil rompu ou mal attaché. Alors il suffira de le rattacher pour que l'appareil se remette au point. Si c'est un thermomètre par exemple, il s'établira autant de contacts qu'il en faudra pour aller retrouver le point correspondant à la température au moment de l'opération. Il va donc se remettre au point sans s'inquiéter des contacts qui auraient dû être envoyés. Comme un employé qui s'endort, si tôt réveillé il reprend son travail en mettant le point exact. C'est le seul qui au concours ait pu donner ce résultat : rien d'étonnant qu'il ait eu le prix. Les autres au contraire lorsqu'on les répare donnent et continuent à indiquer une erreur proportionnelle à la différence entre l'indication précédente et l'indication au moment de la réparation, il faut nécessairement aller sur place prendre le point et rétablir la concordance.

Ce dispositif s'applique à tous les instruments munis d'une aiguille ou style, qu'ils soient simplement indicateurs ou déjà enregistreurs, tels que :

Manomètres à pression ;
Indicateurs du vide ; Indicateurs du niveau ;
Indicateurs de vitesse ; pyromètres, etc.

Grâce à ces appareils, les ingénieurs pourront toujours avoir dans leurs bureaux et sous leurs yeux une indication précieuse sur la marche des appareils qu'il leur importe le plus de surveiller.

Chercheur électrique dit Scrutateur donnant à distance le point d'un appareil à cadran.

Cet appareil, destiné surtout aux chambres de chauffe, permet en appuyant simplement sur un bouton de connaître exactement la température de différentes pièces à chauffer. Il se compose de deux postes, un poste transmetteur et un poste récepteur. Dans le cas où l'on désire connaître la température de plusieurs pièces, il y aura autant de postes transmetteurs que de salles chauffées et un seul récepteur. De chaque poste transmetteur part un fil électrique venant au récepteur; il suffit de mettre une fiche établissant le courant entre le récepteur et le fil venant de la salle dont on veut savoir la température, d'appuyer sur le bouton supérieur du récepteur, pour que l'aiguille de ce dernier vienne immédiatement indiquer exactement la température de la salle avec laquelle le récepteur est en communication.

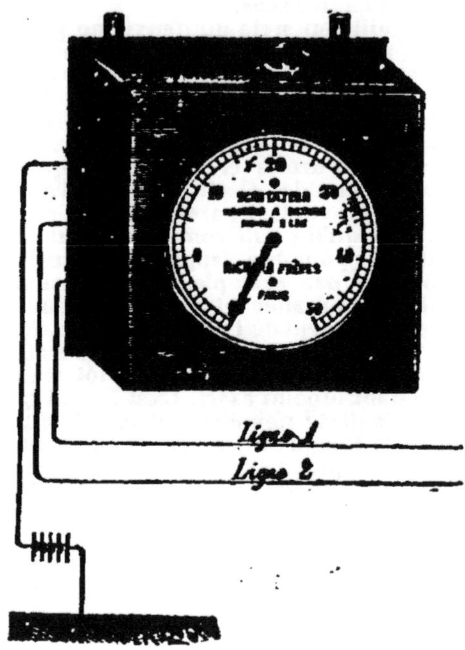

Fig. 6.

Ces appareils peuvent se placer sur n'importe quel appareil à cadran, thermomètre, hygromètre, indicateur de niveau, manomètre, etc. Leur fonctionnement est d'une extrême simplicité et leur construction extrêmement robuste les met à l'abri de tous les accidents (fig. 6 et 7).

Baromètres Enregistreurs sensibles au 100e de millimètre de mercure

Les Baromètres anéroïdes enregistreurs Jules **Richard** sont trop connus pour que nous recommencions leur description;

nous nous contenterons de rappeler que ce sont les seuls qui donnent des indications exactes permettant de prévoir utilement le temps à l'avance; adoptés depuis dix ans par le Bureau central Météorologique de France et par tous les observatoires, ils ont été rendus réglementaires à bord de la Marine de l'État par décision de M. le Ministre de la Marine en date du 7 juin 1887.

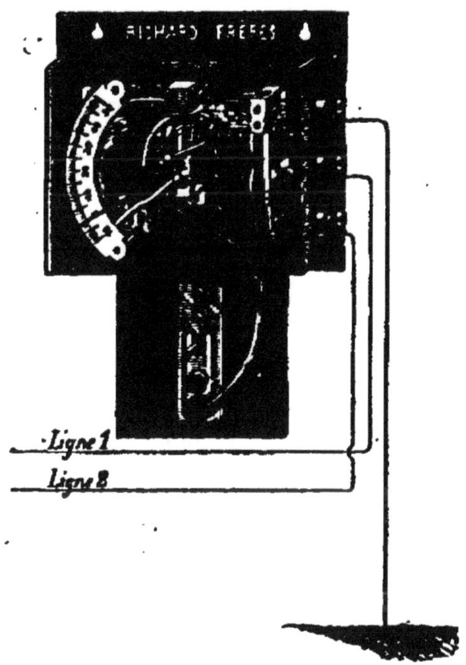

Fig. 7.

Ces Baromètres se construisent en trois grandeurs, soit avec boîte à charnière en acajou ou tout autre bois, soit à trois glaces, soit avec console en acajou formant magasin pour les papiers à diagramme et permettant d'avoir toujours sous les yeux le diagramme de la semaine précédente (fig. 8).

L'échelle de ces Baromètres est de 1 millimètre par millimètre de mercure pour les deux premières grandeurs et de 2 millimètres par millimètre pour le plus grand modèle.

M. Jules **Richard** construit aussi un modèle de Baromètre enregistreur à mercure dans lequel l'échelle est de 2 ou 3 millimètres par millimètre de mercure suivant le modèle. Les tubes de ces Baromètres sont construits d'après les données de M. le Colonel **Goulier**, et sont compensés pour les températures ordinaires.

Les Baromètres anéroïdes étant adoptés par la Marine, on a dû chercher un moyen pratique de les soustraire aux secousses des bâtiments et M. Jules **Richard** a créé sa suspension à la Cardan à ressort qui remplit parfaitement ce but.

Pour les Observatoires spéciaux où l'on préfère aux diagrammes devant être changés chaque semaine un papier sans fin que l'on ne change qu'à de longs intervalles de temps, on a créé un modèle à tube méplat, dit de Bourdon, qui donne d'excellents résultats. Dans cet appareil, il suffit de remettre un rouleau de papier tous les 6 mois, l'entretien de l'appareil consiste simplement à remonter l'appareil par quinzaine et à remettre de l'encre dans la plume tous les mois. D'autres appareils peuvent écrire pendant 6 ou 8 mois sans changer l'encre et sans être remontés.

Enfin pour l'étude des variations barométriques pendant les orages, M. J. **Richard** a été amené à construire un Baromètre extra-sensible appelé Statoscope et dans lequel la marche est de 10 m/m pour 1 m/m de mercure et peut être construit jusqu'à 25 m/m par millimètre de mercure.

Cet instrument est un Baromètre à air, composé d'un réservoir d'air en communication avec une membrane sensible; lorsque l'on veut s'en servir, il suffit de fermer le robinet mettant le réservoir en communication avec l'atmosphère pour que les moindres variations barométriques s'accusent aussitôt. (Sensible au centième de millimètre de mercure.)

Application à la Prévoyance des coups de Grisou dans les Mines avec Avertisseur électrique des dépressions

On a remarqué que lorsque la pression barométrique diminuait avec une grande rapidité (1 millimètre de mercure à l'heure par exemple) il y avait dans les mines des dégagements considérables de grisou et par suite un danger d'explosion. Nous avons été en France le champion de cette idée depuis 25 ans.

Le Baromètre enregistreur, par sa facilité d'observation et la trace qu'il laisse sur le papier des variations de la pression atmosphérique, trouve, par suite de ce fait, une application très importante dans toutes les installations minières. Il suffit de jeter un coup d'œil sur le diagramme et d'observer la pente pour être averti du danger.

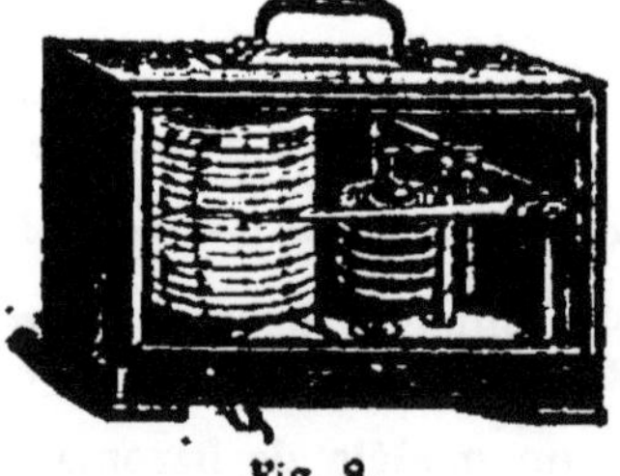

Fig. 8.

Il peut arriver que possédant un baromètre enregistreur on néglige de le regarder. Pour y remédier M. J. **Richard** construit un modèle spécial à la fois enregistreur et avertisseur. L'appareil est disposé de telle façon que toute baisse barométrique de 1 ou 2 millimètres suivant le réglage, met en fonction une sonnerie électrique qui ne cesse de sonner que lorsque l'on vient appuyer sur un petit bouton placé sur la boîte de l'appareil; la sonnerie cesse alors de se faire entendre, mais sonnera à nouveau si le baromètre continue à descendre. L'appareil est complètement automatique et d'une sûreté de marche absolue.

Chronographes. Contrôleurs Universels

Dans l'industrie, il est souvent utile d'avoir un appareil susceptible d'enregistrer un fait ou un mouvement quelconque en fonction du temps, par exemple le nombre de tours d'une machine, l'ouverture d'une porte, d'un four, le chargement d'un haut fourneau, le passage de trains de chemins de fer, en un mot l'instant et la durée d'une expérience quelconque de rondes contre l'incendie, etc., etc.

Le Chronographe enregistreur, susceptible de tracer un trait sur un cylindre ordinaire, chaque fois qu'on établit un contact et qu'on ferme le circuit électrique d'une pile reliée à l'appareil, répond absolument à ces desiderata.

Il se compose d'un électro-aimant portant une plume, laquelle trace un trait continu. Chaque fois que le fait qu'on veut contrôler établit un courant et ferme le circuit, la plume trace un petit trait vertical sur le papier qui en donne l'heure exacte et la durée.

Cet instrument indépendamment de nombreuses applications a été placé avec succès sur les compteurs de tours qu'on emploie si généralement dans les usines. L'application de l'un à l'autre est des plus faciles, il suffit de placer sur une des roues du compteur un contact électrique; on enregistre soit les unités, soit les dizaines, soit les centaines, suivant la roue sur laquelle on a placé le contact. Sur demande on fournit les compteurs de tours enregistreurs.

Cet appareil s'adapte aussi au compteur d'eau pour chaudières. Il enregistre le nombre de litres à l'heure.

Chronographes de précision pour l'astronomie, la pyrotechnie et la physiologie

Ces chronographes sont composés d'un cylindre entraîné par un mouvement d'horlogerie dont le mouvement est réglé d'une façon absolue par un régulateur isochrone genre Foucault, perfectionné et breveté par Jules **Richard**. Un petit chariot portant deux électro-aimants munis chacun d'un style se déplace suivant une génératrice du cylindre et trace ainsi un trait hélicoïdal sur le papier. Dans certains cas où l'on ne peut employer l'électricité, les électros sont remplacés par des membranes actionnées pneumatiquement par une poire en caoutchouc. Suivant la modèle, le cylindre peut tourner en 8 minutes, 1 minute, 6 secondes ou 1 seconde et donner un défilement de papier de 1, 10 ou 60 centimètres par seconde. Dans ce dernier cas le 1/1000 de seconde est représenté par un demi-millimètre. Pour les vitesses supérieures à 10 millimètres par seconde l'inscription se fait sur noir de fumée.

Contrôleurs de ronde

M. Jules **Richard** a plusieurs types d'Enregistreurs s'appliquant au Contrôle des Rondes de nuit.

Le premier type consiste en une boîte cadenassée contenant un cylindre qui tourne en fonction du temps. Une petite ouverture permet de faire pénétrer une tige munie d'une lettre à son extrémité. Les tiges à lettres étant attachées par une petite chaîne aux divers endroits à visiter, le gardien, porteur de la boîte de l'enre-

Contrôleur universel (fig. 9).

gistreur, est forcé de venir à ces endroits et pointe son passage en enfonçant la tige-lettre dans l'ouverture jusqu'à ce qu'elle rencontre le papier.

Le second type, construit pour l'Administration des Phares de France est établi de la façon suivante :

Un cylindre portant un papier à diagramme fait sa révolution en 24 heures. Sur ce papier une plume trace un trait continu et comme elle se trouve montée sur une vis mue par le mouvement d'horlogerie du cylindre elle descend le long du cylindre et les révolutions successives tracées ne se confondent pas.

La vis est munie d'un bouton dépassant au dehors au moyen duquel on peut la déplacer de 3 millimètres dans le sens de la hauteur. Chaque fois qu'on appuie sur ce bouton la plume trace par suite un trait transversal. Le mouvement d'horlogerie doit être remonté tous les huit jours, mais on ne change le papier que tous les mois.

Quand on retire le papier, on se rend compte des heures auxquelles le pointage a été fait par les veilleurs, et comme l'appareil est dans une boîte cadenassée, aucune fraude n'est possible.

Le troisième type est du même modèle que le contrôleur universel (fig. 9.) L'enregistreur comporte autant d'électros qu'il y a de postes à visiter. A chaque poste se trouve un simple poussoir qui ferme le circuit de la pile et fait tracer un trait à la plume de l'électro-aimant correspondant.

Compteurs d'eau pour grosses conduites, déversoirs, rivières, etc. Intégrateurs, Enregistreurs

On construit, impasse Fessart, pour totaliser les débits d'eau qui ne peuvent être mesurés au moyen de compteurs à cause de leur importance, des appareils fondés sur l'emploi du système d'intégration Jules **Richard**. Dans ces appareils, on multiplie automatiquement par le temps le volume d'eau mesuré soit au moyen d'une valve équilibrée, soit au moyen d'un flotteur, ce qui est le cas pour les déversoirs (fig. 10).

Le produit ou total de mètres cubes est obtenu au moyen de deux plateaux tournant en fonction du temps et d'un galet déplacé en fonction du débit. Lorsque celui-ci est apprécié au moyen de la hauteur d'un flotteur, on fait déplacer le galet proportionnellement au facteur $h\sqrt{h}$, au moyen d'une came spéciale.

Compteurs de Tours simples et enregistreurs

Le Compteur simple à commande rotative pour applications diverses s'est introduit partout.

Les Compteurs à chiffres de 6 m/m ne se ramènent pas au zéro à la main de l'extérieur ; ceux à chiffres de 10 m/m se remettent au zéro à l'aide d'une clef ; ceux à chiffres de 15 m/m en dégrenant les roues après avoir ouvert la boîte.

Il y aussi le Compteur simple à commande alternative pour machines à vapeur, pesages, machines à imprimer, etc.

L'application d'un contact électrique rendant enregistreurs les compteurs de tours au moyen du Chronographe Totalisateur ou du Chronographe universel complète cet appareil.

Densimètres

L'utilité des appareils écrivant automatiquement à l'encre leurs indications étant très grande dans toutes les opérations où la den-

Intégrateur de débit d'eau (fig. 10)

sité des liquides doit être contrôlée, Jules **Richard** a appliqué son système enregistreur aux différents modèles de densimètres existants.

La densité et la température sont deux phénomènes connexes et inséparables, et, si l'on prend un liquide d'une densité A et qu'on le chauffe, sa densité vraie A ne variant pas, sa densité apparente semble diminuer.

Un appareil destiné à enregistrer constamment la densité d'un liquide dont la température peut changer doit être accompagné d'un thermomètre enregistreur, donnant aux mêmes instants la température du liquide contrôlé.

On a étudié, dans les ateliers qui nous occupent, un appareil différentiel se composant d'un thermomètre et d'un densimètre, leurs effets étant combinés de telle façon que si l'on chauffe le liquide contrôlé, et que sa densité vraie ne varie pas, la plume indique toujours la même densité; si la densité varie, immédiatement la plume l'accuse et l'inscrit. On a appelé cet appareil le Densimètre absolu.

Les divers modèles de densimètres de la maison Richard sont : le Densimètre enregistreur simple; le Densimètre enregistreur hydrostatique, dans lequel la densité est prise par la différence de poids produite par la poussée du liquide sur un corps immergé, le niveau peut être quelconque; le Densimètre absolu donnant les résultats de la température et de la densité des liquides ou en un mot la densité vraie ramenée à une température normale; enfin le Thermo-Densimètre composé d'un Thermomètre et d'un Densimètre enregistreur écrivant sur le même cylindre, ce qui permet de ramener les indications densimétriques à leur valeur vraie.

Dynamomètres à traction

Voici un genre d'appareils très employé et très nouveau.

L'emploi des dynamomètres à ressort ou à poids présente de grands inconvénients, manœuvre généralement difficile, encombrement, grande inertie rendant les lectures incommodes, rendement des ressorts, etc. M. J. **Richard** a construit un système de dynamomètre d'un faible volume sans causes d'erreurs possibles, et se prêtant facilement à tous les essais depuis les forces les plus minimes jusqu'aux efforts de plusieurs tonnes. Cet appareil a été employé avec avantage sur les grues de décharge, dans les sucreries pour vérifier les quantités de chaux et de charbon montées dans les fours à chaux, ainsi que par les ponts et chaussées pour la mesure des efforts de traction des remorqueurs sur les différents modèles de bateaux de transport.

L'appareil consiste en un étrier portant une cuvette fermée par une membrane en caoutchouc et remplie d'eau, sur cette membrane s'applique un piston fixé sur un second étrier et guidé par une couronne. La traction ayant pour effet de comprimer le liquide, la pression en kilogrammes par centimètre carré résultant de cette compression est donc par conséquent égale au poids total supporté divisé par le nombre de centimètres carrés, représentant la surface du piston. La cuvette étant en relation au moyen d'un tube souple avec un manomètre à cadran ou enregistreur, ce dernier tracera donc la courbe des efforts. Pour rendre ce dynamomètre plus ou moins sensible, il suffit de changer le manomètre et de le mettre plus ou moins sensible, les pressions dans la cuvette pouvant sans crainte atteindre plus de 100 kilos par centimètre carré (fig. 11).

Les dynamomètres sont toujours munis de leur manomètre à cadran monté directement par son raccord sur un des côtés de l'étrier :

Il y a le dynamomètre de 0 à 100, 200, 300 kilos ;
Celui de 0, à 500 ou 1.000 kilos ;
Celui de 0 à 2.000 ou 4.000 kilos ;
Celui de 0 à 6, 8 ou 10 tonnes et même 30 tonnes.

On peut substituer aux manomètres à cadran les manomètres enregistreurs écrivant le diagramme.

Dynamomètre à traction (fig. 11)

Dans le cas où l'on désirerait que l'indication soit donnée à une certaine distance du dynamomètre, un tube en cuivre ou en caoutchouc armé, pouvant résister à une pression de 100 kilos par centimètre carré, est mis à la disposition de l'expérimentateur.

Pour certaines études il est nécessaire de relier le dynamomètre à deux manomètres de sensibilité différente. Dans ce cas il faut établir la communication au moyen d'un T à 3 robinets, permettant d'envoyer la pression au manomètre voulu.

Dynamomètres de Rotation

On a dû établir aussi un système de Dynamomètre de rotation qui se prêtât facilement aux installations de mesure de consommation de force.

Il consiste en un Dynamomètre de White à engrenage différentiel dans lequel la force qui tend à entraîner la roue différentielle agit sur une cuvette remplie d'eau semblable à nos Dynamomètres de traction. Un manomètre enregistreur écrit la pression, c'est-à-dire le nombre de kilos correspondant à l'effort tangentiel développé par la courroie et sur le même cylindre un indicateur de vitesse inscrit la vitesse de cette courroie en mètres par seconde. Il suffit donc de multiplier les deux ordonnées correspondantes pour avoir le nombre de kilogrammètres dépensés. Parmi les avantages que présente cet appareil nous citerons la suppression complète des effets d'inertie qui entachent d'erreurs considérables les indications dans les appareils ordinaires.

Dans tous les dynamomètres dans lesquels l'effort est équilibré par un poids ou un ressort la roue différentielle tend à reculer devant l'effort pour avancer sitôt que l'effort est vaincu, donnant ainsi des oscillations qui rendent les lectures très difficiles, au point de vue mécanique, les accélérations et les ralentissements brusques de mouvement qui en résultent sont de graves inconvénients. Au contraire dans notre dynamomètre la roue différentielle ne se déplace jamais, la petite quantité d'eau nécessaire au fonctionnement du manomètre étant infinitésimale. On peut, en fermant plus ou moins le robinet placé sur le manomètre, arriver à supprimer complètement les oscillations de l'aiguille.

Sur la demande qui en a été faite par plusieurs ingénieurs d'avoir un appareil écrivant d'une façon continue la courbe de la puissance ($P = \text{Effort} \times \frac{\text{Espace parcouru}}{\text{Temps}} = F\frac{de}{dt}$), M. Jules **Richard** a étudié et mis en construction un enregistreur effectuant cinématiquement et par conséquent mathématiquement cette opération. Au moyen du même dispositif qui nous permet d'obtenir la division de l'espace parcouru par le temps nous obtenons d'abord le produit " espace parcouru × effort ", puis nous divisons ce produit par le temps. Le style écrit alors la courbe de la puissance développée dans la commande de l'outil et ses variations suivant les travaux effectués.

Hygromètres à cadran ou enregistreurs

Ces appareils (fig. 12) indiquent ou enregistrent directement l'état hygrométrique de l'air en centièmes d'humidité. Cette division est très avantageuse et évite tous les ennuis communs aux hygromètres ordinaires qui forcent à recourir à des tables de correction pour avoir le tant pour cent d'humidité. Ils sont livrés accompagnés d'une table donnant le poids d'eau contenu dans l'air, ce poids étant fonction de l'état hygrométrique et de la température.

Dans quelques cas, on préfère à l'Hygromètre qui donne l'état hygrométrique, le Psychromètre qui permet de le calculer en se basant sur les différences d'un thermomètre sec et d'un thermomètre mouillé, la différence étant d'autant plus grande que l'air est plus sec; pour répondre à ce besoin on construit le Psychromètre enregistreur qui inscrit les deux températures. Cet appareil peut servir avantageusement dans la mine sèche où le grisou est si à craindre.

Évaporomètres enregistreurs

C'est un appareil composé d'une balance munie d'un poids à

coulisse permettant de rendre sa sensibilité variable en abaissant le centre de gravité, et d'un cylindre enregistreur sur lequel s'écrivent en fonction du temps les déplacements du fléau.

Hygromètre enregistreur (fig. 12).

Appareils enregistreurs pour l'essai des matériaux

M. Jules **Richard** a étudié plusieurs modèles d'enregistreurs en vue de leur adaptation aux machines à essayer les matériaux. Les types les plus courants sont : 1° Enregistreur pour l'essai des caoutchoucs, fils de lin, de chanvre, etc., destiné à mesurer de faibles efforts, 30 kilos au maximum. Le cylindre tourne en fonction de l'allongement de la matière étudiée et la plume monte le long du cylindre en fonction de l'effort ; la courbe résultant de ces deux mouvements possède tous les éléments nécessaires pour se rendre compte exactement des qualités de résistance de la matière. L'appareil est complété par un petit treuil permettant d'exercer l'effort nécessaire qui en fait une machine à essayer complète.

Au cas où l'on aurait besoin de mesurer des efforts supérieurs à 30 kilos, par exemple dans le cas de mesure de résistance de câbles, on emploie le dynamomètre de traction combiné de façon à faire tourner le cylindre par l'allongement de la matière.

2° Enregistreur différentiel pour l'essai des métaux à la traction. Cet appareil se monte sur toutes les machines basées sur la compression d'un liquide (Système **Thomasset**, **Maillard**, etc.). L'allongement des métaux étant généralement très faible, M. Jules **Richard** a construit un système différentiel qui permet au cylindre de ne tourner rigoureusement que pour l'allongement produit entre les deux repères tracés sur l'éprouvette. On évite ainsi les erreurs produites par le déplacement des pinces. Un manomètre enregistreur en communication avec le récipient de la machine trace la courbe des efforts.

Machine complète à essayer les métaux à la traction

Cette machine, construite pour l'essai des métaux de faible dimension, tels que fil d'acier pour vélocipède, ou tôle pour ressort d'horlogerie, etc., se construit pour mesurer des efforts jusqu'à 5.000 kilos. L'effort est mesuré sur une cuvette remplie de liquide, la machine est munie d'un enregistreur différentiel.

Enregistreurs de la flexion et de la vibration des Ponts

Sur la demande de M. **Rabut,** Ingénieur des Chemins de fer de l'Ouest, nous avons construit un Enregistreur de flèches de ponts, qui lui a donné de fort bons résultats en permettant d'étudier non seulement le maximum de flèche, mais aussi les différentes formes qu'affectent ces flèches ainsi que la forme des vibrations du tablier du pont suivant le poids et la vitesse du train. Cet appareil très simple et très robuste consiste en un style très rigide tournant autour d'un axe sur lequel est fixé un levier portant une tige articulée. Cette tige étant fixée au pont et l'enregistreur placé à un point fixe on comprend que toutes les indications seront fonction de la vibration du pont. Toutes les articulations sont sans aucun jeu et sans frottement. Les pièces en mouvement étant très légères, il n'y a aucune erreur par inertie. Une disposition spéciale permet de faire varier l'amplitude des indications à 20, 10, 5 ou 2, 5 fois de leur valeur réelle; un même appareil peut donc servir pour toutes les sortes de ponts.

L'appareil est muni de deux cylindres interchangeables dont l'un défile 22 m/m de papier par minute et l'autre 11 m/m de papier par seconde.

Enregistreurs de la vitesse des trains de chemins de fer

Les indicateurs et enregistreurs de vitesse des trains de chemin de fer se divisent en deux catégories.

Dans la première, les appareils sont placés directement sur le train et indiquent ou enregistrent soit l'espace parcouru en fonction de temps, soit la vitesse, ils rentrent alors dans la classe des Indicateurs de marche ou dans celle des Cinémomètres.

La deuxième catégorie comprend les appareils qu'on place sur un point quelconque de la voie pour enregistrer le passage des trains au moyen d'un courant électrique établi par ces trains sur une ou plusieurs pédales.

Le présent chapitre est consacré à deux sortes d'instruments rentrant dans cette dernière catégorie.

Type A : Cet instrument se compose d'autant d'électro-aimants qu'il y a de pédales, montés sur un bâti vertical et commandant chacun un style muni d'une plume. Les plumes, placées sur la même ligne, écrivent à 10 millimètres l'une de l'autre sur une bande de papier déplacée à raison de cinq millimètres par minute par un mouvement d'horlogerie.

Chacun des électro-aimants communique avec une pédale et trace un trait transversal lorsque cette dernière est touchée par un train. Le temps qui sépare les pointages des électros successifs, temps indiqué par la longueur du papier sur lequel les traits se sont inscrits et la distance connue des pédales entre elles, fournit les éléments du calcul de la vitesse.

Ce système a été établi pour la Compagnie des chemins de fer de Paris-Lyon-Méditerranée.

Type B : Cet appareil, qui présente de grands avantages comme prix, facilité d'installation et de transport, a été établi en collaboration avec M. **Sabouret,** ingénieur de la Compagnie des chemins de fer d'Orléans.

Il se compose d'une roue à dénture très fine, mue par un mouvement d'horlogerie et faisant son tour régulièrement en 2 minutes 1/2. Sur cette roue vient s'enclancher un style lorsqu'un courant passe dans un petit électro-aimant fixé sur le bâti. Tant que le courant passe, le style reste enclanché, se trouvant entraîné par la roue, il trace sur un cylindre enregistreur, au moyen de la plume dont il est muni, une ordonnée d'autant plus haute qu'il est resté plus longtemps enclanché. Dès que le courant cesse, l'électro-aimant n'étant plus aimanté, le style se dégage et retombe à 0.

L'appareil est complété par un système électrique à double électro-aimant qui ferme le circuit actionnant le style enregistreur dès qu'une première pédale est attaquée par le passage du train et qui le rompt aussitôt que le train passe sur une deuxième pédale, éloignée de la première d'un certain nombre de mètres.

Le fonctionnement est dès lors facile à comprendre. Deux pédales étant installées sur la voie à 100 mètres par exemple l'une de l'autre, aussitôt que le train passe, il touche la première, et le circuit actionnant le style est fermé. Celui-ci s'enclanche et monte le long du cylindre enregistreur d'une façon régulière jusqu'au moment où le train, qui a continué sa marche, passe sur la deuxième pédale, à ce moment le style se déclanche et retombe à zéro. La longueur de l'ordonnée tracée est inversement proportionnelle à la vitesse du train puisqu'elle est d'autant plus longue que le train va moins vite.

Les avantages que présente cet appareil sont nombreux. Il est très portatif et peut être mis en service en quelques minutes à un endroit quelconque d'une voie de chemin de fer. Il permet donc de contrôler les mécaniciens sans que ceux-ci puissent se douter du lieu où il est momentanément placé. Il est enfin d'un prix peu élevé et d'un maniement facile.

Enregistreurs du Niveau d'eau des Chaudières

Sur la demande de plusieurs Ingénieurs et de Directeurs d'usines métallurgiques, nous avons été conduits à adapter notre système enregistreur aux indicateurs mécaniques de niveau d'eau des chaudières.

Les appareils ainsi obtenus écrivent en fonction du temps le niveau d'eau des générateurs, et par suite l'alimentation.

Ces appareils sont le complément naturel des manomètres enregistreurs des pressions de vapeur et donnent une sécurité de plus aux ingénieurs, non seulement au point de vue des explosions possibles, mais encore du coefficient de rendement du chauffeur à qui l'on confie une chaudière d'une valeur souvent considérable.

Les mêmes indicateurs de niveau peuvent être munis du système transmetteur à distance et tracer leurs indications à une distance quelconque des générateurs sur lesquels ils sont placés.

Enregistreurs de la Vitesse et du niveau de l'eau, Canaux, Rivières, etc.

Il y a encore toute une série d'appareils pour enregistrer la vitesse de l'eau, des lochs enregistreurs pour navires de haute mer, des enregistreurs de niveau des liquides pour biefs, canaux, réservoirs, bacs d'industrie, avec commande par flotteur avec ou sans établissement de contacts électriques destinés à avertir des maxima ou minima; des enregistreurs de niveau à ordonnées rectilignes, à commandes par flotteur avec ou sans établissement de contacts électriques maxima et minima établis sur la demande de M. **Le Chatelier.**

Citons encore toute une série d'Hydromètres indicateurs et enregistreurs de niveau des liquides à petite distance (100 mètres), des Indicateurs enregistreurs de niveau des liquides fonctionnant à grande distance par l'électricité employés pour le contrôle du fonctionnement des Réservoirs de Ville, des Aqueducs, etc.

Indication de la vitesse d'un arbre ou d'une poulie

Dans la pratique on confond souvent le nombre de tours proprement dit et le nombre de tours par minute, c'est-à-dire l'espace parcouru avec la vitesse.

Il y a trois sortes de systèmes pour contrôler la marche des machines.

Premier Système. — Le premier trace le diagramme de l'espace parcouru en fonction du temps. Il consiste à placer sur un compteur de tours actionné par la poulie à contrôler un contact électrique pour une certaine unité choisie (100, 1000 ou 10000 tours). On relie le contact d'une part à une pile et de l'autre à notre chronographe contrôleur (voir fig. 9), et toutes les fois que le circuit est fermé la plume de l'enregistreur trace un trait transversal.

Deuxième Système. — Le 2me système (fig. 13) trace également le diagramme de l'espace parcouru en fonction du temps, mais il permet de se rendre mieux compte des variations de marche et des arrêts. Il peut se faire ou à commande électrique, et fonctionne alors à distance, ou à commande mécanique au moyen d'une simple corde ou d'une petite courroie. C'est un Indicateur de marche des machines.

Troisième Système (fig 14). — Celui-ci trace le diagramme de la vitesse proprement dite ou absolue, c'est-à-dire celui du nombre de tours par minute, ou le nombre de mètres par seconde d'un câble ou d'une courroie. C'est la réalisation de la théorie $V = \frac{de}{dt}$, il donne exactement le quotient de l'espace parcouru

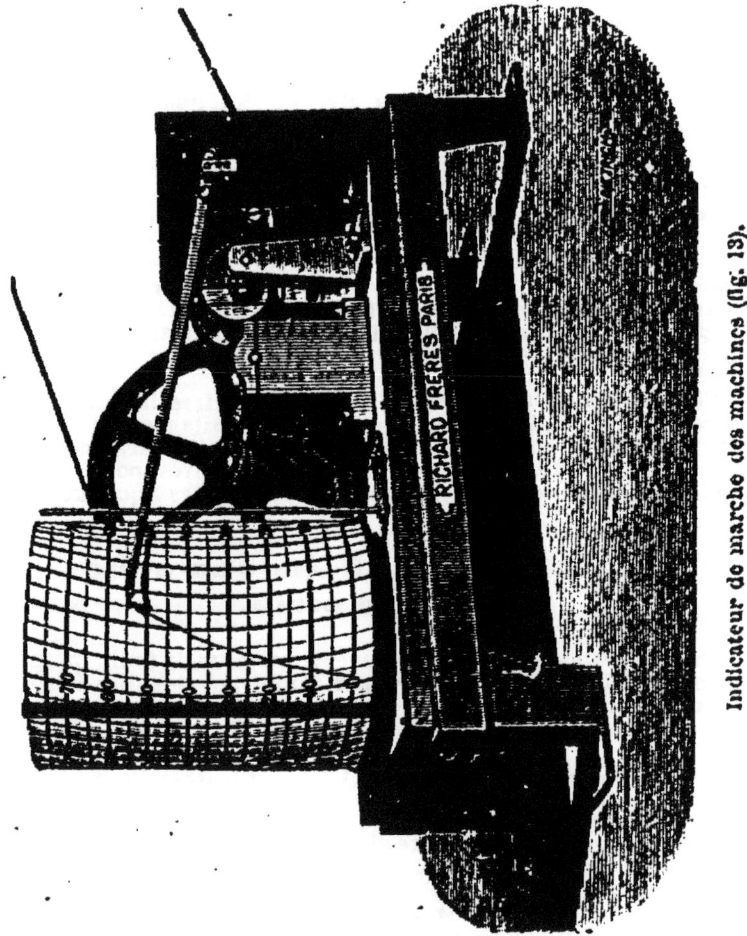

Indicateur de marche des machines (fig. 13).

par le temps. Il peut être soit à commande mécanique, soit à commande électrique.

N. B. — Les 3 diagrammes ci-dessus s'appliquent à une même période de marche d'une machine dont on a fait varier la vitesse dans des limites plus grandes que celles habituelles.

Indicateurs Enregistreurs de Marche des Machines ou Compteur Totalisateur Enregistreur

Cet appareil d'un prix moins élevé que l'indicateur de vitesse dit Cinémographe est aujourd'hui très employé pour contrôler la marche des machines.

Il se compose d'une poulie commandée par la Machine, actionnant, par une série de renvois (vis sans fin et limaçon), un style portant la plume.

La commande du style est calculée pour faire monter le style de 3 millimètres pour 100 tours ou 1000 tours suivant l'allure habituelle de la machine. Tous les 500 ou 5000 tours l'aiguille retombe à 0, pour recommencer son ascension le long du cylindre au fur et à mesure de la marche. Dès que la machine s'arrête, la plume s'arrête également et le cylindre continuant à tourner en fonction du temps le trait devient horizontal. On a ainsi chaque jour l'heure de la mise en marche, la vitesse de la machine (par la longueur de la courbe) et les arrêts. La somme des ascensions de la plume donne le nombre total des tours effectués. (Voir fig. 11 le diagramme donné.) Il peut fonctionner à distance par l'électricité.

Les Indicateurs de Vitesse ou Cinémomètres indiquant ou enregistrant le nombre de tours par minute. Ces appareils remplacent avec avantage les tachymètres. En effet, lorsqu'on veut savoir le nombre de révolutions que fait par minute l'arbre d'une Machine, on emploie un compteur de tours et une montre à secondes. On note le temps pendant lequel le compteur a été actionné par la Machine et on divise le nombre de tours indiqué par le nombre de minutes, ce qui indique le résultat cherché.

M. Jules **Richard** a créé un appareil qui fait cette opération d'une façon continue et automatique et qui indique soit le nombre de tours par minute au moyen d'une aiguille sur un cadran, soit la courbe de vitesse proprement dite, fig. 14, l'appareil étant muni de notre système enregistreur écrivant sur un papier qui se déplace en fonction du temps.

L'appareil, représenté ci-contre, donne rigoureusement ce résultat, qui est à proprement parler la solution continue de l'équation

$$\frac{\text{Chemin parcouru}}{\text{Temps}} = \text{Vitesse} \left(V = \frac{de}{dt} \right)$$

Il se compose de deux plateaux circulaires P tournant en sens contraire en fonction du temps et faisant rouler entre leurs surfaces une roulette Q qui est éloignée de leur centre proportionnellement au nombre de tours de la machine. Cet éloignement est obtenu au moyen d'une roue à fente hélicoïdale T, qui agit à la façon d'un pignon menant une crémaillère, sur une vis sans fin R dans le prolongement de laquelle est calée la roulette. Les plateaux, mus par une petite quantité de mouvement fournie par la machine et ayant une vitesse rendue rigoureusement isochrone par un régulateur Foucault, ont pour effet, en faisant tourner la roulette sur elle-même, de dévisser la vis sans tin dans la roue hélicoïdale comme le ferait une vis mobile dans un écrou fixe, ils tendent par suite à ramener la roulette à leur centre.

Cette dernière se trouve donc soumise à un double mouvement : 1° elle est entraînée avec rapidité vers la périphérie des plateaux proportionnellement au Nombre de tours de la machine ; 2° elle est ramenée au centre des plateaux proportionnellement au temps.

Il en résulte qu'elle vient choisir sur les plateaux une position d'équilibre, qui correspond au rapport des deux facteurs, c'est-à-dire au quotient exact du nombre de tours par le temps. Ce quotient est exprimé par la distance momentanée du plan de la roulette au centre des plateaux, distance qui est traduite à l'œil par le déplacement d'une aiguille devant un cadran ou d'un style enregistreur sur un papier en ordonnées absolument proportionnelles aux vitesses mesurées.

Si l'on comprend bien le fonctionnement de cet appareil, on voit que les indications qu'il fournit peuvent être considérées comme absolues, puisque le nombre de Tours de la machine est

Cinémographe ou enregistreur de vitesse (fig. 14).

rapporté à une vitesse constante et absolue fournie par un Régulateur Foucault rigoureusement isochrone. De plus, ces indications sont proportionnelles. On peut munir le Cinémomètre d'un Compteur de tours ordinaire qui sert de totalisateur.

L'avantage de cet appareil est de donner des mesures exactes, quel que soit le degré de lubréfaction des organes, de n'avoir aucune inertie et de ne demander au moteur sur lequel on le place aucune force, celle nécessaire à son fonctionnement étant très minime. Ces dernières qualités sont justement celles qu'on ne trouve dans aucun des appareils dénommés Tachymètres.

En effet, dans tous les Tachymètres qui, pour donner la vitesse, se servent de la force centrifuge contrebalancée par un poids ou un ressort, on comprend facilement que le degré de lubréfaction des organes changeant, le coefficient de frottement varie également et vient par suite entrer en ligne de compte pour fausser les indications d'une quantité qui peut être considérable. Dans le Cinémomètre, au contraire, l'équilibre étant produit par deux équivalents de mouvements égaux et de sens contraire, les résistances passives ne pourront intervenir en aucune façon puisqu'il faudra toujours que le galet prenne une telle position sur le plateau que sa distance du centre multipliée par le temps qui est forcément constant, égale exactement le nombre de tours de la poulie.

Les indications données par l'aiguille sur le cadran sont les vitesses en « Tours par minute » de la poulie de l'appareil. Si l'on avait des vitesses plus grandes ou plus petites à mesurer, il suffirait de commander la poulie de l'instrument par une poulie moitié ou double. La poulie de commande étant moitié, il faut doubler le chiffre indiqué, si la poulie de commande est le double, il faut diviser par deux les indications du cadran.

Cinémographe ou Enregistreur de vitesse

Cet instrument est la combinaison de l'appareil qui vient d'être décrit avec notre système enregistreur, il a le double avantage de tracer à l'encre le diagramme de la vitesse et d'être muni d'un cadran. Le papier doit être changé toutes les 12 heures ou toutes les 25 heures. Il a une longueur de 95 cent.

Indicateurs de vitesse à distance ou Électro-Cinémographes enregistrant électriquement la vitesse ou le nombre de tours par minute d'un ou plusieurs arbres ou poulies de machines.

Dans certaines installations, il y a souvent plusieurs moteurs ou machines dont l'ingénieur en chef désirerait contrôler la marche, sans se déranger de son bureau et sans avoir autant de cinémographes qu'il y a de moteurs; nous avons créé un appareil dit Electro-Cinémographe, qui permet avec un seul enregistreur placé dans le bureau d'obtenir le contrôle d'autant de machines qu'on le voudra. Cet instrument est la combinaison de l'Indicateur de vitesse que nous avons décrit plus haut avec un système de déclanchement produit par un électro-aimant. Il suffit de remonter avec une clef le ressort des rouages qui doivent faire agir l'un sur l'autre les facteurs « Temps » et « Nombre de tours ou mètres par seconde » pour que l'instrument soit prêt à fonctionner.

L'installation se fait de la façon suivante :

Sur chaque machine, on place un dispositif très simple fermant un circuit électrique à chaque révolution de l'arbre. De chaque contact partent deux fils dont l'un est relié à un fil commun de retour et dont l'autre aboutit dans le bureau de l'ingénieur à un commutateur. On dispose les commutateurs sur un tableau, devant lequel une console supporte l'Electro-Cinémographe. Celui-ci étant relié aux commutateurs ainsi qu'au fil de retour commun et une pile étant placée dans le circuit, lorsque l'ingénieur veut contrôler la marche d'une machine, il lui suffit de manœuvrer le commutateur qui correspond à cette machine, immédiatement l'Electro-Cinémographe se met en marche et enregistre sur un papier le nombre de contacts émis dans l'unité de Temps par l'arbre, c'est-à-dire son nombre de Tours par minute. On contrôle ainsi la vitesse de chaque moteur, le mot Vitesse étant pris dans le sens absolu $\left(v = \frac{d\,e}{d\,t}\right)$

Cet appareil s'emploie également pour mesurer la vitesse des cours d'eau, des bateaux ou yachts en le reliant simplement aux contacts établis par un moulinet genre Woltmann ou à un loch électrique genre Fleuriais ou autre. Voir la Notice de M. **De Mas**, ingénieur en chef des Ponts et Chaussées.

Cinémomètre à cadran (fig. 15).

Indicateurs dynamo-métriques de Watt

M. Jules **Richard** construit 2 systèmes d'indicateurs de Watt.

Le premier est l'indicateur Richard ordinaire, donnant le diagramme du travail de la vapeur dans le cylindre. Cet appareil est tellement classique aujourd'hui que nous ne rentrerons dans aucun détail ; son utilité est incontestable dans toute usine soucieuse de la bonne marche, de l'utilisation de la vapeur et des réparations à apporter au cylindre et au tiroir par suite d'usure, enfin il permet de savoir la force dont on dispose ainsi que la façon dont est admise la vapeur.

Pour planimétrer les courbes données par ces indicateurs nous avons construit un planimètre ou intégrateur simple, solide et tellement pratique qu'il peut être mis dans des mains très peu exercées.

Le second modèle a été construit d'après M. **Napoli**, ingénieur, chef du Laboratoire des essais du chemin de fer de l'Est. Sa disposition est telle qu'il n'y a pas d'inertie dans la marche des organes de mesure, et par suite pas de lancés. De plus il comporte un intégrateur donnant directement la surface du diagramme.

Manomètres système Bourdon et autres Manomètres enregistreurs de chaudières

Naturellement on a chez M. J. **Richard** tous les manomètres imaginables, manomètre Bourdon, manomètre Étalon de 0 à 30 kilos en cuivre et muni de sa presse, manomètres indicateurs du vide de tous les prix et de toutes les forces avec enregistreur du vide.

Manomètres enregistreurs de chaudières

L'enregistrement de la pression des chaudières à vapeur est d'un grand intérêt au point de vue industriel, la marche des foyers étant un des facteurs les plus difficiles à constater et les plus importants, aussi bien au point de vue de la sécurité des usines qu'à celui de la dépense de combustible.

Il est à remarquer, en effet, que les industriels font une économie notable lorsque les chauffeurs conduisent leurs générateurs régulièrement. L'ouvrier, se sachant surveillé constamment par l'appareil, a tout intérêt à bien faire son service, le chef d'usine qui voit la manière dont les chaudières sont conduites pouvant lui accorder une part du bénéfice qui lui est gagné par la régularité de la chauffe.

Manomètre enreg. (fig. 16)

La surveillance ainsi exercée a de plus l'avantage de supprimer la plus grande partie des chances d'explosion. Le chauffeur ne peut ni caler ses soupapes ni se soustraire aux soins de mise en état de propreté des chaudières, puisque les moindres variations de pressions provenant de ces causes seront indiquées aux chefs d'usines.

M. Richard a donc été amené à appliquer aux manomètres son système d'enregistreur, qui permet de surveiller d'une façon constante et absolue le travail des chauffeurs, et a créé deux modèles, l'un simple (fig. 16), l'autre muni d'un cadran (fig. 17).

Ces appareils sont d'un maniement très simple, extrêmement

Manomètre enregistreur et à cadran (fig. 17).

solides et ne nécessitent aucune installation, le tuyau de vapeur se branchant directement sur les conduites existantes.

Les cylindres se font à révolution journalière ou à révolution hebdomadaire.

Les papiers à diagramme sont établis pour 4, 8, 12 et 16 kilos pour les appareils ordinaires.

Pour les manomètres pour presses hydrauliques les papiers sont établis pour 400 atmosphères, le prix est augmenté de 25 francs, les tubes manométriques étant en acier ou en bronze phosphoreux.

Manomètres à cadran ou Enregistreurs pour pressions infinitésimales

Ces manomètres (fig. 18) sont destinés à indiquer ou enregistrer les pressions ou dépressions de quelques millimètres d'eau. Ils sont sensibles au dixième de millimètre. Ils sont employés pour les pressions de gaz des villes, la mesure du tirage des cheminées par le vide produit sur un tube placé dans la cheminée, etc.

Manomètre pour la pression infinitésimale (fig. 18).

Pour les pressions de 0 à 100 millimètres les appareils sont entièrement métalliques et secs. Pour les pressions de 20 millimètres d'eau et la mesure des dixièmes de millimètre (tirage des fours et cheminées), ils sont construits avec liquide. Pour les mettre en service, il suffit de vider de l'eau dans l'entonnoir jusqu'à ce que la plume soit au zéro et de fermer cet entonnoir au moyen de son robinet.

Pose des Manomètres à Cadran et Enregistreurs

La pose de ces Manomètres est des plus simples, on fixe l'appareil au moyen de vis que l'on fait passer dans les trous des raccords ou des boîtes. Que le Manomètre soit au dessus ou au-dessous de la chaudière, il doit toujours y être relié par un tube disposé en forme de siphon afin de laisser près du robinet une certaine quantité d'eau provenant de la vapeur condensée et d'empêcher le tube qui porte le mouvement indicateur d'être en contact direct avec la vapeur.

1° Le joint doit être fait à la partie inférieure du raccord, au moyen d'une rondelle en plomb, fibre ou en chanvre.

2° Lorsque ces Manomètres sont pourvus d'un robinet avec une bride porte-étalon destiné à permettre la vérification du Manomètre, il faut éviter de faire sortir de l'eau du siphon par le trou de cette bride, laquelle ne doit recevoir que l'étalon servant au contrôle.

3° Lorsqu'on soumet une chaudière à l'épreuve par la pression hydraulique, il faut avoir soin de démonter le Manomètre ou de fermer le robinet pour éviter sa détérioration car cette épreuve se fait presque toujours à une pression double de celle marquée sur le cadran.

4° Pour les Manomètres à haute pression, il faut avoir soin de ne pas serrer complètement l'écrou du Manomètre sans avoir préalablement fait avancer l'eau jusqu'à l'écrou. Par ce moyen l'air contenu dans le tube se trouve chassé et on peut alors faire le joint complètement; l'appareil étant en fonction si l'aiguille éprouvait de brusques oscillations, ce serait une preuve qu'il y aurait encore de l'air, il faudrait alors desserrer l'écrou pour le faire échapper.

Planimètre perfectionné

Tous les ingénieurs qui ont eu l'occasion de se servir des planimètres habituellement employés savent à combien d'erreurs ces appareils sont exposés. Ils sont fondés en effet sur l'emploi d'une roulette qui doit glisser et rouler sur le papier en proportion de l'inclinaison des lignes formant le périmètre. Dès lors le total des tours de la roulette dépend de la surface plus ou moins lisse du papier et suivant l'état de cette surface, le chiffre indiqué est variable.

M. Richard a été amené à étudier un planimètre dans lequel l'organe compteur ne soit pas mis en contact du papier et qui, de plus, présentât de grandes facilités de manipulation.

Il est arrivé au résultat cherché en appliquant son système d'intégration fondé sur l'emploi d'une roulette laminée entre deux plateaux à ressort.

Pour trouver la surface d'un périmètre tracé sur un papier, on place le papier sur le cylindre de l'appareil et on met toutes les aiguilles du compteur à zéro. Puis tenant l'index dans la main droite et le maintenant buté contre la partie inférieure du cylindre on tourne la petite manivelle jusqu'à ce qu'une des ordonnées passant par un point quelconque de la courbe vienne se présenter sous l'index. On marque le point de la courbe d'un coup de crayon comme point de départ, et après y avoir amené l'index on tourne la petite manivelle soit dans un sens soit dans l'autre en suivant la courbe, jusqu'à ce qu'on soit revenu au point de départ. A ce moment on ramène l'index contre sa butée inférieure et on lit la surface du diagramme en millimètres carrés.

Le maniement de l'appareil est extrêmement simple et les indications de surface sont indépendantes de l'état du papier.

Pyromètres à Cadran ou Enregistreurs

Cet appareil se compose d'un réservoir en fer communiquant par un tube filiforme avec un tube de manomètre.

L'appareil est construit et gradué d'après ce principe observé par Regnault que la pression de l'air sous volume constant double pour une élévation de température de 273 degrés centigrades.

Le mode de fonctionnement est des plus simples, il suffit de plonger le réservoir dans le milieu dont on veut connaître la température, le gaz du réservoir se dilate et le tube transmet à l'aiguille, par un système de levier, le mouvement qu'il prend sous cet effet.

Si cet instrument n'est pas nouveau dans son principe, il est à remarquer qu'il n'a été réalisable au point de vue pratique et industriel que du jour où M. Richard a trouvé les perfectionnements que nous allons exposer.

Lorsqu'on chauffe le réservoir du Pyromètre jusqu'à la température du rouge, s'il est rempli d'air atmosphérique, l'oxygène qui en forme environ la cinquième partie est absorbé par le fer, le volume du gaz n'est plus alors un multiple du volume initial, d'où une fausse indication.

Cette cause d'erreur disparaît en remplissant le pyromètre d'azote sec et pur. On le règle ensuite par comparaison.

On applique également à cet appareil le système d'enregistreur.

Pyromètres pour hautes températures

Les Pyromètres à circulation d'eau dont l'invention appartient à M. F. de Saintignon sont basés sur le principe suivant :

Un tube en métal étant placé dans le foyer dont on veut connaître la température, si l'on envoie dans ce tube un courant d'eau avec une vitesse connue et suffisante pour éviter la vaporisation, la différence des températures de l'eau à l'entrée et à la sortie donne la température du foyer, c'est-à-dire le degré pyrométrique.

L'appareil se compose d'un double tube dit explorateur que l'on place dans le foyer, et de deux thermomètres donnant les températures de l'eau à l'entrée et à la sortie. On fait passer dans l'explorateur un courant d'eau venant d'un réservoir à niveau constant et on règle la vitesse au moyen du robinet R. Il faut que la hauteur de l'eau dans le manomètre vienne en B. Pour lire la température on amène le zéro du curseur P sur la température de l'eau d'entrée et on lit le degré pyrométrique sur le même curseur à la hauteur de la température de l'eau de sortie.

Cet appareil pour être complet et servir au contrôle des fours, doit être muni d'un enregistreur. La construction de cet appareil était assez difficile puisqu'il faut un appareil n'inscrivant que la différence des deux températures afin d'inscrire le degré pyrométrique et de supprimer tout travail. Sur la demande de la Raffinerie Say, M. Richard a étudié le problème et a construit un enregistreur différentiel composé de deux thermomètres métalliques à dilatation de liquide dont les deux indications se retranchent continuellement l'une de l'autre. Il n'y a qu'un style, lequel, portant une plume, inscrit la différence des deux températures, c'est-à-dire le degré pyrométrique.

Thermomètres métalliques, avertisseurs électriques

1° Thermomètres métalliques à cadran fig. 19. Dans la construction de ces Thermomètres avertisseurs électriques, on a utilisé le Thermomètre métallique à dilatation de liquide semblable à celui adopté pour les Thermomètres enregistreurs, dont on trouvera la description plus loin. Cet appareil a sa place marquée dans toutes les installations industrielles pour indiquer la température des étuves, séchoirs, chambres de malt, tourailles, purgeurs, serres chaudes, ateliers, hôpitaux, chambres de malades.

Thermomètre métallique avertisseur électrique. (fig. 19).

Ce Thermomètre peut être mis en communication avec deux sonneries différentes indiquant les basses et hautes températures qui ne doivent pas être atteintes ou avec une seule sonnerie pour les deux cas. Il peut être réglé pour toutes les températures depuis 50° au-dessous de zéro jusqu'à 110 degrés au-dessus.

Thermomètre avertisseur avec tableau indicateur

Sur les indications de M. **Arquambourg**, M. Richard a construit pour le chauffage des appartements, salles d'hôpital, etc., un Thermomètre combiné avec un Tableau indicateur. La tige du Thermomètre se trouvant entre deux contacts pour une température déterminée d'avance, 17° par exemple, lorsque l'on interroge le Tableau indicateur au moyen du bouton poussoir on fait apparaître l'indication *Normale*. Si la température descend à 16° ou au-dessous, l'indication sera *Pas assez chaud*. Si la température monte à 18° ou au-dessus, l'indication sera *Trop chaud*.

Une grande quantité de ces Thermomètres dont l'installation est facile peuvent être combinés avec un seul Tableau, lequel sera installé dans la chambre de chauffe ou de surveillance.

Thermomètres avertisseurs électriques dits cannes exploratrices pour milieu clos

Lorsque les températures maxima et minima dont on veut être averti se produisent à l'intérieur de milieux fermés où l'on ne peut pénétrer ou dans les liquides, tels les silos, les magasins à fourrages, les chaudières, etc., la canne exploratrice donne d'excellents résultats.

L'organe sensible à la chaleur (récipient métallique contenant un liquide dilatable) peut en effet être enfoncé complètement dans le milieu dont on veut connaître les variations de température. Il est fixé à l'extrémité d'un tube qui le transforme en canne d'une longueur quelconque.

Cet appareil est d'une solidité à toute épreuve; pouvant supporter des chocs violents ou des pressions considérables, il est absolument soustrait à toutes les causes de bris ou de mauvais fonctionnement.

L'équilibre de température s'établissant par la paroi externe du récipient, l'instrument est en contact direct et intime avec la source de chaleur qu'on veut mesurer, les contacts électriques protégés par une paroi métallique sont d'une conservation parfaite et à l'abri de toute oxydation, enfin les fils électriques sont protégés par le tube jusqu'à la sortie du milieu où l'appareil est placé.

Ce petit appareil, d'un prix très modique, peut être considéré comme répondant à tous les desiderata au point de vue de la solidité et de l'exactitude.

La canne exploratrice de température est absolument indispensable dans les silos, les magasins à fourrages, les autoclaves; elle peut rendre également de grands services aux constructeurs d'appareils hydrothérapiques et dans les établissements de bains, sa disposition lui permettant de s'adapter très facilement aux chauffe-bains, baignoires, hydro-mélangeurs.

Thermomètres à cadran à système compensateur

Ces Thermomètres sont basés sur le principe de la dilatation d'un liquide, dilatation qui est constante et toujours comparable à elle-même. Ils sont formés d'un réservoir en communication par un conduit d'un faible diamètre, avec un tube manométrique Bourdon. Le tout est rempli d'un liquide dilatable. On comprend aisément le fonctionnement du système. Le liquide en se dilatant se rend dans le tube manométrique et le fait mouvoir. Le mouvement du tube est transmis à l'aiguille par un système très simple de leviers.

Ces Thermomètres sont supérieurs à ceux dont la construction est basée soit sur la dilatation d'une tige de métal soit sur l'élasticité de lames bi-métalliques.

En effet, dans ces deux cas, la dilatation agit sur l'état moléculaire des lames qui ne restent pas comparables.

Dans le système Rihcard la dilatation du liquide agit directement sur le tube extensible, avec d'autant plus de force et de sûreté que ce liquide est privé d'air et incompressible. Ces appareils peuvent fonctionner dans toutes les positions, le récipient percepteur des températures pouvant être placé au-dessus et à une certaine distance du cadran (5^m au plus). L'instrument est facilement rendu enregistreur.

Un perfectionnement très important de ces thermomètres consiste dans l'emploi d'un compensateur chargé d'annuler les effets de la température ambiante sur la partie de l'appareil donnant les indications.

Les appareils peuvent être réglés pour fonctionner jusqu'à 350°.

Ils peuvent être munis d'une aiguille à maxima entraînée par l'aiguille indicatrice ou de contacts, permettant de les mettre en communication avec une sonnerie électrique.

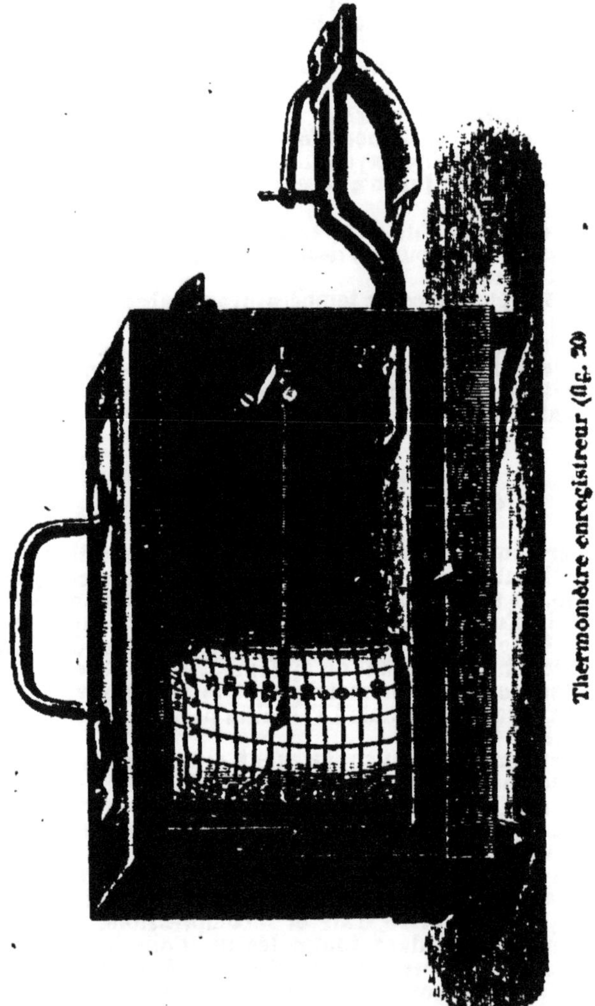

Thermomètre enregistreur (fig. 30)

Thermomètres Enregistreurs pour la science et la météorologie

Ces Thermomètres basés sur la dilatation d'un liquide remplissant exactement un tube à section elliptique, permettent d'enregistrer exactement les variations de la température ambiante, leur rapidité de mise au point est considérable et provient de la large surface mise en contact avec l'atmosphère (fig. 20).

Nous construisons un modèle extra-sensible donnant 10 m/m de marche par degré et pouvant enregistrer des différences de température entre — 70° et + 50° centigrades. Comme la hauteur du cylindre ne permettrait pas une pareille amplitude, une vis micrométrique permet de ramener l'aiguille de l'appareil d'une quantité connue lorsqu'elle menace de dépasser les limites du cylindre.

Ce même principe est appliqué à la construction de Thermomètres à cadran qui permettent des lectures rapides et à une certaine distance.

Thermomètres Enregistreurs pour l'industrie en général

Le Thermomètre employé dans ces enregistreurs est fondé sur l'emploi d'un tube elliptique en cuivre, de section méplate hermétiquement fermé et plein d'un liquide dilatable. Ce tube est placé à l'extérieur de la boîte de métal contenant l'Enregistreur proprement dit de manière à se trouver en quelque sorte immergé dans l'atmosphère et par suite en contact immédiat avec l'air ambiant ; il est protégé par un tissu métallique destiné à le soustraire aux chocs malveillants ou autres, et la boîte est munie d'un cadenas.

Ce thermomètre est de la plus haute utilité dans les diverses exploitations industrielles où la température entre comme facteur important d'une fabrication. La brasserie avec ses chambres de malt, les produits chimiques avec leurs séchoirs, les teintureries ont tout intérêt à introduire dans leurs installations l'élément scientifique qui permet d'obtenir les meilleurs rendements.

Thermomètres Enregistreurs pour liquides, vases clos, étuves sèches et humides et en général pour tous milieux d'un accès difficile et pour lesquels la partie indicatrice et enregistrante de l'appareil doit être placée au dehors.

Ces appareils sont, comme tous les autres thermomètres de la maison Richard basés sur la dilatation d'un liquide. Suivant les systèmes créés pour l'utilisation de la dilatation thermométrique, la sensibilité des appareils varie, c'est-à-dire que le temps nécessaire à leur mise en équilibre de température avec les milieux où les récepteurs sont placés, est plus ou moins court ; la construction étant d'autant plus compliquée que la sensibilité à obtenir doit être plus grande, le prix des instruments augmente avec le degré de sensibilité.

Modèle n° 2, dit à Récepteur Canne thermométrique. — Le récipient étant plongé dans le milieu dont on veut mesurer la température, l'appareil exige 3 à 4 minutes pour être en équilibre de température si ce milieu est liquide, et 8 à 10 minutes si ce milieu est de l'air, soit celui d'une étuve, touraille, cave, etc.

Ce modèle ne se fait qu'avec la tige droite, et ne peut indiquer des températures supérieures à 110° centigrades.

Ventilateur à main (fig. 21)

Modèle n° 3. Modèle dit à Compensateur. — Ce modèle est extrêmement sensible, il convient aux étuves à air dans lesquelles les variations de températures peuvent être très rapides. Le récepteur de température peut être souple; l'appareil se fait avec tige droite ou avec bride de bronze de diverses formes.

Ce modèle peut être fourni pour des températures de 0 à 370 degrés centigrades.

Ventilateurs, Actinomètres, Photomètres, etc.

Cette partie intéresse spécialement nos ingénieurs.

M. Richard a établi plusieurs modèles de ventilateurs de débit différent.

Le premier modèle, fig. 21, donne un débit régulier de 2 mètres cubes d'air à la minute, soit 120 mètres à l'heure. Il est applicable à l'aération de salles de petite dimension, ou à la construction des forges portatives. Il a reçu une application assez importante dans quelques scieries, où il est employé à enlever la sciure devant l'outil à mesure de sa production.

Le second modèle donne un débit de 20 mètres cubes à la minute, soit 1.200 mètres à l'heure, il absorbe une force de 7 kilogrammètres. Il convient à l'aération des ateliers ou salles d'hôpitaux.

Ces ventilateurs fournissent des résultats d'une importance pratique considérable dans les usines où on doit maintenir une température suffisamment basse, enlever les impuretés de l'air et amener l'air à l'état hygrométrique nécessaire pour la régularité de la fabrication.

Nous pouvons citer en première ligne les ateliers de tissages et les filatures où ces conditions sont indispensables.

Dans le cas où le ventilateur est non seulement chargé de renouveler l'air mais encore de lui donner la quantité de vapeur d'eau nécessaire à une fabrication spéciale, le modèle à grand débit est muni d'un système de toile à mailles moyennes qui se déroule devant la buse du ventilateur. Cette toile se mouille dans une partie de son trajet, arrive chargée d'eau devant la buse et humidifie l'air qui la traverse.

Ce système, inventé par M. le Docteur **Desfossés** pour désinfecter l'air des chambres d'hôpital, en le faisant passer à travers des substances antiseptiques, a l'avantage de ne pas charger l'air de gouttes d'eau comme les vaporisateurs ou autres systèmes de même genre. Il tamise l'air en le rendant soit inoffensif s'il traverse des toiles imprégnées de désinfectants soit humide si les toiles sont simplement humectées d'eau.

Actinomètres Enregistreurs

Notons les Actinomètres Enregistreurs. Etabli sur les données de M. **Violle**, Professeur à l'Ecole Normale Supérieure de Paris, cet Enregistreur est composé de 2 Thermomètres dont les parties sensibles sont placées à l'intérieur de boules en métal dont l'une est brillante et l'autre noir mat. Les deux températures s'inscrivent sur le même cylindre.

Notons encore le Sunshine-Photomètre héliographique permettant d'enregistrer l'apparition du soleil ainsi que la valeur de la lumière, et toute la série des Pluviomètres Enregistreurs à flotteur, à balance.

Les Aéroscopes Enregistreurs pour l'étude de la Microbiologie.

Telle est la première partie des travaux courants de Jules **Richard**. Nos lecteurs trouveront certainement ce bagage considérable. La seconde partie a trait à l'électricité.

CHAPITRE II

ÉLECTRICITÉ, APPAREILS DE MESURE ET DE CONTROLE, COMPTEURS

La deuxième spécialité de la maison Jules **Richard** ce sont les appareils électriques. Notons-les, car nous sommes tout à l'électricité aujourd'hui.

Ampèremètres et Voltmètres à Cadran sans aimants permanents

Ces Ampèremètres (fig. 22) et Voltmètres (fig. 23) se recommandent à l'attention des ingénieurs électriciens par leur exactitude,

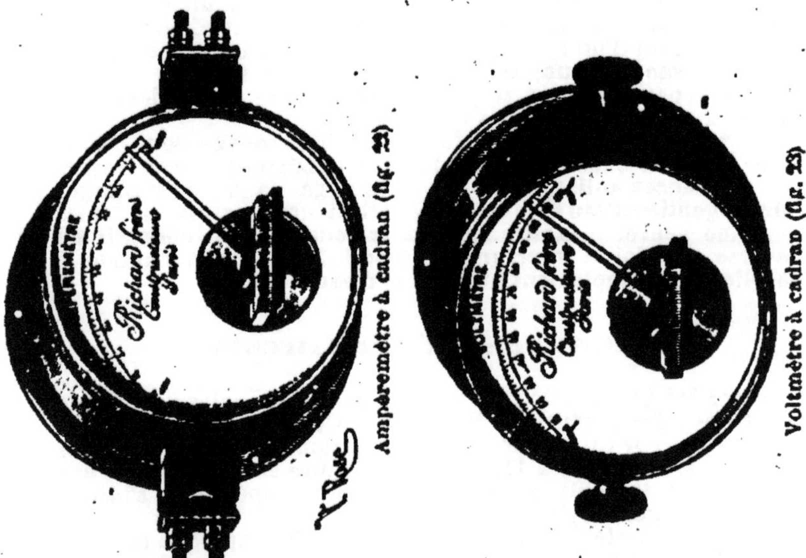

Ampèremètre à cadran (fig. 22)

Voltmètre à cadran (fig. 23)

étant garantis à moins de 1 pour cent. Etablis sans aimants permanents, ils ne sont sujets à aucune altération de leur échelle. Ce sont les seuls pouvant rester en circuit sans que les indications en soient faussées. Sur demande et sans augmentation de prix, il sont munis d'un écran magnétique qui les rend indifférents aux courants extérieurs.

Sur demande spéciale et avec remboursement des frais, ils sont contrôlés par le Laboratoire de la Société des Electriciens et ils sont livrés accompagnés de leur certificat d'étalonnement.

Ampèremètres, Voltmètres, Wattmètres, Enregistreurs

M. Jules **Richard** a appliqué avec le plus grand succès le système enregistreur aux appareils électriques de mesures servant dans les laboratoires et les stations centrales.

Ces instruments donnent ainsi le diagramme à l'encre, ininterrompu, soit de la tension, soit de l'intensité du courant fourni par les générateurs d'électricité (Machines dynamo ou magnéto-électriques, piles, accumulateurs).

L'instrument écrit les variations du courant sur un papier porté par un cylindre faisant généralement sa révolution en 24 heures.

Sur demande on peut la lui faire faire en 1 heure, 12 heures, 8 jours, etc. Il fournit également des cylindres de diverses vitesses afin de pouvoir donner aux courbes les amplitudes nécessaires à leur étude.

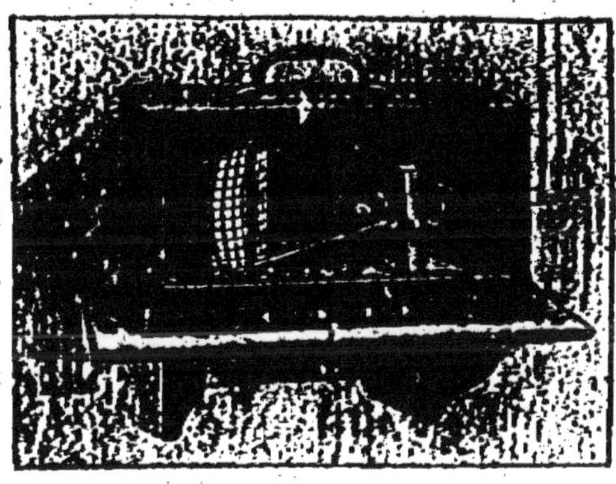

Voltmètre enregistreur (fig. 24)

Dans certains cas, on remplace le cylindre par un mouvement d'horlogerie dit à papier sans fin, faisant passer sur la plume une bande de papier avec une vitesse qui peut atteindre trois centimètres par minute, on peut enfin faire tourner le cylindre porteur du papier par une horloge électrique semblable à celle employée dans notre compteur horaire. En ce cas le papier ne défile que lorsque le courant passe dans le galvanomètre.

Les modèles couramment employés sont ceux avec cylindres à révolution journalière, et ceux avec développement d'une bande de papier de 20 centimètres par semaine. Pour l'étude des lampes à arc, on emploie les cylindres faisant une révolution par heure.

Les voltmètres enregistreurs fig. 24 jouent au point de vue électrique le même rôle que le manomètre enregistreur vis-à-vis des générateurs de vapeur ou d'air comprimé.

Dans une station centrale, ils contrôlent non seulement le travail du personnel, mais encore ils avertissent du moment où la tension et l'intensité du courant compromettent la sécurité de l'installation.

On peut d'ailleurs munir l'instrument de contacts mettant en fonction des sonneries électriques.

Avec ces appareils, l'ingénieur se trouve avoir entre les mains un témoin dont les indications lui donneront toujours l'état exact de la station à un instant quelconque, le contrôle de toute la période d'éclairage, le moment et la valeur de la production maxima et minima, le fonctionnement des machines, la vigilance des employés, les causes d'accidents qui ont pu se produire et les moyens de dégager sa responsabilité.

Ampèremètre enregistreur (fig. 25).

L'ampèremètre enregistreur fig. 25 est le compteur d'électricité par excellence et peut servir à vérifier tous les systèmes de compteurs ordinaires. Il suffit d'intégrer le diagramme obtenu. Le planimètre par sa facilité de manipulation et le temps très court qu'il demande pour donner l'aire des diagrammes, permet de calculer un grand nombre de courbes en très peu de temps et facilite l'application de l'enregistreur comme compteur chez l'abonné.

Pour les Ampèremètres enregistreurs, les prises de courant sont placées, à moins de demande spéciale, derrière la boîte, de façon à traverser les tableaux de distribution. Ces Ampèremètres peuvent être munis d'un indicateur du sens du courant et d'un amortisseur quand ils sont destinés à contrôler la charge des accumulateurs.

Voltmètres enregistreurs pour courants alternatifs sans Self-Induction

Ces appareils sont établis sur le principe de l'allongement d'un fil extrêmement fin et de grande résistance échauffé pour le courant à mesurer, les indications sont les mêmes à courant continu et courants alternatifs (fig. 26).

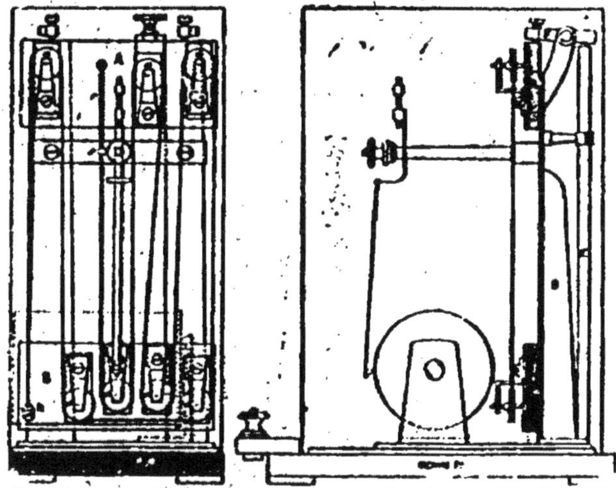

Voltmètre enregistreur pour courants alternatifs (fig. 26).

Wattmètres enregistreurs

Les wattmètres ont l'avantage sur les ampèremètres de donner

Wattmètre enregistreur (fig. 27)

directement le produit W = Et et en même temps d'avoir des indications proportionnelles même depuis l'origine (fig. 27).

Ce dernier modèle se construit avec un cylindre plus gros et une aiguille plus longue; les indications ont 150 m/m de haut.

Pour avoir les autres modèles avec ce même cylindre, l'augmentation est de 100 francs.

N. B. — Indépendamment du modèle spécial de galvanomètre, on peut rendre enregistreurs tous les systèmes de galvanomètres employés dans les laboratoires et dans l'industrie, tels que les appareils Deprez, Deprez-d'Arsonval, Hummel, etc., pour l'étude des courants électriques depuis les plus faibles jusqu'aux plus intenses.

Pour le calcul des diagrammes, voir la note sur les planimètres perfectionnés.

Appareils Avertisseurs

Contrôleur de passage de courant dans les cables électriques

Un nouvel appareil dont l'application est indispensable dans l'établissement de lignes importantes de distributions électriques, c'est le contrôleur de passage de courant. Il est composé d'une

Voltmètre avertisseur (fig. 23)

horloge électrique qui est mise en mouvement dès que la quantité de courant qui passe par un câble est supérieure à celle que ce dernier peut laisser écouler d'après les calculs des ingénieurs qui l'ont posé. Tant que la quantité de courant est supérieure à celle voulue, l'horloge marche; dès qu'elle revient aux limites prévues, l'horloge s'arrête. On peut donc par un simple coup d'œil, voir si l'on a dépassé la limite prévue et pendant combien de temps on l'a dépassée. Ce contrôle est indispensable et permet, en cas de dommages, d'établir nettement les responsabilités.

L'appareil se place dans le circuit comme un Ampèremètre ordinaire.

Voltmètres avertisseurs pour tableaux de distribution

Cet appareil, placé en dérivation, allume l'une des deux lampes de couleur différente dont il est muni lorsque la tension du courant de distribution est trop haute ou trop basse. Quand le régime a sa valeur exacte les deux lampes sont éteintes.

Un dispositif très simple permet le réglage entre 80 ou 150 volts, ainsi que la sensibilité de l'appareil que l'on peut faire varier entre 10 et 1 volts.

Le même se construit comme avertisseur d'intensité (fig. 28).

Compteur Horaire d'Électricité

Le Compteur horaire est une pendule électrique qui se met en marche dès que le courant électrique passe dans les bobines. Les cadrans indiquent le nombre d'heures pendant lesquelles le courant a passé.

Compteur horaire (fig. 29)

Ce petit appareil se recommande à l'attention des Ingénieurs-Electriciens par sa solidité et son exactitude. D'un faible volume, il peut se placer partout et dans toutes les positions. Il ne nécessite aucun entretien et n'a jamais besoin d'être remonté. La pose en est des plus faciles, il suffit de le relier, en dérivation au moyen des deux bornes intérieures aux fils de distribution (fig. 29).

***

En résumé, on voit par cette rapide énumération la variété des appareils construits dans la maison **Richard** frères et l'importance de la fabrication. Les progrès qui ont été réalisés dans certaines industries dus simplement à un emploi raisonné des enregistreurs de toutes sortes, ouvrent à cette maison un champ d'action toujours grandissant où la concurrence n'a pas encore pu s'établir.

Les ateliers et les bureaux sont actuellement en train de s'augmenter considérablement et nous prévoyons que ces changements ne sont pas les derniers.

L'industrie nouvelle qui en est sortie sous l'initiative de M. Jules **Richard**, grandira dans la maison sans la quitter ; ce sera la récompense bien méritée des durs travaux et des difficultés qu'elle donna à ses débuts.

SOCIÉTÉ DE L'INDUSTRIE MINÉRALE

SAINT-ÉTIENNE (LOIRE)

La Société de l'Industrie Minérale a pour la première fois, croyons-nous, affronté le feu de la rampe des expositions.

Elle a bien fait.

Jamais société d'ingénieurs n'a eu des débuts plus modestes et n'a donné des résultats cependant plus tangibles avec un développement plus constant et plus mérité.

On sait que la Société de l'Industrie Minérale a son siège à Saint-Etienne, département de la Loire, France. Son but est de concourir au progrès de l'Art des Mines, de la Métallurgie et des Industries qui se rattachent à ces deux branches si importantes de l'activité humaine.

Le nombre des membres de la Société de l'Industrie Minérale est illimité : les Etrangers et les Français peuvent également en faire partie, ainsi que les Sociétés savantes, industrielles ou commerciales.

Pour faire partie de la Société, il suffit d'avoir été admis par le Conseil d'Administration sur la présentation de deux Sociétaires, et de payer la cotisation annuelle de 30 francs.

Les Sociétaires reçoivent gratuitement toutes les publications de la Société. Ces publications sont : 1° le Recueil qui a pour titre : *Bulletin de la Société de l'Industrie Minérale*; 2° les *Comptes rendus mensuels* des réunions de districts.

La Société est divisée en districts. Les membres de chaque district sont périodiquement convoqués à des réunions qui ont pour but de rapprocher les Sociétaires, d'appeler leur attention sur les questions intéressantes, de faire naître des discussions utiles et fécondes sur l'Art des Mines et la Métallurgie. Les districts sont actuellement au nombre de neuf, dont huit en France et un en Belgique.

Outre ces réunions de districts qui se reproduisent périodiquement tous les mois ou tous les deux mois, le Conseil d'Administration de la Société organise, à des intervalles réguliers de quatre ou cinq années, des réunions générales ou Congrès, auxquelles sont convoqués tous les membres. Ces Congrès ont lieu dans des régions industrielles où abondent les mines et les usines métallurgiques. Plusieurs de ces Congrès ont eu un très grand retentissement dans le monde des ingénieurs. Tels ont été les Congrès du Gard (1882), de l'Est et de la Belgique (1887). Le Congrès des Mines et de la Métallurgie, tenu à Paris lors de l'Exposition Universelle de 1889, est également l'œuvre de la Société de l'Industrie Minérale. Un nouveau Congrès a été ouvert cette année même (1893) dans les régions les plus industrielles de la France Centrale (Blanzy, Le Creusot), et a eu un succès considérable.

La Société fut fondée à Saint-Etienne, le 29 avril 1855, par l'illustre **Gruner**, qui était alors ingénieur en chef au Corps national des Mines et Directeur de l'École des Mines de Saint-Etienne.

Grâce à l'énergique impulsion que lui avait donnée son fondateur, grâce aussi au zèle et au dévouement des professeurs et des anciens élèves de l'École des Mines de Saint-Etienne, la Société prospéra très rapidement. Dès 1860, on institua des Comités de districts, qui restèrent toutefois peu actifs jusqu'en 1870. En 1871, l'Assemblée générale décida l'institution des réunions mensuelles de Saint-Etienne, qui fonctionnèrent depuis lors très régulièrement et qui devinrent bientôt fameuses. Les procès-verbaux de ces réunions furent publiés dès l'année 1872, sous le nom de *Comptes rendus mensuels*. En 1876, on commença de joindre à cette publication les procès-verbaux des réunions des autres Comités de districts.

Lors de la dernière Assemblée générale (15 mai 1892), la Société comptait 1.055 membres de toutes nationalités. Elle était en relation, pour échange de publications, avec un nombre considérable de Sociétés savantes des deux mondes. Le rapport de son honorable Président, M. l'Inspecteur général des Mines **Castel**, faisait ressortir, aux applaudissements de l'Assemblée, les progrès incessants de l'œuvre de **Gruner** le constant accroissement du nombre des membres, le prestige toujours grandissant de la Société et le succès de plus en plus marqué de ses publications.

Le *Bulletin de la Société de l'Industrie Minérale* paraît tous les trois mois. Les quatre livraisons parues chaque année constituent un volume de 1.000 à 1.200 pages. A ce volume est joint un atlas d'environ 40 planches gravées.

Les *Comptes rendus* paraissent tous les mois. Les Comptes rendus d'une même année forment un volume de 200 à 300 pages. De petites planches gravées, au nombre de 20 à 30 par an, sont encartées dans ce volume.

Ces deux publications présentent un intérêt de premier ordre pour tous ceux qui désirent suivre les progrès de l'Art des Mines et de la Métallurgie.

Nous rappellerons que c'est au Bulletin de la Société de l'Industrie minérale qu'ont été insérées les « *Etudes sur le Bassin houiller de Commentry* », par MM. **Fayol, Zeiller, Renault, de Launay, Stanislas Meunier, Sauvage et Brongniart.** Ces études ne sont point encore entièrement terminées. Elles ont jeté un grand jour sur les questions si intéressantes de la formation de la houille et de son dépôt, en même temps qu'elles ont considérablement enrichi nos connaissances sur la flore et la faune de l'époque carbonifère. Dans aucun pays du monde il n'existe de formation géologique aussi parfaitement connue et aussi minutieusement décrite que le bassin houiller de Commentry. L'histoire de ce bassin est racontée, pour ainsi dire, année par année, et l'on croit assister à son remplissage.

Nous terminons cette courte notice en exprimant le vœu que les ingénieurs qui ne connaissent pas encore la Société de l'Industrie Minérale veuillent bien jeter les yeux sur la collection des publications de cette Société. Nous ne doutons pas qu'ils ne viennent ensuite à elle, séduits par les qualités sérieuses de son œuvre. Aujourd'hui, aussi bien en matière de mines qu'en matière de métallurgie, il n'y a plus de questions locales, il n'y a plus que des questions mondiales. Une Société comme celle là peut donc ambitionner l'honneur de grouper sous son étendard pacifique les ingénieurs de toutes les nations. En réalisant ce rêve, elle n'aurait pas seulement concouru au progrès de la science et de l'industrie, elle aurait préparé l'avènement d'un triomphe mille fois plus désirable : celui de l'universelle fraternité.

Du reste, voici comment est composé le Conseil d'Administration :

Président de la Société :

M. **Castel**, inspecteur général des mines, à Paris.

Vice-présidents :

Devillaine (Mn), directeur de la Compagnie des Houillères de Montrambert et la Béraudière.

MM.

Evrard (Maxim.) (Co), ingénieur, à Saint-Etienne.

Lesenre (Mt), ingénieur en chef des mines, directeur de l'Ecole des mines de Saint-Etienne.

Villiers (Mn), directeur de la Société des Houillères de Saint-Etienne.

Secrétaire général :

Termier (Mn), ingénieur au Corps des mines, professeur à l'Ecole des mines de Saint-Etienne.

Trésorier-Archiviste :

Grand'Eury (Mn), professeur à l'Ecole des mines de Saint-Etienne.

Membres du Conseil :

Baretta (Mn), ingénieur-directeur des mines de Beaubrun, à Saint-Etienne.

Brustlein (Mt), ingénieur-directeur des usines **Jacob, Holtzer et Cie**, à Unieux.

Carvès (In), ingénieur-gérant de la Société anonyme de carbonisation, à Saint-Etienne.

De Castelnau (Mn), ingénieur en chef des mines, à Saint-Etienne.

Chansselle (Mn), ingénieur principal de la Société des Houillères de Saint-Etienne.

Clair (Co), constructeur-mécanicien, place de la Montat à Saint-Etienne.

Crozet (Emile) (Co), ingénieur-directeur des Ateliers de construction Fourneyron, au Chambon.

Desblef (Mn), ingénieur civil à Saint-Etienne.

Harmet (Mt), ingénieur-directeur des Forges et Aciéries de Saint-Etienne.

MM.

De Montgolfier (Mt), directeur de la Société des Forges et Aciéries de la Marine et des Chemins de fer, à Saint-Chamond.

Pinel (Mn), sous-directeur de la Compagnie des mines de Montrambert et la Béraudière.

Du Rousset (Mn), directeur de la Compagnie des mines de la Loire, à Saint-Etienne.

Voisin (Mn), ingénieur en chef des mines de Roche-la-Molière et Firminy.

Wéry (Mn), ingénieur-directeur des Houillères de la Chazotte.

Cette composition du Conseil se passe de commentaires.

Ces noms qui jouissent dans les mines et la métallurgie d'une notoriété de si bon aloi, sont les meilleurs garants d'une prospérité dont la Société de l'*Industrie minérale* n'a encore vu qu'une première période.

SOCIÉTÉ TOULOUSAINE D'ÉLECTRICITÉ

Société anonyme au capital de 1,600,000 francs

USINE DE BAZACLE, A TOULOUSE (HAUTE-GARONNE)

L'Exposition de Chicago nous a permis de faire connaissance avec la Société toulousaine d'électricité qui a résolu sous nos yeux en France d'intéressants problèmes ainsi qu'on en pourra juger par la monographie suivante de ses installations.

***

Au centre de Toulouse existe, sur toute la largeur de la Garonne, un barrage remarquable, de 250 mètres, connu sous le nom de « Chaussée du Bazacle, » qui crée en cet endroit une chute de 4 m. 50 de hauteur.

Depuis plusieurs siècles, le fleuve est employé à la production de la force motrice, dans un grand nombre d'usines où se sont succédé les principales industries qui ont existé à Toulouse.

Au fur et à mesure des progrès de l'industrie, on établit au Bazacle : filatures, forges, tréfileries, papeteries, cartonneries, scieries, etc. ; mais l'industrie la plus importante fut la minoterie.

En 1875, la puissance utile des moteurs établis s'élevait à 1.250 chevaux répartis dans seize usines, dont la plus importante était le Grand Moulin du Bazacle.

Un désastre financier fit disparaître ce superbe établissement qui contenait vingt-cinq paires de meules actionnées par des turbines.

En 1887, M. le baron Maurice **de Chanteau**, qui dès 1883 avait créé à Bellegarde-sur-Valserine (Ain) la première usine importante de distribution d'énergie électrique, en France, comprit mieux que tout autre, le parti merveilleux que l'on pouvait tirer d'une pareille force motrice placée au centre d'une grande ville, et, dans le but d'installer une Usine d'Electricité à Toulouse, il devint locataire principal pour cinquante années, de toutes les usines et dépendances du Bazacle.

Au mois d'octobre 1888, M. **de Chanteau** fonda la Société Toulousaine d'electricité avec le concours de M. **Déruad**. Depuis la fondation de cette Société, ces messieurs l'ont dirigée : M. **de Chanteau**, comme Président du Conseil d'administration; M. **Déruad**, comme Administrateur délégué.

Cette Société entreprit résolument et sut mener à bonne fin l'œuvre importante que l'on peut admirer aujourd'hui, en conservant néanmoins toutes les usines existantes précédemment installées au Bazacle.

Distribution hydraulique

Avant l'installation de l'Usine électrique, l'eau qui passait par les prises du Bazacle se divisait en deux parties :

La première, alimentant le coursier Talabot, dessert encore des turbines fonctionnant sous la chute totale du barrage.

La deuxième traversait une série de turbines placées dans le Grand Moulin ou ses dépendances, et travaillait sous une chute de 1 m. 80. Cette eau se déversait ensuite dans un grand bief appelé Canalet, d'où elle était à nouveau distribuée entre plusieurs usines et finalement rejetée dans le lit du fleuve.

Il faut donc pour la marche régulière des moteurs que le débit des turbines de la première chute soit au moins égal au débit des turbines de la deuxième chute alimentée par le Canalet,

Pour obtenir ce résultat, il a fallu tout un système de vannage, d'alimentation ou de trop plein, pour permettre de donner à chaque usine la quantité d'eau nécessaire à la marche de ses moteurs.

Mais en tout temps, il restait disponible un volume d'eau variable avec l'étiage de la Garonne. C'est cette partie du débit du fleuve que la Société Toulousaine d'Electricité utilise pour le fonctionnement de ses turbines.

Le dispositif adopté est le suivant :

Dans le lit du Canalet, beaucoup plus large qu'il n'est nécessaire pour l'écoulement de l'eau qui traverse les prises du Grand Moulin, on a édifié un mur de soutènement qui forme la paroi d'un grand réservoir maintenant l'eau de la Garonne au niveau amont de la chaussée, et laisse entre sa surface extérieure et la rive droite du Canalet la section suffisante pour l'alimentation de ce canal.

C'est dans ce réservoir qu'ont été installées les chambres d'eau des turbines dont les canaux de fuite passent sous le coursier Talabot pour rejoindre le plus directement possible le niveau aval de la chaussée.

Les deux grands travaux de maçonnerie à exécuter avant toutes choses étaient donc :

1° La construction du mur de soutènement ;

2° La transformation du coursier en pont-canal sur une partie de sa longueur.

Ces travaux ont été rendus particulièrement difficiles, par cette condition absolue qu'il fallait continuer l'alimentation de toutes les usines pendant toute la durée des travaux.

Puis le mur de soutènement achevé, c'est-à-dire l'emplacement de l'usine mis à sec, on a pu commencer la construction des chambres d'eau, du bâtiment de l'usine, la pose des turbines et le montage du matériel mécanique et électrique.

Ces travaux, commencés sous la direction de M. **Dérued**, administrateur délégué, et de M. **Juppont**, ingénieur de la Société, au mois de février 1889, ont été menés à bonne fin et achevés en mars 1890 et la première turbine mise en service en février 1890, malgré les ennuis causés par plusieurs fortes crues qui ont envahi le chantier et arrêté les travaux à diverses reprises.

Usine

Le but proposé étant l'alimentation de 12.000 lampes de 10 bougies, l'unité mécanique adoptée fut le moteur de 300 chevaux ; les turbines sont du type **Girard** à déviation libre.

Quatre turbines de même puissance sont installées dans deux chambres d'eau.

Sous la chute de 4 m. 50 et dénoyées, elles développent 320 chevaux sur l'arbre de transmission.

Le vannage métallique est constitué par des pelles en fonte rabotées glissant horizontalement sur les orifices suivant un rayon ; il est commandé par un arbre vertical montant jusqu'au niveau du plancher de l'usine, d'où on le manœuvre soit à la main, soit mécaniquement, comme nous l'expliquerons plus loin.

Chaque turbine, porte sur le prolongement de l'arbre creux, un engrenage d'angle horizontal de 3 m. 50 de diamètre (denture bois sur fonte) qui commande un pignon sur l'arbre horizontal duquel sont clavetées deux poulies de 3 m. 20 de diamètre et de 0 m. 52 de largeur, commandant chacune une dynamo à l'aide d'une courroie sans fin en cuir triple.

Les dynamos sont installées sur un voûtage en maçonnerie de 3 mètres de hauteur, qui a l'avantage de réduire la surface horizontale du bâtiment tout en laissant un passage central indispensable pour le service, et en même temps de diviser l'usine en deux parties : la partie mécanique accessible par des planchers, au niveau des arbres de transmission, et la partie électrique concentrée au milieu de l'usine, au niveau de l'extrados des voûtes dont nous venons de parler.

La distribution de l'énergie électrique s'étant développée très rapidement à Toulouse, l'eau disponible n'a bientôt plus été suffisante en toute saison ; d'autre part, les crues exceptionnellement rapides de la Garonne, qui prend parfois à Toulouse un régime torrentiel, diminuent la chute utile du barrage et par suite l'énergie mécanique disponible ; il a donc fallu adjoindre aux turbines des moteurs à vapeur permettant de parer à toute éventualité.

La disposition adoptée est la suivante :

Sur le prolongement de l'arbre de transmission de chaque turbine se trouve un manchon d'embrayage qui permet d'accoupler cet arbre à une machine à vapeur dont la vitesse normale est de 120 tours par minute, vitesse angulaire des arbres de transmission.

Les machines à vapeur se trouvant installées entre deux turbines peuvent s'accoupler indifféremment à l'une ou à l'autre des turbines auxquelles elles sont contiguës.

Même en basses eaux ou en crues, les machines à vapeur ne sont pas utiles pendant toute la soirée ; elles doivent seulement permettre de fournir le débit maximum. On a donc adopté un système de manchon permettant de débrayer en marche, c'est-à-dire de supprimer la machine à vapeur dès que la puissance disponible des turbines suffit à l'alimentation du réseau.

Actuellement, il existe trois machines à vapeur :

Une machine horizontale **Compound** à condensation de 320 chevaux placée sur la transmission en aval ;

Deux machines verticales de 250 chevaux à condensation placées sur la transmission amont.

Ces dernières sont à un seul cylindre, à distributeur rotatif, de la maison **Biétrix et Cie**, de Saint-Étienne ; elles ont été fournies et installées par MM. **Grèzes et Piques**, constructeurs, à Toulouse.

Les chaudières sont divisées en deux groupes : deux chaudières semi-tubulaires, type locomotive, de 150 chevaux chacune, et trois chaudières multi-tubulaires **Collet** de 200 chevaux, soit, en totalité, 900 chevaux-vapeur.

Dans toutes les parties de l'usine, on a pris les dispositions de graissage ordinaire pour assurer une longue marche, précaution indispensable pour le service d'une usine électrique.

Toutefois, un système spécial a été employé pour les pivots des turbines.

Le graissage à l'huile n'ayant pas donné toute satisfaction, on lui a substitué un graissage à l'eau légèrement savonneuse.

Dans une petite caisse à deux compartiments, dont l'un contient du savon blanc coupé en morceaux, on laisse couler continuellement un filet d'eau. Cette eau en passant dans le premier compartiment dissout une légère quantité de savon et passe dans un petit réservoir où elle se décante ; de là elle tombe dans un bassin circulaire porté par l'arbre de la turbine, d'où elle est conduite par un tube dans la boîte du pivot.

Depuis l'adoption de ce système le fonctionnement des pivots n'a donné lieu à aucun ennui, et il offre ce gros avantage, que l'on peut mettre de suite en service un jeu de pivots sans lui faire subir au préalable un rôdage sur place, par une marche lente de la turbine qui se trouvait immobilisée pour le service pendant tout le temps de cette préparation minutieuse.

Usine. — Partie électrique.

Les dynamos sont à courant continu, du système **Thury**.

Ces machines à six pôles, construites par MM. **Cuénod Sautter** de Genève (aujourd'hui compagnie de l'Industrie électrique), développent chacune, à la vitesse de 330 tours, un courant de 700 ampères 150 volts.

Elles sont excitées en dérivation de manière à pouvoir aisément être accouplées en quantité.

Chaque turbine commandant deux dynamos et le système de distribution étant à trois fils, l'ensemble d'une turbine et de ses deux dynamos forme l'unité de production à l'usine.

Trois des groupes suffisent à l'alimentation des 12.000 lampes.

Le quatrième est de rechange.

Au fur et à mesure des besoins, on ajoute ou l'on retranche un groupe de machines.

Cette opération se fait du tableau de distribution placé un peu au-dessus des dynamos, de manière que l'ouvrier qui surveille ce tableau puisse d'un coup d'œil embrasser le fonctionnement de l'ensemble de l'usine.

Le tableau se divise en deux parties :

1° La banquette affectée au réglage des machines ; elle porte les commutateurs des dynamos, un sur chaque pôle, les rhéostats d'excitation des champs magnétiques, le levier commandant le vannage de la turbine et un cadran indiquant le nombre d'orifices ouverts sur chaque turbine ;

2° Le tableau proprement dit portant les départs des feeders formés par des barres en cuivre rouge.

Sur les extrêmes de chaque feeder sont placés un interrupteur, un ampère-mètre et un coupe-circuit.

Réglage

Le réglage, comme dans tout système en dérivation, consiste à maintenir constante la force électro-motrice vers les extrémités des feeders. Il faut donc faire varier le voltage aux bornes des machines, au fur et à mesure que le débit et la perte dans la ligne augmentent ou diminuent par suite de la variation de consommation.

Le procédé employé pour obtenir ce résultat diffère de celui qui est généralement en usage et qui consiste à agir sur le champ magnétique des dynamos, les moteurs marchant à vitesse constante.

On agit au contraire sur la vitesse des moteurs que l'on fait varier proportionnellement à la force électro-motrice à obtenir.

On obtient ainsi un réglage excessivement doux, les variations de vitesse étant très lentes par suite de la masse des pièces en mouvement.

La turbine, l'arbre creux et la couronne de 3 m. 50 de diamètre pèsent ensemble 17.000 kilogrammes et tournent à quarante tours environ.

La transmission, les poulies de commande des dynamos, le pignon pèsent 8.000 kilogrammes et tournent à cent vingt tours.

Pour obtenir ce résultat, on a supprimé les régulateurs automatiques qui avaient été installés sur les turbines, régulateurs qui ne remplissaient pas le but proposé, et on leur a substitué un réglage à la main dont la manœuvre se fait depuis la banquette du tableau de distribution, de sorte que l'électricien a constamment sous la main des moyens d'action sur tout le matériel mécanique et électrique de l'usine.

Il peut lui-même, de son tableau, agir sur les dynamos à l'aide des rhéostats et des commutateurs, et mettre les turbines en marche, les arrêter, en augmenter ou en ralentir l'allure.

Ce dernier résultat est obtenu de la façon suivante :

Deux petites turbines de 30 chevaux, dites turbines de service, dont une de rechange, sont exclusivement consacrées à la manœuvre du vannage des grandes turbines qu'elles actionnent par une série de renvois de mouvement, courroie et vis tangente.

Ces moteurs, constamment en mouvement, commandent sur chaque turbine un changement de marche à poulies. Il suffit de faire passer la courroie mise en mouvement par les turbines de service sur l'une des trois poulies de ce mécanisme pour obtenir l'ouverture, l'arrêt ou la fermeture du mécanisme du vannage. C'est cet embrayage que l'électricien peut effectuer depuis le tableau.

Réseau

Les distances des lampes les plus éloignées, à l'usine, ne dépassant pas 2.300 mètres, et les consommations principales étant dans un rayon de 1.200 mètres environ, on a adopté comme distribution le système à trois fils avec feeders aériens, amenant le courant à 125 vols, en des points convenablement choisis d'un réseau fermé, également aérien, sur lequel sont branchées les dérivations d'alimentation.

Ces dérivations desservent à deux ou trois fils, suivant leur importance, les installations d'éclairage et de force motrice.

Les moteurs de 1 cheval sont alimentés à 125 volts ; tous les types supérieurs sont branchés directement sur les deux extrêmes, c'est-à-dire fonctionnent à 250 volts.

Il existe actuellement 8 feeders de 120 à 250 millimètres carrés de section alimentant un réseau de 21 kilomètres de longueur.

Au début de l'installation, il n'y avait que 4 feeders, et le réseau de distribution n'étant pas suffisamment ramifié pour que l'égalisation de la force électro-motrice fût suffisante pratiquement, chaque feeder était commandé par des régulateurs automatiques qui y introduisaient une résistance additionnelle variable ; mais aujourd'hui que le nombre des feeders a été doublé et que le réseau de distribution a plus que triplé comme développement, et grâce également à l'emploi des postes d'accumulateurs placés sur le réseau, on a pu supprimer sans inconvénient l'emploi de ces régulateurs automatiques.

Accumulateurs

La force motrice, payée en vertu du bail un prix fixe par an, n'était utilisée au début, pour la plus grande partie, que pendant quelques heures de la journée.

Il était rationnel de songer à l'emploi d'accumulateurs pour augmenter la production de l'usine, puisque le courant de charge est presque gratuit (*il ne coûte que le graissage et l'usure du matériel*), le courant que débiteront les accumulateurs ne coûtera donc que l'entretien et l'amortissement des batteries.

On se trouve ainsi dans des conditions bien supérieures, au point de vue du prix de revient, à celles des stations fonctionnant à l'aide de machines à vapeur.

L'on a adopté pour l'emploi des accumulateurs le dispositif suivant :

Les postes d'accumulateurs (système Laurent Cély) sont placés en ville aux points de forte consommation.

Ils sont chargés la nuit et le jour à l'aide de l'un des feeders que l'on isole du réseau au moment où il est inutile, pour mettre un groupe quelconque de dynamos en liaison directe avec la batterie; de cette façon on peut effectuer la charge dans les conditions que l'on désire et l'on peut obtenir la fin de la charge sans l'emploi de dynamos auxiliaires, car on augmente le voltage en accroissant la vitesse de la turbine pendant la dernière heure.

Lorsque la charge est terminée, on met à nouveau les feeders en communication avec le réseau et avec les barres du tableau, de telle sorte que les câbles choisis pour la charge des accumulateurs travaillent presque toute la journée, tantôt pour porter au réseau de distribution le courant des dynamos, tantôt pour transporter aux accumulateurs le courant de charge d'un groupe quelconque de machines.

On voit que l'avantage industriel de cette combinaison réside dans la meilleure utilisation, au point de vue de l'amortissement, de la canalisation et du matériel de l'usine, qui ne sont pas seulement employés aux heures de pleine marche; grâce à cette disposition d'ensemble, le matériel générateur d'électricité et la canalisation tendent vers l'utilisation continue nuit et jour; en d'autres termes, on peut plus que doubler le nombre de lampes alimentées en pleine charge, par l'emploi des accumulateurs, sans augmenter en rien ni le matériel producteur, ni la canalisation même d'alimentation, si l'on a soin d'intercaler les points d'attache des câbles venant des accumulateurs entre les extrémités des feeders, ce qui est toujours facile de réaliser.

Eclairage urbain

Dès que l'usine du Bazacle fut définitivement installée, M. **Ournac**, maire, et M. **Serres**, adjoint aux travaux publics, songèrent à appliquer aux grandes artères de Toulouse l'éclairage à arc.

Les difficultés administratives qui pouvaient exister par suite des engagements pris avec la Compagnie du Gaz ayant été supprimées, l'administration municipale s'assura le concours de M. **Sevène**, ingénieur des manufactures de l'Etat à Toulouse, qui fut chargé de l'étude de l'installation d'un premier réseau d'éclairage.

Ce réseau comprenait la place du Capitole, la rue, la place et les allées Lafayette et la rue d'Alsace-Lorraine.

Les lampes à arc de 10 ampères furent installées sur candélabres de 6 m. 50, ce qui porte le foyer lumineux à 7 mètres du sol environ.

L'installation de ces 49 foyers fut faite en un mois environ et la mise en marche coïncida avec l'arrivée à Toulouse du Président de la République (24 mai 1891).

Le succès de cet éclairage, qui modifiait complètement la physionomie des voies éclairées (puisque rue d'Alsace-Lorraine on substituait à 45 becs de gaz de 10 bougies, soit 450 bougies, 16 lampes à arc de 1.200 bougies, soit 19.200 bougies), amena de nombreuses demandes de la population, et l'administration municipale augmenta successivement l'éclairage électrique des rues principales.

Aujourd'hui, il existe en fonctionnement dans les rues et places 200 lampes à arcs de 10 ampères, toutes installées sous la direction de M. **Sevène**.

Le dernier réseau a été décidé, M. **Serres** étant maire et M. **Chiffre** adjoint, ayant dans ses attributions le service de l'éclairage.

Le premier essai d'éclairage avait démontré d'une manière indiscutable la supériorité de l'éclairage central, c'est-à-dire des lampes placées dans l'axe de la voie.

Il fut donc décidé que l'on adopterait cette disposition pour l'éclairage des boulevards. Cette solution menaçait de ne pouvoir être appliquée, malgré ses grands avantages, à cause de l'impossibilité où l'on se trouvait d'installer des candélabres dans l'axe des boulevards par suite de la présence d'une double voie de tramways, M. **Sevène** eut l'idée de suspendre les foyers à deux pylônes placés sur le trottoir, à droite et à gauche de la chaussée.

Cette heureuse solution a été appliquée avec le plus grand succès; elle permet de réaliser ainsi tous les avantages de l'éclairage central et laisse la chaussée entièrement libre.

D'autre part, l'ensemble des pylônes est du plus heureux effet décoratif, et ces colonnes en fonte, d'un modèle spécialement étudié dans ce but, étant placées sur l'alignement des plantations d'arbres, ne gênent nullement la circulation des piétons sur les trottoirs.

Les candélabres, pylônes et lanternes ont été fournies par la maison **Durenne**, représentée à Toulouse par M. **Girard**.

Pendant l'installation de ces réseaux l'Administration municipale, sur la proposition de M. **Sevène**, appliqua également l'éclairage à arc dans les marchés. 14 lampes furent installées au marché Victor-Hugo et 10 lampes au marché des Carmes.

Les formes différentes de ces superbes bâtiments ont conduit à des dispositions différentes de foyers, par suite à des modèles d'appareils différents.

Le marché Victor-Hugo étant rectangulaire, les lampes sont

disposées sur six T en fer forgé et fonte avec lanternes d'un modèle spécial. Ces T sont placés dans l'axe du bâtiment; l'éclairage est complété par 2 lampes placées devant les portes d'entrée.

Dans les caves de ce même marché on a placé 30 lampes à incandescence.

Le marché des Carmes étant de forme octogonale, un lustre de 6 lampes, dont les bras ont la forme des T du marché Victor-Hugo, a été placé au centre. Le complément de l'éclairage de la grande galerie est obtenu par 4 lampes placées au-devant de chacune des portes d'entrée.

En outre, l'éclairage à incandescence s'est étendu à divers bâtiments communaux : bureaux de la Mairie, Lycée, Faculté des lettres, Faculté de droit, Ecole communale Bayard..., et dans chacune de ces applications on apprécie les qualités essentielles de ce mode d'éclairage : fixité, douceur, sécurité, et surtout suppression presque complète de chaleur dégagée, sans viciation de l'atmosphère.

Modes d'abonnement et développement de l'usine

Le seul mode d'abonnement appliqué en principe fut l'abonnement à forfait.

Cette manière de procéder était logique, car n'ayant au début qu'un matériel de production directe, il fallait, puisqu'il pouvait alimenter 12.000 lampes, choisir dans la clientèle les 12.000 lampes ayant la plus grande durée d'éclairage, capables par suite de produire la recette maximum.

Les tarifs furent établis ainsi :

Fourniture du courant, une heure avant le coucher du soleil jusqu'à une heure et demie du matin :

Lampe de 10 bougies.........Fr.	3 50	par mois.
Lampe de 16 bougies.............	5 50	—
Lampe de 20 bougies.............	6 50	—
Lampe de 30 bougies.............	9 »	—

Lampe à arc au-dessus de 3 ampères, 5 francs par ampère et par mois.

Le remplacement des lampes ou des crayons est à la charge de l'abonné.

Dans certains cas, la Société s'est chargée à forfait, suivant la durée de l'éclairage déclarée par l'abonné, du remplacement des lampes et des crayons usés par le courant.

La force motrice a été mise à la disposition des abonnés pour le prix forfaitaire de 400 francs par cheval et par an, pour une marche de 10 heures par jour.

Au début, les demandes ne furent pas nombreuses, ce mode de force motrice n'ayant pas encore reçu d'application dans la région.

Mais dès que les industriels eurent reconnu la commodité du

moteur électrique, la facilité de réglage et de mise en marche, qu'ils eurent apprécié la propreté, l'absence de bruit et de trépidation, les demandes devinrent rapidement très nombreuses et le prix de la force motrice fut élevé à 500 francs par cheval et par an.

Les moteurs employés varient comme puissance de 1/8 de cheval à 4 chevaux, et sont appliqués dans les industries les plus diverses. Le tableau ci-dessous résume les principales applications.

Tableau de répartition de la force motrice par professions

Désignation des professions.	Nombre de chevaux.	Moteurs.
—	—	—
Imprimeurs, lithographes..............Ch.	25 75	18
Brasseurs..............................	7	6
Mécaniciens, serruriers, ferblantiers.......	20	16
Tourneurs-Argenteurs.....................	5 75	9
Boulangers.............................	2	2
Charcutiers.............................	1 50	3
Fabricants de chaussures, selliers..........	17 50	7
Fabricants de meubles.....................	4	1
Artificiers..............................	4	1
Limonadiers (ventilation), 7/8 de ch........	0 875	7
Industries diverses........................	38 75	8

L'emploi des accumulateurs pour franchir le moment de la pleine charge a permis, par suite de l'élasticité de production de ces appareils, de rechercher des abonnements au compteur; mais en imposant toutefois pour chaque lampe installée un minimum de consommation. Ce minimum est justifié par les frais fixes d'amortissement d'entretien, de surveillance du matériel que l'on est obligé de tenir constamment à disposition pour la production du courant nécessaire au fonctionnement de cette lampe.

Le prix au compteur a été fixé à 0 fr. 115 l'hecto-watt-heure, remplacement de lampes à la charge de la Société Toulousaine d'Électricité.

Les compteurs du tube **Brillié**, construits par la Société Anonyme Continentale pour la fabrication des compteurs, sont donnés en location aux abonnés aux prix suivants :

5 ampères..........Fr.	2 50	par mois.
10 ampères..............	4 »	—
20 ampères..............	5 »	—
40 ampères..............	6 »	—

Pour la force motrice, l'énergie électrique est vendue, soit à l'hecto-watt-heure, soit à l'heure, à raison de 0 fr. 18 par cheval et par heure.

A la Ville, l'éclairage de chaque lampe à arc étant garanti au minimum de 3.000 heures par an, le prix de l'hecto-watt-heure, à forfait, est de 0 fr. 063.

Indépendamment des éclairages particuliers et de l'éclairage urbain, la *Société toulousaine d'électricité* compte parmi ses abonnés : l'hôtel des Postes et Télégraphes, les Casernes d'artillerie, la Cathédrale (église Saint-Etienne), etc.

Le tableau ci-dessous résume le développement de cette affaire et la progression des abonnements nouveaux, d'éclairage et de force motrice, souscrits pendant chacun des exercices 1889 à 1892 :

	Eclairage.		Force motrice.	
Années.	Lampes 10 bougies.	Montant.	Chevaux.	Montant.
1889.........	2.937	122.605 80	12 75	5.175 80
1890.........	3.362	137.504 00	63 50	26.347 65
1891.........	4.097	181.100 30	45 625	16.650 40
1892.........	3.286	106.985 10	3 25	1.636 40
Total à fin 1892.	13.683	547.185 80	125 125	49.810 25

***

Les détails que nous venons de donner constituent un ensemble qui a été très remarqué. Nous avons entendu dire par les ingénieurs les plus compétents que grâce à cet ensemble, Toulouse était la ville la mieux et la plus rationnellement éclairée de France — et l'on pourrait ajouter de bien d'autres pays.

SCHNEIDER ET Cie

LE CREUSOT

Il est dit que le nom de **Schneider** aura sauvé par deux fois la bonne renommée de notre pays à l'Exposition de Chicago.

En effet, nous avons vu que M. Paul **Schneider** avait représenté à peu près à lui tout seul les houillères françaises dans la section des mines. M. **Schneider**, du Creusot, a représenté aussi à peu près à lui tout seul la métallurgie française.

Ces deux patriotes — les fils des deux frères qui ont créé le Creusot — ont donc supporté là-bas presque tout le poids de la lutte internationale qui était engagée.

Et contre quels adversaires !

Le Creusot avait à lutter contre les puissants industriels allemands : Krupp, Gruson, Stumm, etc. La tâche était difficile, d'autant plus difficile que la grande usine française n'avait pas à compter sur les subventions d'État, sur les encouragements de tout un peuple comme en Allemagne. En effet, l'empereur Guillaume a donné 5 millions pour le pavillon Krupp, et le peuple français s'est montré très réservé pour l'Exposition de Chicago.

Voyons donc cependant si le Creusot, quoique dans des conditions de lutte tout à fait inégales, n'a pas pourtant « sauvé l'honneur », comme on dit dans l'histoire.

On en jugera par une rapide analyse des objets exposés.

Objets exposés

L'ensemble de cette exposition est contenu dans un emplacement de 13m650 sur 16m115, soit 220 mètres carrés. On le voit, cela n'est pas un emplacement ordinaire.

Voici comment le Creusot en a tiré parti :

Au fond du rectangle, un vaste panneau s'élève verticalement à 7 mètres de hauteur sur une base de 13 m. 650, ajoutant encore 100 mètres carrés verticaux aux 220 horizontaux. Tout cela est simple, sans prétentions théâtrales mais vaste, et bien ordonné.

Commençons par le fond.

Le grand panneau porte, au centre, le plan panoramique des usines du Creusot, dont le peintre Bonhommé a donné jadis de puissantes aquarelles. C'est un monde imposant de bâtiments, de cheminées et de voies ; chacun sait cela, mais il était bon de le mettre sous les yeux de l'étranger. Cela est souvent plus éloquent qu'une nomenclature.

A gauche et à droite de ce plan panoramique, on a mis fort à propos les annexes du Creusot, la concession de Monchanin, des vues de Decize, Mazenay, Allevard, Perreuil, etc.

On a donc là une idée d'ensemble de la puissance du Creusot en usines, en houillères et en mines de fer. Le Creusot, en effet, est surtout un bloc que toute l'énergie de M. **Schneider** tend à maintenir homogène et puissant.

Dans la ligne de tableaux située au-dessous des trois que nous venons de citer, il y a comme la représentation des grandes spécialités du Creusot.

D'abord les *travaux de chemins de fer*, représentés par des locomotives à quatre roues couplées, à six roues et bogies, pour voyageurs, de tous les types enfin. C'est là le pain quotidien du Creusot.

Le second tableau représente les trains à blindage et les trains blooms de la grande forge. C'est là le *département de la Guerre et de la marine*, représenté par l'outillage puissant nécessaire à sa fabrication.

En troisième lieu, nous voyons le chariot roulant électrique de 150 tonnes. C'est la spécialité des *outillages divers* et de la construction mécanique.

Plus loin, nous voyons l'installation des ateliers de compression d'air de l'usine Popp, à Bercy. L'*air comprimé* est également un département important.

A côté, la spécialité nouvelle de l'*électricité* est représentée par les plans de l'éclairage électrique de la gare d'Orléans. On sait que le Creusot s'est depuis quelque temps adonné avec ardeur à la construction des machines électriques. C'est une voie nouvelle et qui paraît profitable.

Enfin, les *travaux publics* figurent avec le plan de l'installation du pont **Morand**, à Lyon et d'autres grandes constructions.

En résumé, les chemins de fer, la Guerre et la Marine, la construction mécanique, l'air comprimé, l'électricité et les travaux publics, voilà les grandes lignes des fabrications du Creusot.

Pour être complet, il était nécessaire de mettre sous cette rangée des grandes spécialités les produits bruts, produits immédiats de l'élaboration des matières premières. Aussi, au-dessous des tableaux ci-dessus, on avait rangé avec art et méthode les profilés de bandages, les profilés marchands U et T, les barres d'essais à la traction, les emboutis, enveloppes d'obus, etc.; les petits profilés, équerres, cornières, fers plats marchands, bandages, etc., sans compter les fontes et minerais. En dessous, sur le parquet, les grosses pièces de chaudronnerie embouties, les fers tordus et retordus à l'essai, cintrés, décintrés, etc., bref tous les essais à froid. Plus loin les poutrelles puissantes, tordues en V, tous les tours de force que l'on connaît pour montrer la bonne qualité des aciers et des fers.

Telle est la partie pour ainsi dire démonstrative de ce qu'est le Creusot. Panorama, spécialités et produits bruts.

Il restait à montrer les produits ouvrés, et c'est ce que le grand emplacement que nous avons mesuré va nous permettre, avec méthode, comme dans tout ce qui s'est fait dans cette exposition spéciale du Creusot.

Chemins de fer

L'industrie des chemins de fer est représentée par les dessins de quatre types de locomotives :

Une locomotive à voyageurs à quatre roues couplées, du poids de 32.200 kilos à vide, pour les chemins de fer de l'État français.

Une locomotive mixte à quatre roues couplées, du poids de 29.200 kilos à vide, pour les chemins de fer d'Orel-Vitebsk (Russie).

Une locomotive à marchandises à six roues couplées, du poids de 29.500 kil. à vide, pour les chemins de fer de l'Ouest Argentin.

Une locomotive à voyageurs, à bogie, du poids de 39.100 kilos à vide, pour les chemins de fer de l'Ouest Français.

On a aussi beaucoup remarqué parmi les pièces détachées :

Une tôle de face avant de boite à feu, en acier, pour locomotive Compound à marchandises des chemins de fer de Paris à Lyon et à la Méditerranée

En fait de travaux de locomotives, le Creusot aurait pu, s'il l'avait voulu, montrer presque tous les types de l'Europe, sans compter les locomotives industrielles de tous les écartements.

Les établissements qui font des locomotives en Europe sont au nombre d'une quinzaine. Le Creusot est, croyons-nous, le plus puissant comme chiffre de production possible.

Guerre

« MM. **Schneider** et **Cie** ont réservé la place d'honneur de leur exposition au matériel de la Guerre et de la Marine ; aussi bien y étaient-ils autorisés par leurs derniers succès, tant en ce qui touche la fabrication des canons, et en particulier des canons à tir rapide (dont le système de fermeture de culasse a été adopté par la marine française pour les canons de 14 c/m. du cuirassé *Charles-Martel*) qu'en ce qui concerne la fabrication des blindages en nickel-acier, dont ils ont été les promoteurs et dont, on s'en souvient, un spécimen, reproduit en fac-simil à l'Exposition, a figuré si brillamment aux essais effectués à Annapolis le 18 septembre 1890.

« Le Creusot expose dans la première de ces deux catégories le matériel d'un canon de campagne de 75 m/m, à tir rapide, système **Schneider**, comprenant la bouche à feu montée sur son affût et un avant-train pour le transport des munitions.

« La bouche à feu, dont la longueur est de 33 calibres, est constituée d'éléments en acier et est portée par un affût muni d'une bêche de crosse et d'un frein de pièce hydraulique. Elle tire à la vitesse initiale de 5.0 mètres une cartouche composée d'une douille métallique contenant la charge de poudre (0 k. 750) et d'un projectile fortement serti dans la douille, du poids de 6 k. 500.

« L'artillerie à tir rapide est encore représentée par un obusier de campagne de 120 m/m, de 125 calibres 1/2, et par un canon de marine de 12 c/m, de 50 calibres.

« Ce canon, très remarqué par les artilleurs,(il vient d'être acheté par le département de la marine des Etats-Unis), se distingue par la simplicité de sa construction et de sa manœuvre et la rusticité de ses organes. Son système de fermeture est à vis à filets interrompus à manœuvre rapide et facile, avec mise de feu à percussion ou mise de feu électrique. On y trouve les éléments caractéristiques pour le tir rapide avec cartouche métallique : l'extracteur à grande course fonctionnant par choc et l'emploi d'appareils de sécurité pour empêcher le dévirage de la culasse, la mise de feu avant la fermeture complète de la culasse, l'ouverture de la culasse si le coup n'est pas parti, en cas de raté ou de long feu ; enfin la rayure disposée de manière à éviter l'usure de la ceinture du projectile, ce qui assure à celui-ci un bon forcement sur tout son parcours dans l'âme.

« Dans la catégorie des ouvrages permanents de fortification, le Creusot expose une tourelle à éclipse pour canon de 57 m/m, à tir rapide de l'un des modèles de l'importante fourniture commandée récemment par le gouvernement roumain et dont la commande est échue en partie à MM. **Schneider** et **Cie**.

« Cette tourelle, dont la construction remarquablement soignée a été considérée par la commission de recette de ces ouvrages comme réalisant de la façon la plus satisfaisante les exigences du cahier des charges, doit rester éclipsée pendant un bombardement et ne se montrer qu'au moment opportun pour tirer une série de coups ; mais on peut cependant la faire tirer aussi par levées successives, la manœuvre et la mise en batterie pouvant être effectuées dans un temps très court. Le personnel nécessaire pour la manœuvre se compose de deux hommes, un canonnier et un servant.

« Des modèles au vingtième figurent en outre, l'un une tourelle de côte pour deux canons de 24 c/m, l'autre une tourelle de place pour deux canons de 15 c/m. »

Marine

« Constructeurs attitrés depuis de longues années de la marine française qui leur a confié la construction de nombreuses machines de ses grands navires et celle de torpilleurs complets, MM. **Schneider** et **Cie** ne pouvaient manquer de mettre sous nos yeux également quelques-uns des derniers modèles de ces appareils et de ces petits bâtiments dont l'exécution continue depuis nombre d'années à mériter son incontestable renom de perfection.

« Trois modèles au dixième nous montrent, l'un un appareil à vapeur à deux hélices, type horizontal à triple expansion du croiseur-torpilleur *Wattignies* (puissance 4.000 chevaux indiqués), l'autre un appareil à vapeur à deux hélices, type vertical, à triple expansion, du croiseur de 1re classe *Alger* (puissance 8.000 chevaux indiqués), le troisième, l'appareil moteur d'un torpilleur de 36 mètres de longueur. C'est une machine-pilon à triple expansion. Enfin un modèle au vingtième représentant l'ensemble d'un torpilleur de 36 mètres pour la marine française, tandis que plus loin est exposé un tube lance-torpille à cuiller, monté sur affût à pivot central et construit sur le modèle de ceux fournis par le Creusot au gouvernement japonais. »

Construction mécanique, air comprimé électricité

« Parmi les types de machines fixes créés dans ces dernières années par MM. **Schneider** et **Cie**, il est une installation grandiose dont l'aquarelle à petite échelle n'a pu donner qu'une faible idée et dont la conception est tout à fait remarquable. Nous voulons parler de l'ensemble des appareils de compression d'air pour la Compagnie parisienne de l'air comprimé à Paris où ils constituent l'un des plus intéressants spécimens de la construction des machines à vent modernes.

« Celles-ci forment un groupe de 8.000 chevaux et se composent de quatre machines de 2.000 chevaux et de batteries de chaudières multitubulaires avec économiseurs.

« Les machines motrices sont verticales à pilon, à manivelles et à action directe ; les cylindres compresseurs sont placés au-dessus et dans le prolongement des cylindres à vapeur. La hauteur totale est de plus de 10 mètres ; l'appareil moteur est à triple expansion et le compresseur d'air, pour lequel le système de soupape Riedler a été adopté est Compound avec trois cylindres.

« L'ensemble des quatre machines pèse 1.800 tonnes et chacun des grands cylindres 30 tonnes.

« Une autre station d'air comprimé installée aux mines de Blanzy, mais dont les compresseurs sont munis des clapets métalliques du système Corliss, est également figurée par un modèle au dixième. Dans la même section se trouve une machine horizontale de 150 chevaux à grande vitesse à un seul cylindre et à quatre distributeurs, avec détente automatique sans déclic. Cette machine est étudiée spécialement en vue de la commande des dynamos dont la fabrication constitue également l'une des industries nouvelles du Creusot. MM. **Schneider** et **Cie** exposent un spécimen à courant alternatif de 50 kilowatts, du système Zipernowsky, Déri et Blathy, dont la construction leur est exclusivement réservée pour la France et ses colonies. »

Travaux publics

« Les travaux publics sont naturellement une des branches importantes du travail au Creusot. Parmi les ouvrages métalliques exécutés par ses usines et dont les plus intéressants figurent à l'Exposition en modèle réduit ou en aquarelle, citons le viaduc à cinq travées sur le Malleco (Chili) dont les poutres principales reposant sur les piles et culées par l'intermédiaire d'appareils à rotule, ont 347 mètres de longueur, les deux piles extrêmes 43 m. 70 de hauteur et celles du milieu 67 m. 70 et 75 mètres.

Puis le pont sur la Borcea (Roumanie) actuellement en construction et qui comprend une travée centrale avec poutre à encorbellement de 140 mètres de portée et deux travées extrêmes avec poutres semi-paraboliques de 139 m. 100 de portée chacune. Enfin le pont Morand, sur le Rhône, à Lyon, composé de trois arches en arc de cercle d'un grand effet artistique et complètement en acier. »

II

L'outillage du Creusot

Maintenant que nous avons vu l'exposition très complète du Creusot, jetons un rapide coup d'œil sur les moyens qui ont permis de réaliser un tout aussi remarquable.

Rien ne peut donner une idée complète de l'immense outillage du Creusot. C'est un monde, aussi devons-nous nous borner à une relation sommaire d'une visite qui vient d'en être faite le 29 juin dernier par les 250 ingénieurs de l'industrie minérale réunis en Congrès.

Voici ce que dit le compte rendu :

La forge

« Les membres du Congrès se sont rendus d'abord à la forge du « Creusot, et ont commencé leur visite par l'atelier de laminage.

« Après avoir passé en revue les petits, les moyens et les gros « trains, les Membres du Congrès se sont arrêtés autour du train réversible pour blindages et grosses tôles, où ils ont assisté au laminage d'une plaque de blindage en acier du poids de 13 tonnes, de 93 $^m/_m$ d'épaisseur et de $7^m \times 2^m$, destinée au revêtement de la ceinture du « Bruix », croiseur de la marine française.

« Quelques instants plus tard, on retirait du four un paquet en fer du poids de 24 tonnes, qui a été laminé aux dimensions $6^m \times 2^m$ 300×200 $^m/_m$ en une plaque destinée aux coupoles cuirassées que le Creusot construit pour la Roumanie.

« La puissance des engins de manœuvre, la rapidité et la sûreté apportées dans les manutentions de charges aussi considérables ont particulièrement intéressé les spectateurs. »

Le laboratoire des essais

« Avant de quitter la Forge, une visite est faite au Laboratoire des essais physiques où, dans une salle spéciale, sont groupés chaque jour les échantillons de fer (cassures et ployages) prélevés sur les produits fabriqués et destinés au contrôle de leur qualité. »

L'atelier des pilons

« Les Membres du Congrès se rendent ensuite à *l'atelier des pilons*.

« En suivant l'ordre des installations, les Membres du Congrès visitent successivement :

« Le pilon de 40 tonnes, sous lequel se forgeait une plaque de 25 tonnes destinée au croiseur « Princesa de Asturias » de la marine royale espagnole ;

« Le pilon de 20 tonnes travaillant un arbre moteur du cuirassé « Le Bouvet », de la marine française ;

« Le pilon de 100 tonnes travaillant une plaque de 30 tonnes destinée au cuirassé « Try Svratitelia » de la marine impériale russe ;

« Puis la presse de 6.000 tonnes, sous laquelle se gabariait une plaque des tourelles du « Jauréguiberry » de la marine française. »

L'atelier d'ajustage des plaques

« Les Membres du Congrès ont alors pénétré dans l'atelier d'ajustage des plaques de blindages.

« Cet atelier, nouvellement transformé, est muni d'un outillage des plus puissants et des plus perfectionnés.

« Trois ponts roulants, dont deux de 60 tonnes mus par l'électricité, desservent les rabots et les machines à fendre.

« Quatre ponts de 30 tonnes font le service des travées latérales.

« Nous ne décrirons pas l'outillage, mais citerons en passant un grand rabot vertical, une machine à raboter courbe, une machine à scier les calottes sphériques suivant une section conique, une machine à percer universelle, etc., etc. »

L'atelier d'artillerie

« L'installation générale de cet atelier, vaste, bien aéré et éclairé, est remarquée autant que la précision de l'outillage et la bonne tenue des machines-outils.

« Les ponts-roulants électriques manutentionnant avec une « sûreté et une douceur parfaite des pièces de 60 tonnes sont très « admirés.

« Ces ponts sont les premiers ponts électriques que l'ont ait « construits pour une puissance aussi grande ; ils ont servi d'étude « à MM. **Schneider et Cie** pour la transformation des ponts-« roulants de leurs divers ateliers et pour la construction du « grand pont de 150 tonnes de leurs aciéries.

« Dans l'atelier d'artillerie, le Congrès passe en revue successi-« vement :

« Les travaux de construction et de montage des coupoles pour « deux canons de 15 c/m et des tourelles à éclipse de 57 m/m des-« tinés à la défense de Bucharest ;

« L'usinage des canons de côte de 27 centimètres pour le Japon ;

« L'usinage de divers canons pour la marine française, etc. »

L'atelier d'électricité

« La construction des dynamos occupe une annexe importante « de l'atelier d'artillerie, et les applications nombreuses faites, « pour les usines du Creusot elles-mêmes, témoignent, par leur « bon fonctionnement, des soins que MM. Schneider et Cie appor-« tent à toutes les machines qui sortent de leurs ateliers.

« Le laboratoire d'expérience et de mesure, comportant les « appareils de précision les plus perfectionnés et qui complète « l'outillage des ateliers d'électricité, est visité également avec « grand intérêt par ceux des Membres du Congrès qui s'occupent « plus spécialement de ces questions.

« Les spectateurs assistent à diverses expériences sur les mo-« teurs à courants alternatifs polyphasés pour le transport de force « à distance. »

Le Polygone de la Villedieu

« Les usines du Creusot possèdent leur polygone. A l'arrivée, « l'attention du Congrès se concentre d'abord sur l'exposition des « plaques de blindages ayant subi les épreuves des tirs.

« Sur trois rangs sont placées les plaques d'études ou d'épreuves « officielles qui représentent les types de fabrication aux différen-« tes époques et montrent les progrès incessants réalisés par « MM. Schneider et Cie.

« Les usines du Creusot poursuivent également la réalisation « de progrès importants dans le matériel d'attaque, et leur canon « de 15 centimètres à tir rapide, monté sur affût de bord et de « côte à pivot central, en est une preuve.

« Une salve de 10 coups est tirée en 70 secondes ! après quoi « chacun constate que tous les coups ont porté avec une justesse « remarquable. »

Les hauts fourneaux

« Les hauts fourneaux du Creusot sont légion comme bien on « pense et le Congrès en fait la visite minutieuse. »

L'atelier d'ajustage des locomotives

« On parcourt l'atelier d'ajustage des locomotives, atelier dans

« lequel se terminent les pièces multiples qui constituent les mé-
« canismes proprement dits des locomotives.
« On traverse successivement les fonderies, le montage de ma-
« rine, la chaudronnerie.
« Les fonderies, dans lesquelles sont en moulage des cylindres
« de la machine motrice du « Charles-Martel », diverses pièces
« mécaniques et des avant-cuirasses pour les coupoles roumai-
« nes;
« Le montage de marine, où sont en montage diverses machines
« marines et machines fixes;
« La chaudronnerie dans laquelle se terminent les chaudières
« des navires cuirassés « Formidable » et « Redoutable ».

Les ateliers de tournerie et de forage des canons

« Revenant sur leurs pas, les Membres du Congrès s'arrêtent
« alors aux ateliers de tournerie et de forage des canons où se
« travaillent en ce moment des canons pour la guerre et pour la
« marine française, et traversent l'atelier de tournerie et de mon-
« tage des locomotives.
« Des machines presque terminées et destinées à la Compagnie
« P.-L.-M. et au Midi, sont fort remarquées. »

L'atelier des fours rotatifs — La fonderie d'acier

« En quittant les ateliers de construction, on s'arrête aux ins-
« tallations des fours rotatifs pour la fabrication du fer supé-
« rieur entrant dans la composition des charges aux fours Martin,
« de même à la fonderie d'acier, où l'on fabrique les plus impor-
« tantes pièces de moulage. »

Les aciéries Bessemer

« Les Membres du Congrès se rendent ensuite directement aux
« Aciéries où ils assistent à la coulée, aux fours Martin, d'un lin-
« got de 40 tonnes, et à une opération Bessemer.

***

Tel est l'ensemble incomplet encore mais superbement imposant de ce qui constitue le Creusot, une des plus grandes entités industrielles de notre monde.

Nous terminons le travail par un coup d'œil rapide sur les établissements annexes de façon à ce qu'en raccourci, on puisse se faire une idée nette à l'étranger de ce que le Creusot représentait à la grande exposition colombienne.

III

Le Petit-Creusot

Terminons la visite sommaire aux établissements annexes du Creusot de façon à montrer quel ensemble imposant il constitue.

Le Creusot possède à Chalon-sur-Saône un atelier remarquable, ce sont des chantiers *nouvellement et richement outillés.*

La construction en fer qui semblait, en effet, il y a quelques années, devoir se contenter des puissants outils fixes : poinçonneuses, foreuses, riveuses hydrauliques, etc., paraît maintenant ne devoir être productive aujourd'hui qu'avec l'aide d'*instruments légers et rapides*. Nous avons désigné les *outils transportables* rendus nécessaires, tant par la diversité et la difficulté des travaux que par les exigences toujours croissantes des cahiers des charges de la Marine et des Chemins de fer.

Lorsque le Petit Creusot a été visité par les membres du grand Congrès de l'Industrie minérale, ils ont d'abord remarqué, en montage, des pièces de ponts destinés aux chemins de fer du Chili. Ces ponts, en acier du Creusot, auront un poids total dépassant 10.000 tonnes. Les trous des rivets d'assemblage en sont poinçonnés à un diamètre inférieur de 2 millimètres au diamètre final. Des flexibles, au nombre de 6, actionnés par des dynamos mobiles sur des chariots, portent des mèches pour finir l'alésage.

Le même résultat est obtenu par des machines à percer radiales devant lesquelles se déplacent les pièces à aléser portées par des wagonnets.

Le travail précédent est nécessité, comme tout le monde le sait, pour éviter le brochage et les amorces de cassure qu'il donne quelquefois dans les pièces en acier.

Plus loin, quatre riveuses hydrauliques du système Twedel, sont occupées à écraser les rivets des énormes poutres du pont de la Borcéa (Roumanie).

Ce pont, situé sur un bras du Danube, aura 3 travées de 140 mètres chacune. Sa *hauteur au-dessus des piles sera de 32 mètres*. Ce pont pèsera 3.500 tonnes.

Une riveuse pneumatique, d'un système anglais (de Bergues), attire tout particulièrement l'attention. Elle est suspendue à une grue roulante et reçoit de l'air comprimé à 5 kilog. par un compresseur spécial.

Les pièces à river, portées par des wagonnets, passent sous la riveuse qui est *essentiellement mobile* et qui peut atteindra les rivets placés dans les positions les plus difficiles.

Un four portatif tournant, soufflé par l'air comprimé, sert à chauffer les rivets.

Signalons l'un des outils les plus remarquables de cette belle installation : c'est la machine à dresser les tôles, comprenant, montés sur bâtis en tôle et cornières, 5 cylindres de 1 m. 700 de longueur de table.

Cette machine, qui dresse très pratiquement des tôles de 20 millimètres d'épaisseur, a réduit d'une façon considérable le prix de revient du dressage, et, ce qui paraît paradoxal, a fait de ce grand atelier de charpente un atelier silencieux.

Enfin, citons le traçage d'un nouveau type de torpilleur, dont le modèle au 1/20 était exposé. Ce torpilleur, construit sur le plans du Creusot, approuvés par l'administration de la Marine, est destiné à être embarqué sur un transport.

Bref, l'atelier principal des machines-outils du Petit Creusot est un des plus remarquables que l'on puisse voir en ce moment.

Les mines de Decize

Le Creusot possède également une des grandes mines de houille du centre de la France dans le département de la Nièvre, dirigée par un ingénieur du plus haut mérite, M. **Busquet** qui en est le directeur depuis plus de vingt années.

Il y a tout d'abord un port de chargement des bateaux, puis un chemin de fer à voie de 1 m. 10 qui relie la houillère à son port. Ce chemin de fer a 6 kilomètres de long; plusieurs embranchements concentrent les produits des divers puits sur une gare de classement où se forment les trains qui descendent à l'atelier de préparation mécanique et de là au port.

Remontons ce courant ainsi indiqué.

Atelier central de préparation mécanique

Le charbon tout-venant est conduit directement des puits à cet atelier. L'atelier de lavage a été complètement refait dans le double but de traiter des charbons plus sales et de les ramener à une plus faible teneur en cendres que dans le passé.

Dans l'atelier de criblage, la machine à coudre sur place les câbles pour le transport des charbons, construite sur les plans de M. **Roquel**, ingénieur-mécanicien, est particulièrement intéressante.

Dans l'atelier de lavage, on remarque généralement la commande en dessous des pistons par cames placées sous les caisses de lavage.

En général, on est frappé de la bonne tenue de l'atelier et les détails de construction très soignés qui permettent un entretien très réduit.

Station centrale d'électricité

C'est à la Machine — ainsi que l'on nomme ces mines — que l'on peut visiter une nouvelle installation de la force motrice électrique.

Quand on met les machines dynamos en marche à la mine par exemple, quelques secondes après, les électriciens du poste des Lacets, distant de 3 kilomètres de la station centrale, annoncent par téléphone que leurs appareils de ventilation sont en mouvement.

Poste électrique du bois des Lacets

Un ventilateur **Ser** de la maison **Pinette** est installé sur la fendue des Lacets. On remarque la simplicité de la station : c'est une cabane en planches dans laquelle, sur le sol battu, repose un ventilateur Ser de 1 m. 40 de diamètre et la dynamo réceptrice. Le transport de force, et c'est ce qui fait la nouveauté du système, est obtenu par trois fils de cuivre de 6 m/m de diamètre, c'est-à-dire des plus légers, et par une dynamo presque élémentaire dans ses organes avec une perte de force inférieure à 25 0/0.

Compresseur Galland

Un compresseur **Galland** alimente plusieurs treuils et ventilateurs placés dans les puits des Glénons et des Zagots.

Distribution d'eau

La puissance du Creusot lui permet d'entreprendre à lui seul, dans l'intérêt des populations, de grands travaux publics. C'est ainsi qu'il a doté le pays d'une distribution d'eau qui prend, dans le lit de l'Arou à son confluent avec la Loire, de l'eau filtrée et qui la transporte à la Machine, à une distance de 6 kilomètres et à

100 mètres au-dessus du niveau du fleuve. Un système très économique d'avertisseurs électriques, dus à M. **Roquel**, complètent cette installation modèle.

L'usine de Perreuil

Les usines de Perreuil sont entièrement consacrées à la fabrication des briques réfractaires et autres pièces de fours que le Creusot consomme en quantités considérables. C'est un établissement aussi important qu'aucun établissement du même genre dans notre pays. Les pièces les plus compliquées des hauts fourneaux y sont confectionnées dans toutes les règles de l'art.

Les mines de fer de Mazenay

La plus grande partie des minerais employés au Creusot provient des mines de fer de Mazenay. Ce sont des hématites hydratées phosphoreuses et pauvres que l'on additionne de minerai d'Allevard.

Les mines de fer d'Allevard

Les mines d'Allevard sont connues de tous. On sait qu'elles produisent un minerai spathique excellent qui renferme, après grillage, 43 à 45 0/0 de métal. Il est en grande partie à l'état de menu et exige une agglomération préalable au moyen d'une faible proportion de chaux hydraulique, opération qui s'effectue dans l'usine même, et qui s'applique également aux résidus très riches du grillage des pyrites, lesquels proviennent de l'usine de Saint-Fons.

IV

L'ensemble du Creusot

Nous ne pouvons mieux faire pour cela que d'extraire du discours magistral de M. **Castel**, inspecteur général des mines, président de la Société de l'Industrie minérale, le résumé qu'il a fait de l'œuvre du Creusot :

« La grande usine du Creusot occupe 4 hauts fourneaux au coke, 38 fours à puddler, 47 fours à réchauffer, 2 foyers Bessemer, 7 fours Siemens-Martin, 28 fours de chaufferie pour l'acier, 29 marteaux à vapeur, 34 trains de laminoirs, 5 machines hydrauliques de 200 chevaux de force et 183 machines à vapeur de 15.102 chevaux. C'étaient du moins là les chiffres de 1891, qui n'ont pu que s'accroître depuis.

« La production de la fonte a été, en 1892, de 92.338 tonnes, avec accroissement de 9.000 tonnes sur 1891. Cette production n'a d'ailleurs fait que s'accroître depuis l'année 1888; la fabrication s'était trouvée réduite, en 1885, à 55.000 tonnes, par suite de la crise provoquée par l'apparition du procédé d'affinage par déphosphoration.

« La production consiste à peu près entièrement en fonte d'affinage. Du reste, l'usine consomme, outre la fonte produite dans ses hauts-fourneaux, environ 40.000 tonnes de fonte de forge achetée directement dans l'Est.

« Il faut encore ajouter aux minerais propres du Creusot, d'Allevard et de Mazenay une certaine quantité de minerais d'Espagne et une proportion assez importante de scories d'affinage.

« En 1891, les hauts fourneaux ont employé 185.600 tonnes de scories. Ils ont consommé 123.000 tonnes de coke et 2.750 tonnes de houille.

« Dans la même année, l'usine d'affinage a donné une production de 78.648 tonnes de fer ouvré, dont 72.544 tonnes de fer marchands et spéciaux, du prix moyen de 220 francs la tonne, et 6.104 tonnes de tôles, du prix de 175 francs. Elle a donné 65.743 tonnes d'acier ouvré, comprenant 6.517 tonnes de rails, au prix de 180 francs, 11,654 tonnes d'aciers marchands et spéciaux, provenant de Bessemer, au prix moyen de 225 francs, 17.560 tonnes d'aciers spéciaux, de canons, de blindages, de pièces forgées, fabriqués aux fours Siemens-Martin, d'un prix moyen de 1.036 francs la tonne, mais qui atteint, pour les pièces forgées, celui de 2.700 francs; enfin 30.000 tonnes de tôles, fabriquées au Bessemer et au Siemens-Martin, et dont le prix varie de 260 à 300 francs.

« La production de l'usine du Creusot, comparée à celle de la France entière est, pour la fonte, dans la proportion de 6 0/0, pour le fer ouvré dans la proportion de 9,4 0/0, et pour l'acier ouvré dans celle de 10,3 0/0.

« Le nombre total des ouvriers qui y sont occupés est de 9.093, à savoir : 498 aux hauts fourneaux et 8.595 à la forge »

***

Tel est l'ensemble imposant que présente le Creusot. L'Exposition de Chicago a redit tout cela aux étrangers venus pour faire la comparaison entre la puissance métallurgique de la France et celle de l'Allemagne.

Nous sommes heureux de ne pas nous être trouvés en infériorité grâce à la grande usine française.

MAXIME SIMONET

QUINTIN (CÔTES-DU-NORD)

M. Maxime **Simonet**, fabricant de papiers à Quintin, expose une machine nouvelle et très intéressante. C'est un triturateur de son invention qui produit, avec peu de force motrice un broyage et une désintégration spéciale, de l'excellente pâte à papier, en supprimant un outillage extrêmement considérable et coûteux.

Depuis 1880 que cet appareil a été inventé par M. **Simonet**, il a été adopté par plus de 400 fabriques de papier dans le monde entier et son succès s'affirme de plus en plus.

L'appareil inventé par M. **Simonet** est basé sur le principe de la réduction à la plus simple unité des charges mortes à traîner, et ce qui fait que son triturateur produit de la pâte à papier avec peu de force motrice, c'est que toute la force motrice venant du moteur est employée à réduire et transformer la matière et non à traîner l'outil lui-même comme cela se passe dans les meules et cylindres employés jusqu'ici en Papeterie.

M. Simonet possède aux États-Unis, à Watertown (N. Y.), un atelier qui construit spécialement ces machines pour les États-Unis, le Canada et l'Amérique du Sud, et c'est ainsi qu'un de nos compatriotes a su créer dans ces régions une industrie qui fait connaître et estimer les idées françaises au point de vue mécanique.

Nous ne saurions trop l'en féliciter, et nous souhaitons que notre gouvernement lui donne (nos exposants français étant hors concours à Chicago) une récompense qui reconnaisse les efforts faits par lui jusqu'ici pour faire apprécier à l'extérieur, tant en Europe qu'en Amérique, la suprématie des idées et de l'industrie nationales.

SOCIÉTÉ DES PRODUITS CÉRAMIQUES

et réfractaires

A BOULOGNE-SUR-MER

Cette société expose une spécialité remarquable d'une manière très simple et produisant un grand effet.

Dans une sorte d'énorme paravent à deux lames, d'équerre, elle a posé sur le sol ses produits, consistant en pièces sanitaires d'un seul morceau.

Les lames ou panneaux sont constitués par un parement en carreaux blancs ou bleus et c'est tout.

Ce sont les deux spécialités de la maison, carreaux et appareils modernes, qui sont ainsi fort bien présentées.

SOCIÉTÉ GÉNÉRALE MEULIÈRE

LA FERTÉ-SOUS-JOUARRE

La Société générale meulière de la Ferté-sous-Jouarre a exposé des meules cerclées en fer ou non cerclées de toutes les grandeurs.

Tout le monde connaît ces produits, dont la qualité universellement reconnue et appréciée n'est plus à rappeler à tous ceux qui ont eu à broyer finement des matières quelconques.

SOCIÉTE INTERNATIONALE D'ECLAIRAGE

PAR LE GAZ D'HUILE

PARIS — 162, RUE ORDENER, 162 — PARIS

Dans la section des phares, cette puissante société expose une lanterne optique de 375 m/m. Suspension à la Cardan, pour gaz comprimé d'huile, destinée aux bouées de 18 mètres cubes et aux feux flottants intermittents.

L'intensité est de quarante becs environ, la portée de 12 à 13 milles pour une consommation de 105 litres à la

Ces résultats sont très remarquables.

VIALET-CHABRAND

Ingénieur-Electricien

LA CIOTAT (BOUCHES-DU-RHONE)

Voici une exposition originale et bien américaine quoique absolument française par son inventeur.

Il s'agit de l'allumage et de l'extinction des lampes mis à la portée de tous et dans tous les points que l'on veut d'une usine o d'un appartement.

Je dis que l'idée est bien Américaine, car chacun sait combic les américains aiment le confort et détestent se déranger, se mou voir.

Une gravure du journal satirique de New-York représentait l'appartement de l'Américain au xxe siècle. Le Yankee est au centre d'un cercle auquel aboutissent tous les appartements. Il est étendu les pieds en l'air, et à l'aide de boutons ils commande dans tous les appartements, distribués suivant des secteurs, tout ce qu'il lui faut : le business, les repas, les rafraichissements, le courrier, téléphone, le télégraphe, la musique, la famille, tout est à por de sa main.

L'artiste n'avait peut-être oublié qu'une chose, c'était le mé nisme **Vialet-Chabrand** pour éteindre à volonté et rallu toutes les lampes électriques autour de l'immense araignée lisée qui occupe ainsi le centre de sa toile.

Voilà le Yankee de l'avenir rassuré grâce à l'Exposition de cago.

En effet, M. **Vialet-Chabrand** expose une série d'électro terrupteurs pour commander à distance et de points en non quelconque des lampes électriques.

Les avantages présentés par ces appareils sont nombreux.

Avantages présentés par ces appareils

1° L'allumage et l'extinction des lampes d'un appartement peuvent être produits de chacune des portes y donnant accès de chaque côté du lit, c'est-à-dire d'autant de points qu'on pe le désirer ;

2° Cette commande se fait au moyen de simples boutons tr faciles à placer et servant l'un pour allumer et l'autre pour étei re les lampes ;

3° La facilité donnée pour produire l'allumage et l'extinc on permet de toujours supprimer, même pour de courts insta ts, l'éclairage de l'appartement que l'on quitte, de n'avoir ain mais de lampes en service dans un local inoccupé et de réa r par suite une telle économie de courant et de lampes que l'é rage électrique devient le moins coûteux de tous les éclairage s

4° Les lampes d'une cage d'escaliers peuvent être allumée éteintes de la porte d'entrée située au rez-de-chaussée, de cha étage et de la loge du concierge ;

5° A bord des navires, la lampe de cabine peut être allumée de la porte d'entrée et de chaque couchette, ce qui assure toute commodité aux passagers et permet d'économiser le courant et les lampes.

Ce dernier avantage résulte principalement de ce que le passager, grâce aux facilités qui lui sont offertes, supprime toujours l'éclairage lorsqu'il est inutile et même gênant pour lui, et aussi de ce que l'on peut, du tableau de distribution principal, ramener tous les appareils des cabines à l'extinction en déplaçant avec rapidité les leviers des interrupteurs commandant les circuits des batteries, et supprimer ainsi à certaines heures, pendant celles des repas principalement, tout éclairage dans les cabines inoccupées ;

6° Les canalisations à établir sont excessivement simples, en fils fins, et par suite peu coûteuses.

Ces appareils, appelés à rendre de très grands services dans toutes les installations, ont été étudiés afin de permettre d'allumer et d'éteindre les lampes d'un local, quel qu'il soit, d'autant de points que l'on peut le désirer et avec le plus de facilité possible, de telle façon que l'on puisse toujours supprimer l'éclairage lorsqu'il n'est pas nécessaire, en réduire la durée à un minimum strictement limité aux besoins du service et réaliser ainsi une très grande économie de courant et de lampes.

Pour chaque local, l'installation comprend 1 électro-interrupteur dont le type est déterminé par le nombre de lampes à desservir et un nombre quelconque de boites en ivorine ou en porcelaine portant chacune 2 boutons-poussoirs, dont l'un sert à produire l'allumage et l'autre l'extinction des lampes. Lorsque l'on appuie sur le premier, on lance le courant dans l'appareil qui ferme le circuit des lampes de l'appartement ; lorsque l'on appuie au contraire sur le bouton d'extinction, on change la direction du courant dans l'électro-interrupteur et l'on produit l'ouverture du circuit des lampes, c'est-à-dire leur extinction.

Grâce à la fonction du nouvel appareil, chaque boite à 2 boutons remplit exactement le rôle d'un interrupteur de groupe en permettant de donner ou de supprimer le courant dans toute la canalisation de l'appartement, mais avec cette différence que l'installation des boites à 2 boutons, qui sont toutes reliées par un câble à 3 conducteurs très fins, se fait avec la plus grande facilité, tandis qu'il serait absolument impossible de disposer un nombre quelconque d'interrupteurs commandant tous la totalité des lampes d'un local.

Les électro-interrupteurs sont de 3 types :

1° Type 1, pour desservir 1 ou 2 lampes de 10 bougies, en plaçant à des distances limitées de l'électro-interrupteur les boutons d'allumage et d'extinction. (Convient pour petits appartements et cabines de paquebot.)

2° Types 2 et 3 pour cages d'escaliers et grands appartements, salons, permettant de desservir de 1 à 5 et de 1 à 10 lampes de 10 bougies, en plaçant les boutons de commande à des distances quelconques.

Nous félicitons M. Vialet-Chabrand de son invention primesautière et de la façon dont il l'a présentée au public étranger.

TABLE ALPHABÉTIQUE

TABLE ALPHABÉTIQUE

Paris. — Grande Imprimerie, 12, rue du Croissant. — Garlasne.

Documents manquants (pages, cahiers...)

NF Z 43-120-13

www.ingramcontent.com/pod-product-compliance
Ingram Content Group UK Ltd.
Pitfield, Milton Keynes, MK11 3LW, UK
UKHW012207240726
13966UKWH00002B/633